JN281264

建設材料学

第六版

樋口芳朗・辻 幸和・辻 正哲 著

技報堂出版

は　じ　め　に

　この本は，これから建設工学の勉強を始めようとする方々のための教科書，あるいは建設工事の実務にたずさわっている方々が念頭においておくべき要点を示す参考書として書いたものであり，
1.　固有の建築材料を除く主要な建設材料について「なじみ」を覚えるとともに，建設材料全般についての要を得た「地図」を頭の中に入れること（粗骨材と細骨材の境界がコンクリート工学では5mm，アスファルト工学では2.5mm，土質工学では2mmなどといった人災的現象についても，一応心得ておいた方がよいと思われる）
2.　材料の組合せ・施工・構造等との関連で，建設技術者として頭を働かせるべき重要な要点を，成功例・失敗例等を通して具体的に知ること

などの諸点に配慮いたしました．
　我が国は「もの」的に考えた場合には資源小国に過ぎませんが，「あたま」的に考えると世界有数の資源大国であり，環境・資源・エネルギー問題が一段と厳しさを増しつつある今日では，「あらゆる資源」の本当に生きた活用をはかる教育と実践がいよいよ要望されつつあります．また貴重な「もの」資源のロスを招くだけでなく，何より大事な人命のロスを生じかねない事故の防止は，最優先的に取り上げられなければならないと思われます．事故の一種とみなすことのできる公害を防ぐことが重要なことは言うまでもありません．
　小冊子で広範多岐にわたる上記の事柄につき詳細に述べるなどということが不可能なことはいうまでもないことであり，注記その他により限られたスペースをできるだけ充実するよう努力しました．個々の対象についてさらに詳しく調べようとする方々は，本書で紹介した各材料についての専門書・教科書の関連学協会等を利用してご勉強下さい．
　本書のような性格の本において主張できるオリジナリティーは，全体的な構

成・配置・取捨等についてだけであって，個々の内容については先人の成果を忠実に紹介するだけといってよいでしょう．可能な範囲で転載の許可を頂くよう努力しましたが，引用ないし参照させて頂いた著者の方々に改めて深甚の謝意を表さなければなりません．特に米国内務省 Bureau of Reclamation の Office of Design and Construction 所長である H. G. Arthur 氏からは Concrete Manual 中の図の転載を快諾されただけでなく，お手紙とともに新版（第8版）をご恵送頂きました．旧版より大版になって一段と充実した Manual のインキの香をかぎながら，ご芳情をかみしめた次第です．また，本書を仕上げるにあたり，宮崎忍，木崎正森，宮村正四郎各氏他の出版社の方々，秘書の浅香京子嬢に色々ご努力頂きました．記して深謝する次第です．

　一応書き終えましたが，不満足な点が少なくないことについては筆者自身重々承知いたしております．厳しいご叱正・ご批判を賜わりますよう心からお願いする次第です．

　　1976年8月　　　　　　　　　　　　　　　本郷にて　樋口　芳朗

改訂にあたって

　土木学会「コンクリート標準示方書」，同「学会規準」および JIS 規格などが，改訂および改正されました．また，用語の表記方針も改められました．これらに伴い，今回は内容を大幅に見直し，改訂を行ないました．
　貴重な資料を引用させて頂いた多くの方々に深甚の謝意を表わす次第であります．

　　2005 年 2 月

辻　　幸　和
辻　　正　哲

『お断わり』

1. キーワード的なものは，太字にするとともに目次に入れました．
2. 常用漢字は，最大限に活用しました（スペース節約の意味もありますが，表意文字である漢字の利用が世界に冠たる日本人の勘のよさを養っている積極的な意味を重視することとしました）．常用漢字でないものも，
   凹（おう）・凸（とつ）・杭（くい）・隙（げき）・珪（けい）・桁（けた）・勾（こう）・滓（さい）・靭（じん）・脆（ぜい，もろい）・塑（そ）・填（てん）・洞（どう）・梁（はり，りょう）・枠（わく）
   などのように，よく用いられるものは採用しました．
   　また，2語続く漢字の中間のひらがなは，活用がない語（複合語が名詞の場合）については，できるだけ省略しました（読み違えても余り害はないし，ここでもスペースの節約と勘の養成に軍配をあげたいと思います）．
3. SI単位を採用しました（建設技術者としては「質量」と「力」は違うことを認識する意味でkgとNを区別しました）．
   　なお，力・応力（圧力）についての換算表を付録に示しておきましたので，参考にして頂きたいと思います．

目 次

概 論

1. **建設材料概論** *3*

    1.1 建設材料の役割 ……………………………………………………… *3*

    1.2 建設材料の分類 ……………………………………………………… *4*
    　　　　　　　　　用途　　機能

    1.3 建設材料の性質 ……………………………………………………… *4*

    　　1.3.1 作業性 ………………………………………………………… *4*

    　　1.3.2 強度(強さ) …………………………………………………… *4*
    　　　　　　　　　応力　　強度(強さ)　　許容応力度　　静的強度
    　　　　　　　　　降伏点(降伏強度・耐力・保証応力)　　衝撃強度
    　　　　　　　　　衝撃値　　クリープ強度　　クリープ限　　疲労(疲れ)
    　　　　　　　　　強度　　疲労(疲れ)限(度)　　N回疲労強度

    　　1.3.3 変形に関する性質 ………………………………………… *7*
    　　　　　　　　　ひずみ　　残留ひずみ　　クリープひずみ　　弾性係数
    　　　　　　　　　ポアソン比　　伸び能力(伸び性)　　残留ひずみ　　剛性

    　　1.3.4 耐久性 ………………………………………………………… *9*

    　　1.3.5 その他の性質 ………………………………………………… *9*
    　　　　　　　　　質量　　密度　　単位(容積)質量　　吸水性　　透水性
    　　　　　　　　　親水性　　含水率　　吸水率　　比熱　　熱伝導率
    　　　　　　　　　熱膨張係数　　音の強さ　　デシベル　　反射率
    　　　　　　　　　透過率　　吸音率　　遮音率　　硬さ

    1.4 規格・法律・示方書(仕様書)類 …………………………………… *12*
    　　　　　　　　　日本工業規格(JIS)

    1.5 情　　報 ……………………………………………………………… *12*

2. **新技術の創造** *15*
    　　　　　　　　　重要発明

3. 事故防止 17

各　論

4. 木材 21

 4.1 概　要 …………………………………………………… 21
    長所　短所　木材加工品　針葉樹　広葉樹
    軟材　硬材　日本農林規格（JAS）　素材　丸
    太　そま角　製材　木口　板目　まさ目
    乾燥法　特殊処理法　木材加工品　合板　フロー
    リング　集成木　繊維板　パーティクルボード

 4.2 性　質 …………………………………………………… 26
    密度　気乾密度　繊維飽和点　気乾含水率　強
    度　弾性係数　釘の保持力　疲れ限度　着火点
    自然発火点

5. 土石 29

 5.1 概　要 …………………………………………………… 29
    石材　粘土製品　岩石　土

 5.2 各　論 …………………………………………………… 30
    コンクリート用骨材　天然骨材　人工骨材　死
    石　骨材の粒度　細骨材　粗骨材　粗骨材の
    最大寸法　粒度　粒度曲線　粗粒率　有害物
    含有量　骨材の耐久性　絶(対)乾(燥)状態　(空)
    気(中)乾(燥)状態　表(面)乾(燥飽水)状態　湿潤
    状態　吸水率　表面水率　有効吸水率　骨材
    の密度　真密度　見掛け密度　絶乾密度　表
    乾密度　実積率　砂のふくらみ　すりへり減量
    コンクリート用砕石　砕砂　スラグ骨材　海砂
    軽量骨材　重量骨材　アスファルト混合物用骨材
    粗骨材　細骨材　フィラー　ロックフィルダム
    の堤体材料用岩石　フィルロック　ベントナイト
    膨潤　チクソトロピー　泥水

目　次　　　　　　　　　　vii

6. 鉄　鋼 *43*

6.1　概　　要 ··· *43*

鉄金属　　炭素鋼　　合金鋼　　低合金鋼　　ステンレス鋼　　高炭素鋼　　特殊鋼　　高炉　　銑鉄　　高炉スラグ　　転炉　　電気炉　　製鋼炉　　鋼　連続鋳造法　　鋼片　　鋼材　　圧延　　鍛造　　鋳造　　圧延鋼材　　熱間圧延　　冷間圧延　　鋼片　　条鋼　　形鋼　　シートパイル　　レール　　棒鋼　　線材　　連続圧延方式　　熱間押出し方法　　鋼板　　鋼帯　　鋼管　　継目無鋼管　　溶接鋼管　　特殊鋼の用途　　二次加工品　　表面処理鋼板　　軽量形鋼　　線材製品　　ピアノ線材　　鋳鉄　　溶銑炉　　ねずみ鋳鉄　　球状黒鉛鋳鉄　　ダクタイル鋳鉄　　可鍛鋳鉄　　鋳鋼　　炭素鋼鋳鋼　　構造用低合金鋳鋼　　鍛鋼　　鍛錬成形比

6.2　性　　質 ··· *51*

炭素含有量と変態　　熱処理　　強さ　　伸び率　　構造用鋼材の機械的性質　　延性破壊　　一様伸び　　局部伸び　　脆性破壊　　シャルピー衝撃試験　　遷移温度　　靭性　　切欠き脆性　　疲労限　　高温脆性　　青熱脆性　　赤熱脆性　　耐候性鋼　　耐摩耗性　　表面硬化　　高力ボルト　　溶接　　溶接性　　溶接割れ　　溶接技術検定　　溶接継手部　　欠陥　　割れ　　溶接金属　　熱影響部　　溶接入熱量　　入熱量　　炭素当量　　溶接割れ感受性　　割れ感受性指数　　高温割れ　　水素脆性　　大型試験片　　寸法効果　　溶接構造用高張力鋼　　非調質型　　焼ならし　　調質型　　焼入れ　　焼戻し　　合金元素の影響

6.3　用　　途 ··· *60*

橋梁　　橋床　　鉄道施設　　道路施設

7. セメント *61*

7.1　概　　要 ··· *61*

セメント　　水硬性セメント　　ポルトランドセメント

目　次

普通ポルトランドセメント　早強ポルトランドセメント　超早強ポルトランドセメント　中庸熱ポルトランドセメント　低熱ポルトランドセメント　耐硫酸塩ポルトランドセメント　白色ポルトランドセメント　混合(ポルトランド)セメント　高炉セメント　シリカセメント　フライアッシュセメント　特殊セメント　アルミナセメント　膨張セメント　超速硬セメント　コロイドセメント　マイクロセメント　油井セメント　ポルトランドセメントの製造方式　乾式　湿式　新焼成方式キルン　サスペンションプレヒーター付きキルン　セメントクリンカー　石こう　ポルトランドセメントの主な化合物　珪酸三カルシウム　珪酸二カルシウム　アルミン酸三カルシウム　鉄アルミン酸四カルシウム　JIS化されたセメントの規格値

7.2　性　　　質 ………………………………………… 65

ポルトランドセメントの主成分　水和　トベルモライト　凝結　始発　終結　セメントゲル　硬化　結合水　ゲル水　水素結合　化学的結合　水和熱　マスコンクリート　風化　強熱減量　偽凝結　毛細間隙　乾燥収縮　水密性　凍結　エトリンガイト

7.3　用　　　途 ………………………………………… 70

8.　混和材料　71

8.1　一　　　般 ………………………………………… 71

8.2　コンクリート用混和材料 ………………………… 71

混和材料　混和材　混和剤　塩化物イオン量　ポゾラン　ポゾラン反応　フライアッシュ　高炉スラグ微粉末　潜在水硬性　微粉末効果　膨張材　AE剤　エントレインドエア　エントラップトエア　減水剤　AE減水剤　硬化促進剤　電食　コールドジョイント　急結剤　凝結遅延剤　発泡剤　防水剤　減水剤　高性能減水剤　流動化剤　高性能AE減水剤　水中不分離性混和剤

9. コンクリート 79

9.1 概　　　要 ··· 79

コンクリート　モルタル　セメントペースト　フレッシュコンクリート　硬化コンクリート　鉄筋コンクリート　プレストレストコンクリート　無筋コンクリート　レディーミクストコンクリート　プレキャストコンクリート　コンクリート工場製品　コンクリートの長所　コンクリートの短所

9.2 性　　　質 ··· 80

9.2.1 フレッシュコンクリートの性質 ································ 80

コンシステンシー　材料分離　ブリーディング　ワーカビリティー　ワーカブル　プラスティシティー　プラスティック　フィニッシャビリティー　ポンパビリティー　レイタンス　豆板　ジャンカ　エントレインドエア　プロクター　振動限界　沈下収縮ひび割れ　プラスティック収縮ひび割れ　再仕上げ

9.2.2 硬化コンクリートの性質 ······································· 87

コンクリートの質量　圧縮強度　標準養生　促進養生　セメント水比法則　セメント空隙比法則　積算温度　初期凍害　前置時間　ホットコンクリート　高温高圧養生　引張強度　曲げ(引張)強度　割裂引張強度　ヤング係数　体積変化　収縮ひずみ　ひび割れ　耐久性　気象作用　耐凍害性　酸・硫酸塩(海水を含む)等の作用　損食作用　電食作用　アルカリ骨材反応　アルカリシリカ反応　化学的安定性の試験　物理的安定性　透水係数　水密性

9.3 配合設計 ··· 103

コンクリートの配合　配合設計　試し練り　割増し係数　示方配合　現場配合

9.4 各種コンクリート ·· 107

9.4.1 レディーミクストコンクリート(生コン) ················· 107

長所　短所　荷卸し　品質管理　管理限界　管理図　呼び強度

目　次

9.4.2　プレキャストコンクリート ……………………………………… *111*
コンクリート工場製品　　長所　　短所　　継手　　陸路用コンクリート製品　　水路用コンクリート製品　　上部構造用製品　　土構造用製品

9.4.3　補強されたコンクリート ………………………………………… *114*
鉄筋コンクリート　　プレストレストコンクリート　　プレストレス　繊維(補強・混入)コンクリート　　ガラス繊維　　GFRC　　炭素繊維　　CFRC　　鋼繊維　　SFRC　　鉄網モルタル　　フェロセメント

9.4.4　軽量骨材コンクリート ……………………………………………… *115*
9.4.5　寒中コンクリート，暑中コンクリート ……………………………… *116*
9.4.6　水中コンクリート …………………………………………………… *118*
トレミー　　水中不分離性コンクリート

9.4.7　その他 ………………………………………………………………… *120*
海洋コンクリート　　有害な化学作用を受けるコンクリート　　電流の作用を受けるコンクリート　　火災の作用を受けるおそれのあるコンクリート　　放射能遮蔽コンクリート　　水密(的な)コンクリート　　ポーラスコンクリート　　プレパックドコンクリート　　グラウト　　真空(処理)コンクリート　　吹付けコンクリート　　ポリマー含浸コンクリート　　ポリマーセメントモルタル　　高流動コンクリート　　舗装コンクリート　　単位粗骨材容積　　ダムコンクリート

10. 歴　青　*125*

10.1　概　要 ……………………………………………………………………… *125*
歴青　　タール　　アスファルト　　石油アスファルト　　ストレートアスファルト　　ブローンアスファルト　　蒸留法　　セミブローイング法　　ブレンド法　　脱水素　　重縮合　　アスファルトコンパウンド　　カットバックアスファルト　　アスファルト乳剤

10.2　性　質 ……………………………………………………………………… *127*
アスファルテン　　レジン　　オイル　　ゾル型　　ゲル型　　ゾルゲル型　　水中油滴型　　油中水滴型　　カチオン　　アニオン　　ノニオン　　SC　　MC　　RC　　コンシステンシー　　針入度試験器　　軟火点

目　次　　　　　　　　　　　xi

　　　　　　　　針入度指数　伸度　引火点　燃焼点　セイボル
　　　　　　　　トフロール秒試験　エングラー度試験　改質アスファ
　　　　　　　　ルト　ゴム入りアスファルト　ゴム化アスファルト
　　　　　　　　ゴム入りアスファルト乳剤　熱硬化性樹脂を用いたア
　　　　　　　　スファルト　触媒アスファルト

　　10.3　用　　　　途……………………………………………………… *132*

11.　アスファルト混合物　*133*

　　11.1　概　　　　要……………………………………………………… *133*
　　　　　　　　加熱アスファルト混合物　常温アスファルト混合物
　　　　　　　　アスファルトコンクリート　マスチックアスファルト
　　　　　　　　アスファルト安定処理混合物

　　11.2　性　　　　質……………………………………………………… *133*
　　　　　　　　安定性　たわみ性　耐摩耗性　水密性　耐候性
　　　　　　　　耐薬品(抵抗)性　すべり抵抗性

　　11.3　配 合 設 計………………………………………………………… *134*
　　　　　　　　配合設計　設計アスファルト量　マーシャル安定度
　　　　　　　　試験

12.　合成高分子　*137*

　　12.1　概　　　　要……………………………………………………… *137*
　　　　　　　　高分子材料　合成有機高分子材料　合成樹脂　モ
　　　　　　　　ノマー　重合反応　ポリマー　プラスチックス
　　　　　　　　熱可塑性樹脂　熱硬化性樹脂　架橋　自消性
　　　　　　　　合成ゴム　ゴム弾性　加硫　添加材料　添加剤
　　　　　　　　充填材　補強材　繊維材料　粒子材料

　　12.2　性　　　　質……………………………………………………… *141*
　　　　　　　　合成樹脂　長所　短所　合成ゴムの性質　接着
　　　　　　　　剤の可使時間　強度

　　12.3　用　　　　途……………………………………………………… *144*
　　　　　　　　管　工業用接着剤　エポキシ樹脂　エポキシ注入
　　　　　　　　法　塗料　レジンコンクリート　止水板　目地
　　　　　　　　材　遮水膜　防砂膜　フィルム　地盤注入用グ

目次

　　　　　　　ラウト　　橋梁支承　　膜養生剤　　型枠　　EPS工法

13. レジンコンクリート　149

13.1 概　　要 ………………………………………………………… 149
　　　　　　　レジンコンクリート　　フィラー　　長所　　短所

13.2 性　　質 ………………………………………………………… 150

14. 複合グラウト　153

14.1 概　　要 ………………………………………………………… 153
14.2 セメント薬液(ケミカル)同時注入用グラウト ……………… 153
　　　　　　　セメント注入　　薬液注入　　セメント薬液同時注入用
　　　　　　　グラウト　　セメント水ガラスグラウト

14.3 セメントアスファルト(CA)グラウト ……………………… 157

参 考 文 献　159

付　録

付録1　SI単位について ……………………………………………… 163
付録2　付図,付表 …………………………………………………… 165

索　引 …………………………………………………………………… 213

[概　　論]

韓非子より

　天下に信教，三あり．一に曰く，智も立つること能はざる所あり．二に曰く，力も挙ぐること能はざる所あり．三に曰く，彊も勝つこと能はざる所あり．故に堯の智ありと雖も，衆人の助なくんば大功立たず．烏獲の勁あるも，人の助を得ざれば自ら挙ぐること能はず，賁育の彊あるも，法術なくんば長生することを得ず．故に，勢得べからざるあり，事成るべからざるあり．故に烏獲は千鈞を軽しとして，其の身を重しとす．其の身千鈞より重きにあらず，勢便ならざるなり．離朱は百歩を易しとして，眉睫を難しとす．百歩近くして眉睫遠きにあらず，道可ならざるなり．故に明王は烏獲を窮するに其の自ら挙ぐること能はざるを以てせず．離朱を因むるに，其の自ら見ること能はざるを以てせず．可勢に困りて易道を求む．故に力を用ゐること寡くして功名立つ．　　　　　　　（p.17 参照）

複合材料〔composite material〕

　単一素材では得ることの困難な特性を，複数の素材を組み合せて複合化することによって得るようにした材料を，複合材料という．組合せを巨視的なものだけでなく微視的なものも含むことにすると，現在用いられているほとんど全部の材料が複合材料になってしまうという基本的な曖昧さを，この用語は有している．複合化の目的は，強度その他の力学的性質，耐久性・表面性能・遮断性能等の物性，成形性・加工性等の作業性，経済性等の改善である．

1. 建設材料概論

1.1 建設材料の役割

　材料とは「ものをつくるもと」であり，英語の material は「重要な」という意味も有している．一般に「産業の米」として重視されてきたのは当然であり，計画・設計・施工の段階を経て構造物および施設を造りあげ，運営・維持にあたる責任者としての建設技術者が，建設材料の現状を適確に把握しておくことは極めて重要である．

　建設材料と構造物の進歩は相互依存関係にあり，鋼とコンクリートという材料の高強度化がプレストレストコンクリートという新構造物の実用化の原動力になったというような事例は多いし，逆に橋梁スパンの長大化という要請が溶接性に優れた新高強度鋼の開発の原動力になったというような事例も多い．本書は土木界を主対象として書かれている．土木構造物は高価な公共施設であって破壊した場合の影響が大きいし，気象その他の厳しい環境に長期間耐える必要のある場合が多いので，一度信頼を受けた土木材料のライフサイクルは長期にわたるという保守的な性格を有している．土木技術者は，本質的に保守的であるべき土木界にあることを十分わきまえた上で，開発された新材料の把握と新材料の開発の方向指示という進歩的な努力をする義務を有していることを忘れてはならない．

1.2 建設材料の分類

建設材料を分類するにあたっては，橋梁用・トンネル用・鉄道用・道路用・ダム用等といった**用途別分類**とか，構造強度用・防水用・表面保護用等といった**機能別分類**によることも考えられるが，種々の点から結局具体的な「もの」別に分類して論じるのが最も有利であると判断されるので，本書では「もの」別の分類に従って記述することとした．

1.3 建設材料の性質

建設材料に対して要求される基本的性質は，作業性・強度・伸び能力・耐久性などについての所要の工学的性質，経済性，入手の容易性等である．以下工学的性質について概述する．

1.3.1 作業性〔workability, practicability〕

作業性において難点のある材料は，その他の点で非常に優れていても，実用に供することは困難である．特に建設工事においては野外の悪条件下で未熟練者を使って作業せざるをえない場合も少なくないので，作業性には特に留意する必要が認められる．鉄鋼における溶接性やコンクリートにおけるワーカビリティーが重視されるのは，当然といわなければならない．

1.3.2 強度（強さ）〔strength〕

1. **応力・強度(強さ)・許容応力度**　材料を構成している分子間には，力が作用して平衡を保っている．外力が働くと分子間の距離が変って材料は変形するが，これをひずみ〔strain〕を生じたという．また材料は元の状態に戻ろうとして内力を生じるが，これを応力〔stress〕という．単位面積当りの応力を応力度

F-1　誤り一度もなきものはあぶなく候．「葉穏（はがくれ）」

〔unit stress〕ということになっているが,「度」をつけないで用いられていることも多い.

応力には断面に垂直な(垂)直応力〔normal stress〕と,断面に平行でずらせようとするせん断応力〔shear stress〕がある.直応力を直接応力ということもある.

応力(度)が材料によって定まるある値を超すと,材料は破壊する.この時の応力(度)をその材料の強度(土木・建築界では「強度」と称することが多く,材料界をはじめとして一般には「強さ」と称することが多いが,これも一種の人災であって,気にする必要は認められない)という.強度には,載荷速度によって異なる静的強度・衝撃強度・クリープ強度,載荷回数の多い場合の疲労強度,外力の種類によって異なる引張強度・圧縮強度(支圧強度)・曲げ強度・せん断強度・ねじり強度等がある.

設計に際して用いられる許容応力度は,強度を安全率で割って求める.

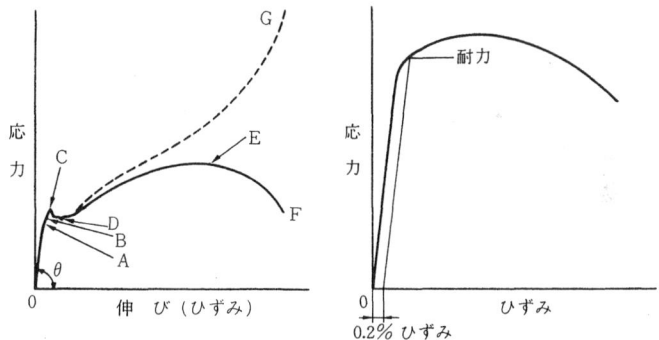

(a) 軟鋼のように降伏点が明瞭な場合　　(b) 降伏点が明瞭でない場合

(注) Aは比例限〔proportional limit〕,Bは弾性限〔elastic limit〕,Cは上〔upper〕降伏点,Dは下〔lower〕降伏点,Eは引張強さ〔tensile strength〕,極限強さ〔ultimate strength〕,Gは真破壊応力〔true rupture stress〕,Fは破断強さ,$\tan\theta$はヤング係数

図-1.1 引張試験における応力～ひずみ図〔stress-strain diagram〕

I-1 夢なきところ民は滅ぶ. —— ソロモン

2. 静的強度〔static strength〕，降伏点〔yield point〕(降伏強度・耐力・保証応力〔proof stress〕) 　衝撃的といったほどに速くなく，クリープを考慮しなければならないほど遅くないといった載荷速度によって求めた最も一般的な強度を，静的強度という．この強度を求める時，供試体の最初の断面積を用いて計算した公称応力〔nominal stress〕が，普通用いられる．軟鋼のような延性材料では，破壊に近づくにつれて断面が縮少するといういわゆる絞り〔reduction of area〕現象を生じる．この縮小した断面積を用いて真応力〔true stress〕を求めると，図-1.1(a)のGに示すようになり，破壊に近づくにつれて応力が減少するといったFのような現象は現れない．材料の破壊の一種である降伏は，残留ひずみがある限度を超えた場合に起ったと考える．軟鋼では降伏点でひずみが急に大きくなるが，高強度鋼などの材料ではこのように明瞭な降伏点（降伏強度）を示さないので，図-1.1(b)に示すような残留ひずみが0.2％となる応力を，降伏点に対応して耐力（保証応力）と称している．

3. 衝撃強度〔impact strength〕，衝撃値〔impact value〕 　衝撃的に載荷した場合の強度を衝撃強度という．鋼のように靭性〔toughness, ductility〕に富むと考えて用いる材料が，切欠き・溶接・低温等のため脆性〔brittle〕材料のように脆く破壊するのは極めて危険であるので，シャルピー〔Charpy〕衝撃試験（図-6.8）のような衝撃曲げ試験によって試験片を破壊するのに要した吸収エネルギー（J），またはこれを切欠き部分の断面積で割った衝撃値（J/cm^2）を求めて判定する．

4. クリープ強度〔creep strength〕，クリープ限〔creep limit〕 　長時間にわたって持続荷重を作用させた時の材料の強度をクリープ強度といい，寿命としてのある時間内にクリープ破壊を起さない限界の持続応力をクリープ限としている．

5. 疲労（疲れ）〔fatigue〕強度，疲労（疲れ）限(度)〔fatigue limit, endurance limit〕 　繰返し荷重を受けると材料は静的強度より小さい荷重で疲労破壊する．繰返し試験の結果は$S〜N$線図（図-1.2，Sは応力，Nは疲労破壊する

F-2　一生過ちのない人は，一生何もしない人である．　　　ハックスレー

までの回数）で表される．鋼では一般に，ある応力以下では N が増えても破壊せず $S \sim N$ 線図に水平部が現れるので，この応力を疲労限(度)または耐久限(度)としている．非鉄金属，コンクリート等では $S \sim N$ 線図に水平部が現れないので，所定の N 繰返し数（鋼の疲労限が $N = 2 \times 10^6$ の付近で求められることや試験の都合を考えて 2×10^6 回とされることが多い）に耐

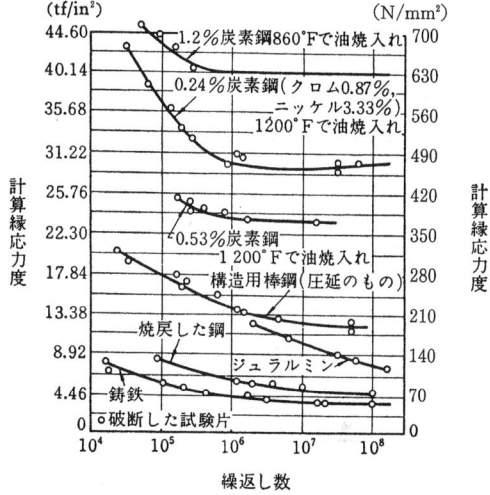

図-1.2　各種金属材料の応力～繰返し数線図
（土木工学ハンドブック）

える応力を求めて N 回疲労強度〔fatigue strength at N cycles〕とし，疲労限に代えている．

　以上は，載荷回数の多い高サイクル〔high cycle〕疲労について述べたものであり，交通荷重や波力などが主対象となっている．地震荷重では，もっと載荷回数の少ない疲労が問題となる．この場合には大荷重のかかることも多く，低サイクル〔low cycle〕疲労として扱われている．

1.3.3　変形に関する性質

　関連用語を次にあげる．

　　ひずみ〔strain〕：単位長さ当りの変形量であり，ひずみ度と称することもあるが，一般には度をつけないで用いられている．

　　残留ひずみ〔residual strain〕：応力が弾性限を超えた場合，応力を除去しても残留するひずみ．応力が降伏点を超えた場合は応力を除去しても残留するひ

　I-2　科学者に文献はいらぬ．探検家のような夢が必要だ．── 矢島聖使
　（2 000℃ に耐える夢の繊維の開発者）

ずみが大きくなるが，この場合の残留ひずみは弾性余効〔elastic after effect〕によって一部が消失し，永久〔permanent〕ひずみ（塑性〔plastic〕ひずみ）が残る．

クリープ〔creep〕**ひずみ**：荷重を一定とした条件下で時間の経過とともに増えるひずみ（リラクセーション〔relaxation〕は，初期応力で発生したひずみを一定とした条件下で，時間の経過とともに応力の減る現象をいう）．

弾性係数〔modulus of elasticity〕：応力が比例限度を超えない場合の応力～ひずみの直線部における傾斜角の tan．単位は N/mm^2 等．最も一般的な引張・圧縮応力の場合の弾性係数をヤング係数〔Young's modulus〕または縦〔longitudinal〕弾性係数，せん断応力の場合の弾性係数を剛性率〔modulus of rigidity〕・横〔lateral, transverse〕弾性係数・せん断係数〔shear modulus〕という．応力～ひずみ線図が直線でない場合に弾性係数を定めるのはより複雑であるが，例えばコンクリートについて実用的に用いられている弾性係数は，示方書類で定められているもの，応力～ひずみ線が実用的に直線である低荷重領域におけるもの，共鳴現象その他によって求めた動的かつ極めて低荷重領域における動〔dynamic〕弾性係数などである．

ポアソン比〔Poisson's ratio〕：載荷方向のひずみとその直角方向に生じる（逆方向の）ひずみの比をポアソン数〔Poisson's number〕といい，この逆数をポアソン比という．

なお，連続体の場合，ヤング係数 E，横弾性係数 G，ポアソン比 ν の間に，次の関係式が成立する．

$$G = \frac{E}{2(1+\nu)}$$

F-3　S臨海工業地帯における重油タンクから，数千 kl の重油が海へ流出．タンクの鋼製側板と底板との溶接継目部近傍の底板内に生じたT形ひび割れ（円周方向約12.8m，半径方向約3m）から流出したことが判明した．このひび割れの生じた原因としては，タンクの底板を支える地盤の不等沈下，溶接により生じた残留応力，溶接熱による鋼の脆化，材質欠陥，これらのうちいくつかの競合などが考えられる．防油堤が満足にその機能を発揮すれば，事故が重大化しなかったことは確かである．

構造材料で問題とされる主な変形特性を次に示す.
 1. **伸び能力（伸び性）**〔extensibility〕　破壊するまでに十分大きい伸び変形を示す場合は，破壊を予知しやすいこと，ひび割れが原因となる漏水その他の欠点発生が少ないことなどの点で有利である．重要な引張材として用いられる鋼材や止水材として用いられる瀝青材料・合成高分子材料等においては，伸び能力が重視される．
 2. **残留ひずみ**　残留ひずみがある限度を超すと，その構造物は破壊したとみなされることが多い．降伏点の定義もこのことを示唆している．
 3. **剛性**〔rigidity, stiffness〕　構造部材では弾性変形の範囲内でも変形が大きすぎると実用的とはいえないので，部材の剛性はある限度以上であることが要請される．部材の剛性は，材料のヤング係数と断面二次モーメントの積によって決まる．

1.3.4　耐　久　性〔durability〕

建設物，特に土木構造物は悪条件下にあって長年月の使用に耐えることが要請される．建設材料は必要に応じて，次にあげる耐久性を有しなければならない．
① 耐候〔weather-proof, weather-resistant〕性：凍結融解，乾湿，温度変化等の風化作用に対し
② 耐すりへり〔abrasion-resistant〕性：流水，流砂，機械的等のすりへり作用に対し
③ 耐食〔corrosion-proof, rust-proof〕性：鉄鋼の錆，木材の腐食等の作用に対し
④ 耐化学薬品〔chemicals-resistant, chemicals-proof〕性：酸，アルカリ，塩類，油等の作用に対し
⑤ 耐生物性：虫類，菌類等の作用に対し

1.3.5　その他の性質

 1. **質量**〔weight〕　橋梁用材料としては軽い[*]ことが要求されるし，重力

---

[*] 正確には質量と重力加速度の積の大小である．一般に問題となるのは力（質量×加速度）であり，質量のみではない．

ダム用材料としては重い* ことが要求される．関連用語を次にあげる．

密度〔density〕：単位体積当りの材料の質量．空隙や水分を除外した実質だけの密度を真〔true〕密度，空隙や水分を除外しない密度を見掛け〔apparent〕密度という．

単位(容積)質量〔umt weight〕：単位容積(体積)当りの質量．単位 kg/m^3, kg/l 等．

2. 水に対する性質　吸水性・透水性・親水性等の点で，各材料は異なっている．関連用語を次にあげる．

含水率〔water content, moisture content〕：材料の含む水を材料の乾燥質量で割った値．

吸水率〔absorption〕：材料の吸水した量（表面水を含まない）を材料の乾燥質量で割った値．

3. 火・熱に対する性質　土木構造は建(築)物におけるほど火災に対する抵抗性を要求されなかったが，都市部その他特殊な箇所では耐火性を要求されることもある．熱伝導や熱膨張が問題となることもある．関連用語を次にあげる．

比熱〔specific heat〕：1g の材料の温度を 1℃ 上げるのに必要な熱量．単位は $kJ/kg\cdot℃(J/kg\cdot K)$ 等．

熱伝導率〔thermal conductivity〕：単位厚さの材料の相対する単位面積の面に単位温度差を与えた場合において，単位時間に材料中を伝わる熱量．単位は $W/m\cdot℃(W/m\cdot K)$ 等．

熱膨張係数〔coefficient of thermal expansion〕：温度変化によって材料が伸縮する割合．体積膨張係数は線膨張係数の 3 倍で，単位は 1/℃．軟化点・

F-4　臨海工業地帯における重油流出事故後の点検結果によると，石油タンクで一応の安全基準とされてきた「沈下はタンク直径の 0.5% 以内」を超えるものが多数発見された．例示すると直径約 52m，高さ約 20m，（容量 41 800kl）のタンクで最高沈下量 43.4cm（沈下率 0.83%），直径約 82m，高さ約 22m（容量 106 107kl）のタンクで最高沈下量 55.3cm（沈下率 0.68%）．重油流出事故対策として提案されたものは，二重底工法・フレキシブル底工法・二重防油堤・オイルフェンス網準備等である．

引(着)火点・発火点等については 10.2, および 4.2 参照.

4. 音に対する性質　騒音その他の公害が問題化するにつれて, 従来は建築技術者だけが関心を有していた吸音・遮音といったことに対し, 土木技術者ももっと関心をもつべきことが要請されるようになってきた. 関連用語(単位を含む)を次にあげる.

音の強さ 〔intensity level of sound〕: 音の進行方向に垂直な単位面積を単位時間に通過する音のエネルギー量. 単位は W/m^2, 記号は I.

デシベル (dB) 〔decibel〕: $10\log_{10}(I/I_0)$ で表した音の強さの単位. ここに $I_0 = 10^{-12}(W/m^2)$. 一般に用いられる dB(A) またはホンは人間の耳の特性に合うように簡略化してあり, 指示騒音計で直読して騒音レベルが決められるようになっている.

反射率 〔reflection factor, reflectance〕・**透過率** 〔transmission factor, transmittance〕・**吸音率** 〔sound absorbing coefficient〕: 強さ e の音が壁面に投射された場合, e_1 は反射され, e_2 は吸収され, e_3 は壁体を通過して他部材に伝わり, e_4 は通過して次の空間に放出される. 反射率は e_1/e, 透過率は e_4/e, 吸音率は $[1-(e_1/e)]$ で表される.

遮音率 〔sound insulating coefficient〕: 透過率の逆数を用いて $10\log_{10}(e/e_4)$ を求め, dB 単位で示した値.

5. 硬さ 〔hardness〕　打撃・圧縮・切断・引っかき・すりへり等に抵抗して材料の示す性質を硬さという. 測定方法によって種々の硬さが求められているが, 実用されているものとしては, 金属に対する押込み硬さ, コンクリートに対する衝撃硬さ, 鉱物に対する引っかき硬さがある.

I-3　LD 炉は 1951 年オーストリアのアルピネ社によって開発されたが, 我が国は 1956 年に技術導入を行い, 1962 年には外国人による関連特許公告数より日本人による関連特許公告数の方が多いというほどの新技術開発を行った結果, 鉄鋼生産量で世界 3 位, 輸出量では世界 1 位という急成長をとげるに到った. しかし, 発展途上国の技術の進歩によって, 輸出額は 1981 年をピークに, その後は減少する傾向にある.

1.4 規格〔standard〕・法律〔law〕・示方書(仕様書)〔specification〕類

材料・機器についての品質・形状・寸法や試験方法を定めた**日本工業規格(JIS)**〔Japanese Industrial Standards〕は,現在約9 000件が制定されており,そのうち約4％が建設材料に関連している*.1949年に制定された工業標準化法に基づき,「品質の改善,生産能率の増進,生産の合理化,取引きの単純公正化,使用または消費の合理化,公共福祉の増進」を目的として運営されている.JISに規格化された建設材料についてはJISマーク表示許可制度が採られており,規格どおりのものが造られていることに関しての審査に合格した建設材料は,JISマークを表示して出荷が許可されている.JIS規格は,JISのあとにアルファベットの大文字で部門を示し(例示すると,Aは土木建築,Gは鉄鋼,Rは窯業,Kは化学,Zは溶接,基本,工場管理等),番号,制定または改正年号の順に示す.制定されたJIS規格は5年以内ごとに見直しが行われ,確認・改正・廃止のいずれかの処置がとられる.

外国の規格としては,国際規格(ISO),欧州規格(EN),アメリカ規格(ASTM),イギリス規格(BS),ドイツ規格(DIN),フランス規格(NF),ソ連規格(ΓOCT),等がある.国際規格が注目され,国内規格は国際規格を尊重しなければならなくなった.また,我が国の官公庁や学協会でも,関連する規格類が出されている(表-1.1).

1.5 情　　報

建設材料についての主な情報源を表-1.2(表-1.1も参照すること)に示す.個々の材料についてのメーカーカタログは貴重な資料であるが,内容を客観的にまた適確に判断すること,カタログの内容が正確かつ有益なものとなるように誘導することは,建設技術者の重要な役割の一つである.

---

* 日本規格協会で入手できる.本部:〒107-8440 東京都港区赤坂 4-1-24
　　　　　　　　　　　　　国内規格　03-3583-8002／海外規格　03-3583-8003

1.5 情報

表-1.1 JIS 以外の規格類と入手先 (2004.6)

区分	規格略称	制定機関名・入手先	所在地	電話
官公庁	JAS	(社)日本農林規格協会	〒103-0025 中央区日本橋茅場町3-5-2	03-3249-7120
	DSP	防衛庁仕様書	〒162-8860 新宿区市谷本村町5-1	03-3268-3111
	労働安全衛生規則	厚生労働省中央労働災害防止協会 安全衛生情報センター	〒108-0014 港区芝5-35-2 安全衛生総合会館	03-3452-3385
	都市再生機構工事共通仕様書・標準設計図	(独)都市再生機構	〒231-8315 横浜市中区本町6-50-1 横浜アイランドタワー	045-650-0111
	東京都住宅公社仕様書	東京都住宅供給公社	〒150-8522 渋谷区神宮前5-53-67 コスモス青山	03-3409-2261
諸団体	NTT仕様書	(社)電気通信協会	〒163-1455 新宿区西新宿3-20-2 東京オペラシティータワー	03-5353-0190
	SHASE	(社)空気調和・衛生工学会	〒169-0074 新宿区北新宿1-8-1 中島ビル	03-3363-8261
	JCAS	(社)セメント協会	〒104-0032 中央区八丁堀4-5-4 ダヴィンチ桜橋	03-3523-2701
	NDIS	(社)日本非破壊検査協会	〒101-0026 千代田区神田佐久間河岸67	03-5821-5101
	JACC	(社)日本防錆技術協会	〒105-0011 港区芝公園3-5-8	03-3434-0451
	WES	(社)日本溶接協会	〒101-0025 千代田区神田佐久間町1-11	03-3257-1521
	JGS	(社)地盤工学会	〒112-0011 文京区千石4-38-2	03-3946-8677
	JSCE	(社)土木学会	〒160-0044 新宿区四谷1丁目無番地	03-3355-3444
	JASS	(社)日本建築学会	〒108-8414 港区芝5-26-20	03-3456-2051
	BCJ	(財)日本建築センター	〒105-8524 港区虎ノ門3-2-2	03-3434-7161
	JSTM	(財)建材試験センター	〒103-0025 中央区日本橋茅場町2-9-8 友泉茅場町ビル	03-3664-9211
	JSWAS	(社)日本下水道協会	〒100-0004 千代田区大手町2-6-2	03-5200-0810
	JWWA	(社)日本水道協会	〒102-0074 千代田区九段南4-8-9	03-3264-2826
	JSS	日本鋼構造協会	〒160-0004 新宿区四谷3-2-1 四谷三菱ビル	03-5919-1535
		日本シーリング材工業会	〒101-0041 千代田区神田須田町1-5 翔和隅田町ビル	03-3255-2841
	JCI	(社)日本コンクリート工学協会	〒102-0083 千代田区麹町1-7 相互半蔵門ビル	03-3263-1571

I-4 良き地に落ちし種あり，生え出でて茂り，実を結ぶこと，三十倍，六十倍，百倍せり．「マルコ伝」

I-5 Ask, and it shall be given you ; seek, and ye shall find ; knock, and it shall be opened unto you. —— St. Mathew 7

1. 建設材料概論

表-1.2 土木材料に関係の深い団体とその定期刊行物

分類	団体名	住所	電話	定期刊行物
一般	(独)科学技術振興機構	千代田区四番町5-3	5241-7513	科学技術文献速報，科学技術情報オンラインシステム
	(財)建設物価調査会	中央区日本橋小伝馬町11-8	3663-2411	建設物価，物価資料
	(社)発明協会	港区虎ノ門2-9-14	3502-5438	特許公報
	(財)日本規格協会	港区赤坂4-1-24	3583-8000	標準化ジャーナル
	(社)日本材料学会	京都市左京区吉田泉殿町1-101	(057)761-5321	材料
金属材料	(社)日本鉄鋼協会	千代田区神田司町2-2 新倉ビル2階	5209-7011	鉄と鋼
	(社)日本鉄鋼連盟	中央区日本橋茅場町3-2-10	3669-4811	鉄鋼需要月報
	(社)日本アルミニウム協会	中央区銀座4-2-15 塚本素山ビル	3538-0221	アルミニウム，アルミニウム統計月報
	(社)水門鉄管協会	港区虎ノ門1-1-20	3591-9046	水門鉄管
	(社)日本鋼構造協会	新宿区四谷3-2-1 四谷三菱ビル9階	5919-1535	JSSC会誌，鋼構造論文集
	日本鉱業協会 鉛・亜鉛需要開発センター	港区虎ノ門1-21-8	3591-0812	鉛と亜鉛
無機材料	(社)日本コンクリート工学協会	千代田区麹町1-7	3263-1571	コンクリート工学
	(社)セメント協会	中央区八丁堀4-5-4 秀和桜橋ビル7階	3523-2701	セメントコンクリート
	(社)日本セラミックス協会	新宿区百人町2-22-17	3362-5231	日本セラミックス学術論文誌，セラミックス
	(社)プレストレストコンクリート技術協会	新宿区津久井町4-6 第3都ビル	3260-2521	プレストレストコンクリート
	日本砂利協会	千代田区駿河台3-1-4	5283-3451	砂利時報
	(中間法人)全国コンクリート製品協会	千代田区内神田2-7-14	5298-2011	コンクリート製品
	(社)全国土木コンクリートブロック協会	文京区本郷3-17-3	5689-0491	土木用コンクリートブロック
有機材料	(社)日本木材加工技術協会	文京区後楽1-7-12 林友ビル	3816-8081	木材工業
	(社)日本アスファルト協会	港区虎ノ門2-6-7	3502-3956	アスファルト
	(社)日本合成樹脂技術協会	中央区銀座2-10-18	3542-0261	Plastics Info World
	(社)強化プラスチック協会	中央区銀座2-11-8 第22中央ビル	3543-1531	強化プラスチック
	(社)日本防錆技術協会	港区芝公園3-5-8	3434-0451	防錆管理
	(社)日本塗装工業会	渋谷区鶯谷町19-22	3770-9901	
	日本接着学会	大阪市浪速区日本橋4-2-20	(06)6634-7561	日本接着学会誌，接着の技術

工業製品技術協会は，検索にはヒットしなかった．
軽金属協会は，日本アルミニウム協会に統合．
日本接着協会は，日本接着学会に名称変更．

2. 新技術の創造

　我が国は「物」資源に極めて乏しいため,「頭」資源でこれを補う必要のあることが力説されてきたにもかかわらず,1970年代は先進諸国に比べて劣った実績しか示してこなかった.建設業全体では1970年代より技術輸出が輸入を上まわっているが,産業全体ではやっと技術輸出と輸入とが同程度となったのが1970年代後半である.物資源が有限であるのに反し,頭資源は増殖炉的であるから,素質的に優れている我が国は,省力・省資源・省エネルギー・省公害等地球規模での環境保全に対し優れた新技術を産みだすため,格段の努力をすることが要請されているといわなければならない.

　新技術創造の可能性について考察してみよう.二元素合金系では可能な組合せである3 403系のうち23%について研究されているに過ぎず,三元素合金系に到っては可能な組合せである91 881系のうちわずか0.36%しか研究されていない.また,ポルトランドセメントの出現を1824年とすれば,既に存在していた鉄と組み合せた鉄筋コンクリートの原形にたどりつくまでに26年もかかっており,プレストレストコンクリートともなると原形の現れるまでに62年もかかっている.これらのことを考えると,身近な材料を適切に組み合せて顕著な新材料を産む可能性はいつの時代にも必ずあるといってよいことに,建設技術者はもっと眼を向けるべきであろう.素材としての材料の性能不足が原因となって新技術の実用化を拒む場合は,材料メーカー側へ要請することで新しい道の開けることは少なくない.そのため素材としての新材料を創造することの困難な建設技術者としては,問題点を明らかにしメーカー側へ適切に要請するという点に努力する

ことが，極めて重要と思われる．

　工学的に顕著な成果を収めた**重要発明**も，よく調べてみると決して奇想天外なものでなく，公知の先駆技術に「実用的な改良」を加えたものであることが極めて多い．「実用的な改良」に関して，他人のものは過小評価し，自分のものは過大評価することをいましめ，不断に前向きの努力をすることが成果を産むのに不可欠であることを認識することも，技術者として基本的に重要と判断される．

　本書では新技術創造の具体例あるいは関連事項を囲み記事のIシリーズとして全巻にわたり略記したので，これから新技術創造のパターンを把握して頂きたい．

F-5　動力試験炉タービン建屋の地下 7 m に設置された 1.6 m×1.0 m×3.0 m（深さ）の冷却水回収槽（厚さ 3.2 mm の鋼板製）から放射能（許容量をはるかに下回る）を含んだ水が漏水した．回収槽底部の溶接部分に長さ 30 cm のひび割れを生じたことが直接原因．周囲は厚さ 1 m のコンクリートで囲まれていたが配管用の孔があけたままとされていたため漏水を防げなかった．

F-6　臨海工業地帯で完成後間もない重油タンク（容量 400 kl）の油注入パイプのバルブが故障し約 10 kl の重油が流出，タンクを囲む高さ 1.5 m のコンクリート製の防油堤があったが，排出口が開いたままとなっていたため役に立たなかった．

F-7　イタリーの新幹線工事で長さ 10 km のトンネルの線路布設を終ったのち，高さが 20 cm 不足していることが判り手直し工事が行われた．工事途中で高速コンテナ列車を通すよう変更されたのに設計変更しなかったため，他にもこんなトンネルがあるもよう．

F-8　資源の有効利用を目的として異種金属を接合した異材継手を各種機器に用いようとする傾向が強くなってきたが，よく採用されるろう付け法において，溶接した時点で現用の非破壊検査技術では検出されないような微細な欠陥が存在するため，継手強度の低下することが明らかにされつつある．

F-9　西インド諸島で建設中の 4 車線の RC 橋が倒壊し，10 人死亡，数 10 名が行方不明．金属製吊具の破壊が原因といわれる．

F-10　建設中のトンネル上部の地中梁が折れて地上の建物が破壊．鉄筋の重ね継手が梁中央部に集中したこととコンクリートの強度不足が原因．

3. 事故防止

　先進国の技術史を見ても，大事故を乗り越え血を流しながら現在の水準に達した道程が看取される．しかしながら，貴重な人命・物・時間のロスを伴う事故の望ましくないことは，いうまでもないことである．特に環境問題その他厳しい条件のもとで実施される我が国の建設工事においては，事故——特に人身事故を起すことは絶対に避けなければならない．

　事故はその性格上真相が公開されにくく，このため同じような手落ちによる事故がしばしば起るのは極めて遺憾なことである．

　建設技術者の手落ちとしては，表-3.1のような点が指摘されてきた．

　本書では囲み記事のFシリーズとして，全巻にわたり具体的な事故例あるいは関連事項を略記した．これらから避けなければいけない手落ちと事故のパターンを具体的に頭に入れておけば，同じような事故に悩まされることはほとんどなくなると判断される．

　最後に特に強調しておきたいことを1つあげておく．それは指導的立場にある人の最も配慮しなければならない点である．現場第一線の作業員が日常的で普通の努力を払えば十分満足な結果が得られるといったことを基本として，すべてを計画し，設計・施工しなければならないということである．

3. 事故防止

表-3.1 建設工事における手落ち

		例
設計上の手落ち	計算の誤り	桁の取違え．2倍するのを失念．
	荷重算定の誤り	土圧，風圧，水圧の過小評価． 時日の経過に伴う動荷重増大や載荷条件変化の軽視．
	せん断抵抗の不足	斜め引張補強の不足．
	二次応力算定の誤り	温度応力，収縮応力の軽視． 部材継目部の設計不良．
	設計細目における手落ち	危険断面における実質的無筋コンクリート部分形成． 鉄筋端部あるいは継手領域の設計不良．
	当初の設計者の意向を無視した設計変更	
施工上の手落ち	材料の不良	生コンクリートの計量または配達上の誤り． 現場到着生コンクリートへの注水．
	コンクリート施工の不良	現場で使用できる振動機の能力を超えた硬練りコンクリート採用．
	溶接施工の不良	無理な姿勢による溶接． 未熟練工による溶接．
	コンクリート養生の不良	寒中コンクリートにおける過早脱型．
	架橋時または組立時の配慮不足	運搬方法が不適当なための落橋． 横抵抗力不足による支保工の崩壊．
耐久性の不良	凍結融解作用による劣化	AEコンクリートとしなかったこと．
	すりへり作用，海水，化学薬品作用等による劣化	不適当な材料選択． 防護工の不良．

F-11 米国でラーメン隅角部で鉄筋を重ね継ぎしたところ高さ，約5.4m，スパン約20mのラーメン群が自重だけで破壊．重ね継ぎの薄い無筋部分を縫ってひび割れを生じたことが原因．

F-12 I形断面でスパン30mのPC桁をエレクションガーダーによって架設位置真上まで引出し，下すため，ワイヤー吊換え作業中桁が傾斜し，修正しようとしたが急速に傾斜が進行し，スパン中央の上突縁から腹部にかけて大きいひび割れを生じた．この桁は耳桁で左右非対称であり，バランスを崩しやすかったことが原因．

［各　　論］

4. 木　　材〔timber, wood, lumber〕

4.1 概　　要

1. 軽くて取り扱いやすいこと，工作加工が容易なこと，軽いわりに強度が高いこと――特に引張強度が大きくて脆くないこと，音・振動・熱・電気を通しにくいこと，外観がきれいなこと，昔はどこでも手軽に入手できたことなどの**長所**があるため，重要な土木材料であった．今では，燃えやすく腐りやすいこと，虫害の恐れがあること，水分の変化による寸法変化が大きいこと，材質・方向によって強度が異なること，大寸法のものが得にくいことなどの**短所**があるほか，国内資源が枯渇したこともあって，木材は土木材料の主役からは転落した．

2. しかしながら，外国産の木材が大量に輸入されるようになったこと，合成加工技術が進歩したため天然木材の欠点を大幅に改善した**木材加工品**が造られるようになったことなどの点もあって，仮設工などに便利に使用されているとともに，木橋などに再び使用され始めた．

3. 樹木は，**針葉樹**〔needle-leaved tree〕（まつ・すぎ・ひのき等），**広葉樹**〔broad-leaved tree〕（くり・けやき・かし等）からなる外長樹（外側に向って成長するので樹幹断面に年輪を有する），内長樹（たけ・やし等）に分類される．針葉樹は軟かく広葉樹は硬いので，おのおの**軟材**〔soft wood〕，**硬材**〔hard wood〕とよばれる．

4. 木材の素材，製材ならびに木材加工品に関しては，**日本農林規格（JAS）**

4. 木材

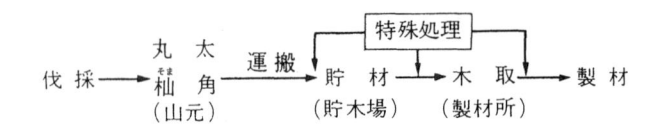

```
伐採 → 丸太 → 運搬 → 貯材 → 木取 → 製材
      杣角         (貯木場) (製材所)
      (山元)
              ↑ 特殊処理 ↑
```

がある．素材の JAS では，建築その他に用いられる素材を**丸太**と**そま角**に区分し，さらにそれらの材種を径または幅によって小（<14cm）・中（14～30cm）・大（≧30cm）に細分し，また欠点に応じて1等～4等の等級を規定している．

　製材関係の JAS では，表-4.1 に示すように材種を区分している．針葉樹の造作用製材（敷居，鴨居，外壁その他の建築物の造作に使用），針葉樹の下地用製材（建築物の屋根，床，壁等の下地で外部から見えない部分に使用），広葉樹製材，押角（へしかく，へしがく，おしがくともいう．ひき割，ひき角類），および耳付材（丸身を切落していない製材），針葉樹の構造用製材（建築物の構造耐力上主要な部分に使用，甲種構造材は主として高い曲げ性能を必要とする部分に使用，乙種構造材は主として圧縮性能を必要とする部分に使用），枠組壁工法構造用製材（枠組壁工法は，軸組によらず，2×4インチ等の部材を一定間隔に並べた枠

表-4.1 製材の区分

区分	寸法	細分	寸法・形状
板類	厚さ 7.5cm 未満 幅：厚さの 4 倍以上	板	厚さ 3cm 未満，幅 12cm 以上
		小幅板	厚さ 3cm 未満，幅 12cm 未満
		斜面板	幅 6cm 以上，横断面が台形
		厚板	厚さ 3cm 以上
ひき割類	厚さ 7.5cm 未満 幅：厚さの 4 倍未満	正割	横断面が正方形
		平割	横断面が長方形
ひき角類	厚さおよび幅が 7.5cm 以上	正角	横断面が正方形
		平角	横断面が長方形

F-13 県道の橋梁下部工事でコンクリートケーソン内に一酸化炭素が充満し作業員6人が死亡，1人中毒．ケーソン内に圧縮空気を送るポンプのレシーバータンクが過熱し，空気浄化用活性炭が燃え，生じた一酸化炭素が送込まれたため．

4.1 概　　要

組に，合板等を釘打ちしたもので，床・壁を構成する壁式構法で，我国ではツーバイフォー(2×4) と呼ばれているが，厳密には北米の構法とはいろいろな点で異なる．機械による曲げ応力等級区分を行う製材規格では等級により格付，その他の製材およびたて継ぎ材では，それぞれ主として高い曲げ性能を必要とする部分に使用する甲種枠組材および甲種たて継ぎ材とそれ以外に使用する乙種枠組材および乙種たて継ぎ材に区分），構造用パネル（木材の小片を接着し板状に成型した一般材またはこれに単板を積層接着した一般材のうち，主として構造物の耐力部材として使用），単板積層材（単板を主としてその繊維方向を互いにほぼ平行にして積層接着したもので1等，2等，3等に区分，構造物の耐力部材として使用するものは構造用単板積層材として特級，1級，2級に区分），集成材（造作用集成材・化粧ばり造作用集成材・化粧ばり構造用集成柱は1等，2等に区分，化粧ばり構造用集成柱を除く構造物の耐力部材として使用する構造用集成材は1等，2等，3等，4等に区分），フローリング，合板が規格化されている．

5. 丸太あるいはそま角から角材・板材等を造る作業を，製材または木取りという．製材にあたっては，できるだけくず木を少なくすることが重要である．樹幹直角断面を**木口**〔こぐち：end grain, header〕，年輪切線方向断面を**板目**〔flat grain〕，年輪半径方向断面を**まさ目**〔edge grain〕という（図-4.1）．まさ目は，板目材に比べて外観が優れるだけでなく，収縮が一様で狂いを生じにくい．

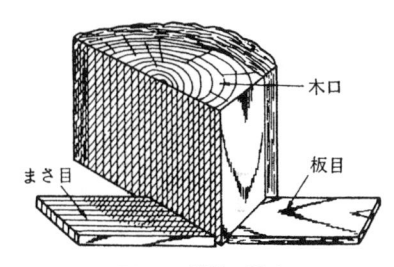

図-4.1　樹幹の断面

6. 木材は使用に先立って乾燥させることにより，使用後の収縮ひび割れによる狂い，腐食・虫害等の防止，強度・耐久性等の増進，防腐，防火処理の容易化，重量軽減による取扱い・運搬の便利等をはかる．**乾燥法**〔seasoning〕には，自

I-6　There is nobody who has never met with some good chance or other in his life. Simply he has not seized one. —— Andrew Carnegie

然乾燥法（空中乾燥法，樹液を溶出させるために水浸を補助的に行う場合もある）と人工乾燥法（熱気乾燥法・蒸気乾燥法・煮沸法・煙乾燥法・高周波乾燥法・真空乾燥法等）がある．

7. 木材の**特殊処理法**としては，防腐法〔preservative treatment〕(表面炭化法・防腐剤塗布法・防腐剤浸漬法・防腐剤注入法等)，防虫法（白蟻の防止法・駆除法)，防火法（緩燃性にすることが可能なだけ)，風化防止法（ペンキその他の塗布・防腐法も有効)，摩耗軽減法（木材硬化法あるいは金属・硬木の併用）等がある．

8. 外国産木材としては，アメリカ・カナダ産の米材・北米材（構造用）とクラフト・シベリア産の北方材・北洋材（型枠・構造用・荷造箱）が主なものである．台湾・フィリピン・タイ・ボルネオ・ジャワ産の南方材・南洋材は，仕上材・家具材等に用いられる．

9. **木材加工品**としては，**合板**〔plywood〕(veneerと呼ばれる単板3枚以上の奇数枚をその繊維方向が互いに直角になるように重ねて接着剤で張り合わせたもの．用途に応じて表-4.2のように区別している．合板には熱帯木材を使用していたが，熱帯雨林の減少に対する批判から，現在では伐採と植林が均衡している木材の使用が主流になっている．コンクリート型枠用合板（厚さ12mm～24mmでコンパネと略称される）のほとんどには，木材成分の溶出によるコンクリート表面の硬化不良や節，年輪，樹脂の転写等の問題を防ぐために，表面加工が施されている．**フローリング**〔flooring〕(主としてひき板，合板，集成材，単板積層材を基材として加工して造った床板)，**集成木**〔laminated timber〕(素材の繊維方向がほぼ平行になるよう，厚さ1.5～3cm位の板または小角材等を長さ，幅および厚さの方向に接着したもの)，**繊維板**〔fiber board〕(木材を繊維状にし板状に成形して乾燥ないし熱圧縮したもの)，**パーティクルボード**〔particle board〕(木材を砕いて小さな小片（パーティクル）にし合成樹脂等の結合剤を加

F-14 支柱上面に木製水平材をそのまま当てて用いるといった形の木製支保工においては，沈下による事故を起す例が多い．木材の繊維に直角方向の支圧強度が小さいこと，接触が一様でないことなどが原因．形鋼を接触面に配置するのが有効．

4.1 概　　要

表-4.2　合板で用いる用語

普通合板	合板のうち，コンクリート型枠用合板，構造用合板，天然木化粧合板，特殊加工化粧合板以外のもの．
コンクリート型枠用合板	合板のうち，コンクリートの型枠として使用する合板（表面または表裏面に塗装またはオーバーレイを施した表面加工コンクリート型枠用合板を含む）．
構造用合板	合板のうち，建築物の構造耐力上主要な部分に使用するもの．
天然木化粧合板	合板のうち，木材質特有の美観を表すことを主たる目的として表面または表裏面に単板をはり合わせたもの．
特殊加工化粧合板	合板のうち，コンクリート型枠用合板または天然木化粧合板以外の合板で，表面または表裏面にオーバーレイ，プリント，塗装等の加工を施したもの．
特　類	屋外または常時湿潤状態となる場所（環境）において使用することを主な目的としたもの．
1　類	コンクリート型枠用合板および断続的に湿潤状態となる場所（環境）において使用することを主な目的としたもの．
2　類	時々湿潤状態となる場所（環境）において使用することを目的としたもの．
F タイプ	主としてテーブルトップ，カウンター等の用に供される特殊加工化粧合板．
FW タイプ	主として建築物の耐久壁面等の用に供されるほか家具用にも供される特殊加工化粧合板．
W タイプ	主として建築物の一般壁面用に供される特殊加工化粧合板．
SW タイプ	主として建築物の特殊壁面の用に供される特殊加工化粧合板．

えて成形熱圧縮したもの）等があり，接着剤の進歩・良質の大型材の不足・木材の高度利用促進等の事情が背景となって発達してきた．素材の欠点を除去ないし分散できることが大きな長所である．特に合板・ファイバーボード等の場合には，強度の方向差がなくなることも有利な点である．

10.　木材は，仮設工事用の桁・支柱・支保工・足場材・橋板・土止め工・型枠・まくらぎ等に用いられている．また近年は，木橋などにも再び使用されるようになってきた．

I-7　活動的で自信のある中位の頭脳が最も成功する．これは学問においてさえそうである．——I．カント

I-8　時を短くするものは何か，活動．時を耐えがたく長くするものは何か，安逸．——J．ゲーテ

4.2 性　　質

1. 木材の**密度**には，生材密度・気乾密度・絶対乾燥密度・飽水密度などがあるが，普通は**気乾密度**が用いられる．

2. 木材に含まれる水分は，自由水（細胞管中あるいは細胞管のすき間に含まれる遊離水）と結合水（細胞膜に浸透している吸着水）から成る．前者の方が後者より先に蒸発し，質量・熱・電気に対する性質を変化させるが，膨張・収縮・機械的性質にはほとんど影響しない．自由水がなくなり細胞膜が結合水で満たされた状態を，**繊維飽和点**〔fiber saturation point〕(FSP，この時の含水率は25～35%，平均28%) という．FSPを超えて乾燥が進むと結合水が失われ，収縮，電気抵抗の増大，強度の増加が顕著に現われる．気乾状態における平衡含水率を**気乾含水率**といい，我が国では13～18%である．木材の性質を比較する場合，JIS Z 2101では，試験の一般条件として，含水率を11～17%とするよう規定している．

木材の乾燥収縮は，大体において板目方向（横断面の接線方向）：まさ目方向（半径方向）：樹幹方向＝10：5：(1～0.5) である．

3. 木材の各種の**強度**や**弾性係数**は，大体において気乾密度の増減と傾向を同じくすることが認められている．繊維に直角方向に載荷する場合の強度は，平行方向と比較して極めて小さく，また明瞭な値を示さないことが多い．斜め方向載荷の場合の強度について提案されている式を紹介すると，次のとおりである．

$$\sigma_\theta = \frac{\sigma_0 \cdot \sigma_{\pi/2}}{\sigma_0 \sin^n \theta + \sigma_{\pi/2} \cos^n \theta}$$

ここに，σ_θ，σ_0　$\sigma_{\pi/2}$：繊維方向とおのおの θ，0，$\pi/2$ ラジアンの角度をなす

F-15　米国で，鉄道の築堤を支える高さ18mのL形RC擁壁の全延長173mがほとんど完成したところで，90mが崩壊．原因は，設計の際考えたものよりはるかに大きい土圧が作用したこと，擁壁鉛直部接地引張側のかぶりが3cmしかない部分があり（設計は5cm以上）曲げ抵抗を減少させたこと，底板と鉛直部間に噛合わせのキーがなかったためすべってしまったことなどとされている．

方向の強度，n の値は材種によって変るといわれるが，圧縮・引張・曲げの場合で大体 (2.5〜3)・(1.5〜2)・2 という値が示されている．

表-4.3 には，よく用いられる木材についての繊維方向に全断面載荷の場合の標準的な測定結果を紹介する．局部的圧縮の場合は相当大きい強度を示すこと，木材の種々の欠点や腐朽は強度を減少させることなどが明らかにされている．

4. 気乾状態の木材の釘の保持力としては，$P = 4.85 \gamma^{5/2} dl$，ただし，P：保持力(kN)，γ：絶乾単位質量(g/cm^3)，d：釘の直径(cm)，l：釘の深さ(cm) という経験式が示されている．打ち込まれた釘が乾燥後引抜力を受ける場合，釘の保持力は 25% 低減するという指針もある．板目材よりもまさ目材の方が，保持力は大きい．

5. 疲れ限度については種々のデータが示されているが，疲れ限度／静的強度の値は平均値で，圧縮 0.6，曲げ 0.33，引張 0.28，せん断 0.19 程度とされている．また持続的曲げ載荷の場合，長時間強度／(短時間)静的強度の値は年単位載

表-4.3 主な樹種の標準強度

樹種	気乾密度 γ_{15} (g/cm^3)	曲げに基づく弾性係数 E ($10^2 N/mm^2$)	圧縮強度 f_c (N/mm^2)	引張強度 f_t (N/mm^2)	曲げ強度 f_b (N/mm^2)	せん断強度 f_s (N/mm^2)	ブリネル硬さ H_B (N/mm^2)	繊維飽和点 (%)
ス ギ	0.30〜0.45	50〜100	26〜41.5	51.5〜 75	30〜 75	4.0〜 8.5	15〜25	24.0
ヒノキ	0.34〜0.47	55〜115	30〜50	85〜150	51〜 85	6.0〜11.5	18〜33	24.6
サワラ	0.35	57	31	—	49	4.3	—	19.7
ヒ バ	0.37〜0.52	75〜115	35〜42.5	55〜110	37〜 90	5.0〜 9.0	22〜29	25.0
コウヤマキ	0.44	82	39	68	69	5.6	—	24.0
カラマツ	0.41〜0.62	60〜105	30〜61	32.5〜 90	32〜82.5	3.0〜11.0	20〜30	25.8
モ ミ	0.36〜0.59	50〜120	28.5〜55	70〜142	55〜 95	4.5〜 9.0	—	29.2
ツ ガ	0.47〜0.60	65〜120	42〜69	70〜140	45〜105	5.5〜10.0	17〜21	26.0
アカマツ	0.43〜0.65	75〜135	37〜53	84〜186	36〜118	5.0〜12.0	22〜58	27.4
クロマツ	0.45〜0.66	90〜115	40〜63.5	32〜160	73.5〜93	7.0〜13.5	—	—
アララギ	0.50	86	44〜71	36〜62.5	57〜112	6.0	—	—
ネズコ	0.30	49	24.5〜39	29〜 54	40〜 60	5.5	—	23.0
トガサワラ	0.52	82	40〜42	40〜 46	64.5〜71	3.1	—	—
トドマツ	0.32〜0.40	60〜 90	23〜38	46〜120	35〜 65	4.0〜 6.5	19〜30	25.0
エゾマツ	0.36〜0.45	65〜110	28〜45	85〜160	38〜 80	4.5〜 9.5	23〜32	28.9
米 マ ツ	0.55	127	43	105	72	7.3	17〜23	26.0
米 ツ ガ	0.48	99	36	69	63	7.5	16〜23	29.3
米 ス ギ	0.37	74	29	50	48	—	16〜21	24.2
米ヒノキ	0.51	126	38	—	77	8.6	19〜23	—

荷で 0.55 程度, 数か月単位載荷で 0.6〜0.65 程度である (繊維に平行方向の圧縮載荷では 0.75〜0.80 という値を示す).

6. 25→−60℃ と温度が低下するにつれて木材の強度は増大し, 密度の小さい木材の場合特に顕著である. ただし 0℃ 付近では, 衝撃強度が著しく低下する. 凍結した木材が常温に戻ると, もとの強度を示す.

7. 木材を加熱して 100℃ を超すと CO, CH_4, H_2 等の揮発性ガスを発散し始め, 約 160℃ で炭化し始める. 口火により揮発性ガスが燃焼する**着火点**は 230〜280℃, 口火なしで発火する**自然発火点**は 400〜490℃ である.

F-16 フランスで, 腹部厚 25cm, 高さ 3m, 上突縁幅 2.7m, 下突縁幅 0.9m の PC 桁のケーブル 14 本のうち 13 本目を緊張中, 桁が落下し 4 名負傷. 局部的に存在した不良コンクリートが原因.

F-17 米国でアーチ橋のコンクリートを打設中崩壊. 木杭が貧弱だったこと, 杭が十分打ち込まれていなかったこと, 支保工のフレームが薄かったこと, コンクリート打設ブロックが長すぎてアンバランスを生じたこと, 荷卸しの衝撃が加えられたことなどが原因といわれる.

F-18 3 径間連続 PC 箱桁橋の底版および腹版のコンクリートを 1 箇月以上前に打ち込んだ後, 側径間の床版コンクリートを径間中央部から始めて約 60t 打ち込んだ時支保工が崩壊しコンクリートが崩落. 基礎地盤の支持力が豪雨のため不均一となり不等沈下を生じたこと, このため局部的に荷重が集中しその部分のパイプ支柱が座屈したこと, 部分的破壊が全体的破壊を誘発したことなどが原因と推測された.

F-19 排水溝の改良工事中, くずれてきた高さ 90cm, 長さ 22m のコンクリート側壁と土砂の下敷きになって, 作業員 7 人が死亡, 1 人重傷. 原因は排水溝の底に水が 15cm ほどたまり砂地盤が軟かくなったことと, 溝の片側に土を盛ったこととが重なって, 底板のまだ施工されていない仮置きコンクリート側壁が徐々にずれたため.

5. 土 石〔soil and stone〕

5.1 概　　要

1. 昭和時代に入る前に，重要な建設材料として用いられていた**石材**や**粘土製品**（れんが，陶管等）は主舞台から退き，現在では土石材料の主用途は（セメント）コンクリートおよびアスファルト混合物の骨材用，アースフィルダム〔earth-fill dam〕やロックフィルダム〔rock-fill dam〕を含めた土工事用，注入や泥水工事用，一般的な増量材用等である．

2. 岩石を成因によって分類すると表-5.1のとおりであり，火成岩を珪酸（二酸化けい素

表-5.1　岩石の成因による分類（土木工学ハンドブック）

- 火成岩
  - 深　成　岩：花崗岩・閃緑岩・斑糲岩・橄欖岩など
  - 半深成岩：石英斑岩・玢岩など
  - 火　山　岩：石英粗面岩・流紋岩・安山岩・玄武岩など
- 堆積岩
  - 砕屑性堆積岩：礫岩・砂岩・頁岩など
  - 化学性堆積岩：石灰岩・珪岩など
  - 有機性堆積岩：珊瑚石灰岩・石炭など
  - 火山性堆積岩：凝灰岩など
- 変成岩
  - 動力変成岩：結晶片岩・片麻岩・大理石など
  - 熱変成岩：ホルンフェルスなど

表-5.2　火成岩の珪酸含有率による分類

分　類	珪酸含有率(%)	特　　　　　性
酸　性　岩	>66	白色，密度小，無色鉱物（石英・長石等）を含む
中　性　岩	66～52	中間的
塩基性岩	<52	黒色，密度大，有色鉱物（橄欖石・輝石等）を含む

	$1\mu m$	$5\mu m$	$75\mu m$	$425\mu m$	$2mm$	$4.75mm$	$19mm$	$75mm$	$300mm$	
コロイド	粘　土	シルト	細砂	粗砂	細礫	中礫	粗礫	コブル	ボルダー
			砂		礫				
		土　　質　　材　　料					岩石質材料

(注) 1. 土質材料の粒径区分による粒子名を意味するときは，上記区分名に「粒子」という言葉をつけ，上記粒径区分幅の構成分を意味するときは，上記区分名に「分」という言葉をつけて，分類名，土質名と区分する．
2. 土質材料の $75\mu m$ 以下の構成分を「細粒分」，$75\mu m$ から $75mm$ までの構成分を「粗粒分」という．

図-5.1　粒径区分とその呼び名（日本統一土質分類法）

SiO_2) の含有率によって分類すると表-5.2のとおりである．

3. 岩石を構成している鉱物を造岩鉱物，岩石表面の構成組織を石理〔texture〕，岩石特有の天然の割れ目を節理〔joint〕，節理ではないが外力を加えると割れやすい面を石目〔rift〕という．

4. 土は，岩石が風化して分解してできた粒状材料であり，粒度によって図-5.1また図-5.2のように分類される．

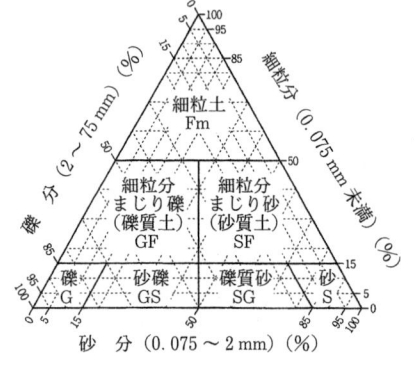

図-5.2　日本統一土質分類法の中分類用三角座標

5.2　各　　　論

1. **コンクリート用骨材**〔aggregate〕　コンクリートを造るためにセメント・水と練り混ぜる砂・砂利・砕砂・砕石・その他これに類似の材料をいう．**天然骨材**（川・海・山産の砂利・砂等）と**人工骨材**（砕砂・砕石・スラグ骨材・人工軽量骨材等）がある．
    1. 良質の骨材が得られのは，深成岩，半深成岩のほか安山岩・玄武岩・石灰岩・砂岩等である．軟質砂岩，凝灰岩，大部分の火山礫はセメントペーストより弱く，ある限度を超えとコンクリートの強度を害する**死石**（しにいし）となる．

5.2 各論

表-5.3 (a) 細骨材の粒度の標準（コンクリート標準示方書）

ふるいの呼び寸法 (mm)	ふるいを通るものの質量百分率
10	100
5	90～100
2.5	80～100
1.2	50～90
0.6	25～65
0.3	10～35
0.15	2～10*

*砕砂あるいはスラグ細骨材を単独に用いる場合には，2～15%にしてよい．
(注) 連続した2つのふるい間の量は，45%を超えないのが望ましい．

表-5.3 (b) 粗骨材の粒度の標準（コンクリート標準示方書）

粗骨材の大きさ (mm) \ ふるいの呼び寸法 (mm)	60	50	40	30	25	20	15	10	5	2.5
50～5	100	95～100	—	—	35～70	—	10～30	—	0～5	—
40～5	—	100	95～100	—	—	35～70	—	10～30	0～5	—
30～5	—	—	100	95～100	—	40～75	—	10～35	0～10	0～5
25～5	—	—	—	100	95～100	—	25～60	—	0～10	0～5
20～5	—	—	—	—	100	90～100	—	20～55	0～10	0～5
15～5	—	—	—	—	—	100	90～100	40～70	0～15	0～5
10～5	—	—	—	—	—	—	100	90～100	0～40	0～10
50～25*	100	90～100	35～70	—	0～15	—	0～5	—	—	—
40～20*	—	100	90～100	—	20～55	0～15	—	0～5	—	—
30～15*	—	—	100	90～100	—	20～55	0～15	0～10	—	—

※これらの骨材は単独に用いるものではなく，これらの粒度の骨材を別個に計量し，組み合わせて使用する場合に用いるものである．これは，粗骨材の最大寸法が大きくなると，骨材の分離が生じやすいためである．

2. **骨材の粒度**の標準は，表-5.3に示すとおりである．粗・細骨材の区分は5mmでなされているが，実用的には10mmふるいを全部通り，5mmふるいを質量で85%以上通るものを**細骨材**〔fine aggregate〕，5mmふるいに質量で85%以上留まるものを**粗骨材**〔coarse aggregate〕としている．**粗骨材の最大寸法**は，質量で90%以上が通るふるいのうち，最小寸法のふるいの呼び寸法で表わされる．骨材の**粒度**〔grading〕とは，骨材の大小の粒の分布状態をいう．粒度はJIS A 1102によって試験し，**粒度曲線**（図-5.3），

粗粒率（表-5.4）等で表わす．粗粒率〔fineness modulus, F. M.〕とは，80, 40, 20, 10, 5, 2.5, 1.2, 0.6, 0.3, 0.15mm の呼び寸法* のふるいの一組を用いてふるい分け試験〔sieve analysis

* JIS Z 8801 に規格する呼び寸法 75, 37.5, 19, 9.5, 4.75, 2.36, 1.18mm および 600, 300, 150μm に対応する．

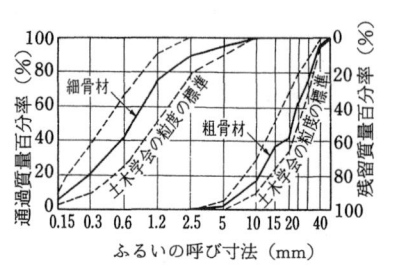

図-5.3　骨材の粒度曲線の一例

表-5.4　ふるい分け試験結果

ふるいの呼び寸法 (mm)	粗　骨　材			細　骨　材		
	各ふるいに留まる量の累計 (g)	(%)	通過量 (%)	各ふるいに留まる量の累計 (g)	(%)	通過量 (%)
50	0	0	100			
*40	749	5	95			
30	3605	24	76			
25	5399	36	64			
*20	8552	57	43			
15	9450	63	37			
*10	12445	83	17	0	0	100
* 5	14740	98	2	25	5	95
* 2.5	15000	100	0	60	12	88
* 1.2	〃	〃	〃	110	22	78
* 0.6	〃	〃	〃	285	57	43
* 0.3	〃	〃	〃	400	80	20
* 0.15	〃	〃	〃	460	92	8
受　皿	〃	〃	〃	500	100	0
F.M.		7.43			2.68	

（注）粗粒率は*印のふるいに留まる量の％のみ加えて100で割る．

F-20　生コンクリート工場で斜面を利用して造った高さ15mの砂貯蔵用ホッパーの中で作業中，突然崩れてきた隣のコンクリート仕切壁と砂に埋まり，4人死亡．原因は雨のため隣のホッパー内の砂が重くなったのに作業中のホッパーは「から」であったので仕切壁が圧力に耐えられなかったため．この工場では3年前にも同じような事故を起し，5人の死者を出していた．

5.2 各論

表-5.5 有害物含有量の限度（コンクリート標準示方書）

種　　　　類	最大値（%）	
	細骨材	粗骨材
粘土塊	1.0[*1]	0.25[*1]
微粒分量試験で失われるもの 　コンクリート表面がすりへり作用を受ける場合 　その他の場合	1.0[*2] 3.0[*2]	1.0[*5]
石炭，亜炭等で密度 $1.95\,g/cm^3$ の液体に浮くもの 　コンクリートの外観が重要な場合 　その他の場合	0.5[*3] 1.0[*3]	0.5[*3] 1.0[*3]
塩化物（塩化物イオン量）	0.04[*4]	—
軟らかい石片	—	5.0[*6]

(注) [*1] JIS A 1103 による骨材の微粒分量試験を行った後にふるいに残存したものを用いる．
　　 [*2] 砕砂およびスラグ細骨材の場合で，微粒分量試験で失われるものが石粉あり，粘土，シルト等を含まないときは，最大値をおのおの 5% および 7%（舗装では 5%）にしてよい．
　　 [*3] スラグ細骨材および高炉スラグ粗骨材には適用しない．（舗装では 0.5%，ダムコンクリートでは細骨材 0.5%，粗骨材 1.0%）
　　 [*4] 細骨材の絶乾質量に対する百分率であり，NaCl に換算し直してある．
　　 [*5] 砕石の場合で，微粒分量試験で失われるものが砕石粉であるときは，最大値を 1.5% にしてもよい．また，高炉スラグ粗骨材の場合は，最大を 5.0% としてもよい．
　　 [*6] ダムコンクリートにのみ適用．

test〕を行い，各ふるいを通らない全部の試料の質量百分率の和を求め，これを 100 で除した値をいう．粗粒率は，骨材の粒度を一義的に定めるものではないが，配合設計の際などに有益であり，よく用いられる．

3. 骨材の**有害物含有量**の限度は，表-5.5 のように定められている．

その他，骨材や練混ぜ水等からコンクリート中に有機不純物が混入すると，セメントの水和が阻害され，コンクリートの凝結が遅延し，強度発現が悪くなる．また，混入量が大きくなると，硬化しなくなる．

有機不純物を含有する湿潤状態の骨材を静置すると，有機不純物が，下方にたまることとなり，第一バッチ目のコンクリートの凝結が遅延しやすくな

I-9 発明は学閥によってなされるものではない．必ずしもその道の秀才によってなされるものではない．全く専門違いの人間でも，その熱意と忍耐と努力によって必ずその目的を達することができる．── 松前重義（無装荷ケーブル通信方式という世界的技術を戦前に発明し開発した中心人物）

る．そのため，細骨材については，JIS A 1105 によって比色試験を行ない，有機不純物の含有量について試験するのがよい．比色試験は，水酸化ナトリウム溶液が有機不純物と反応し，褐色に色調を変化させることを利用した簡単な試験である．そのため，試験の結果合格であれば，その細骨材を使用しても良いこととなるが，少量の木片や亜炭のように，セメントの水和に影響しないものに対しても着色することとなり，不合格の細骨材は用いてはならないということではない．比色試験の結果不合格な細骨材については，JIS A 1142 によって，モルタルの圧縮強度による細骨材の試験を行ない，合否を判定するのが良い．

4. 気象作用の厳しい所に用いるコンクリートには，耐久的な骨材を用いる必要がある．**骨材の耐久性**は，過去に用いた実例に基づいて判断するのが最も適当である．過去の実例がない場合は，JIS A 1122「硫酸ナトリウムによる骨材の安定性試験方法」やコンクリート供試体を用いた JIS A 1148 による凍結融解試験等を行い，その結果から判断する．

5. 骨材は含水状態によって，**絶(対)乾(燥)状態**〔absolutely dry or oven-dry condition〕($100 \sim 110$℃の温度で定質量となるまで乾燥し，骨材粒の内部に含まれている自由水がすべて除去された状態)，**(空)気(中)乾(燥)状態**〔air-dried condition〕(骨材粒の表面および内部の表面部が乾燥している状態)，**表(面)乾(燥飽水)状態**〔saturated and surface-dried condition〕(骨材粒の表面には水が付着していないが，内部の空隙が全部水で満たされている状態)，

F-21 鋼補剛トラスを有する橋長約158mの吊橋の主塔基礎がすべり出し，塔頂のサドル受けと補剛トラスが座屈した．その後主塔が倒壊し，瞬時に落橋した．風化した岩盤が長期間の雨によってゆるんだことが原因．

F-22 RCの埋蔵文化財収蔵庫が爆発し，約 $200 m^2$ の陳列棚に保管されていた出土品がこなごなになってしまった．構造物もコンクリート壁に無数のひび割れが入り，崩れて鉄筋が露出したり，鉄製ドアが根元からもぎ取られるというような被害を受けた．木材防腐用のホルマリンが気化して庫内に充満したところに，除湿機のサーモスタットの火花が飛んで引火したことが原因と推測される．

5.2 各論

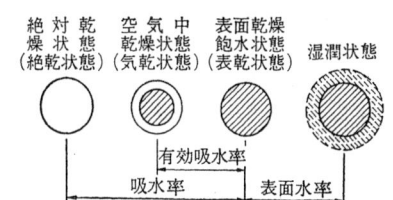

図-5.4 骨材の含水状態

絶対乾燥状態（絶乾状態）／空気中乾燥状態（気乾状態）／表面乾燥飽水状態（表乾状態）／湿潤状態

吸水率／有効吸水率／表面水率

表-5.6 骨材の吸水率（絶乾質量基準）（土木工学ハンドブック）

骨材の種類	吸水率（%）
普通の砂	1〜3
普通の砂利	0.5〜2
花崗岩	0〜0.5
砂岩	2〜7

湿潤状態（骨材粒の内部が水で満たされ，表面にも水が付着している状態）に分類される（図-5.4）. **吸水率**〔water absorption〕（絶乾質量基準）（表-5.6）・**表面水率**〔surface moisture〕（表乾質量基準）・**有効吸水率**〔effective water absorption〕は，図-5.4に示した量である．

6. **骨材の密度**には，空隙を含まない石質だけの**真密度**と，骨材粒の質量を見掛け容積（骨材がセメントペーストの中で占める容積）で割った**見掛け密度**がある．後者には，骨材粒の状態によって**絶乾密度**と**表乾密度**があるが，基準としては表乾密度が用いられている．なお，この場合の骨材の容積は表乾状態を基準とする．

表-5.7 骨材の密度（土木工学ハンドブック）

種類	表乾密度 (g/cm³) 範囲	表乾密度 (g/cm³) 平均
砂岩	2.0〜2.6	2.5
砂および砂利	2.5〜2.8	2.65
石灰石	2.6〜2.7	2.65
花崗岩	2.6〜2.7	2.65
暗黒色の火山岩	2.7〜3.0	2.9

表-5.7には表乾密度の大体の値を示す．表乾密度は，配合の計算に当って必要である．

7. 骨材の粒形の良否は，所要のワーカビリティーのコンクリートを造るのに必要な単位水量で判断される．骨材の粒形を判断する指数としては，**実積率**〔solid content in aggregate〕を用いるのが最も有利である．

I-10 才能とは自分自身を，自分の力を，信ずることである．—— M. ゴーリキー

$$実積率(\%) = (100+Q)\frac{W}{Ds} = 100 - 空隙率(\%)$$

ここに，D_S：骨材の密度（kg/l），表乾密度に相当，W：単位容積質量（絶乾状態）(kg/l)，Q：吸水率（％）である．

JIS A 5005 では，砕石 2005 に対して粒形判定実積率が 55% 以上，砕砂に対して粒形判定実積率が 53% 以上，それぞれなければならないとしている．

実積率の大体の値は，細骨材で 53〜73%，粗骨材で 50〜70% である．

8. 骨材の単位(容積)質量〔unit weight〕とは，骨材 1m³ の質量をいい，骨材量を容積で示したり，実積率や空隙率を求める際に用いられる．骨材の密度，粒度，含水量，容器，詰め方等によって異なる．

砂は，含水率が 5〜6% の時，単位(容積)質量が最も小さく，容積増加〔bulking〕（**砂のふくらみ**）が 10〜30% に達する．これ以上含水率が増えると，ふくらみは減じ，水で飽和〔inundation〕されると，容積は乾燥状態の時とほぼ等しくなる．骨材の単位(容積)質量は JIS A 1104 によって求めるが，その大体の値は，細骨材で 1 500〜1 850kg/m³（軽盛りの時 1 400〜1 600kg/m³），粗骨材で 1 550〜2 000kg/m³（軽盛りの時 1 450〜1 900kg/m³）である．

9. 舗装コンクリートおよびダムコンクリートでは，すりへり抵抗の大きいことが要求されるので，土木学会では JIS A 1121 によるロサンゼルス試験機を用いた**すりへり減量**の限度の標準を一般に，質量で前者は 35%（積雪寒冷地では 25%），後者は 40% と定めている．

10. 河川骨材の枯渇とともに，砕石〔crushed stone〕および砕砂〔crushed sand〕の使用が盛んになりつつあり，**コンクリート用砕石**および**砕砂**については，JIS A 5005 が制定されている*．砕石および砕砂の分類と粒度，品質基準は表-5.8，表-5.9 に示すとおりである．

11. **スラグ骨材**〔slag aggregate〕には，溶鉱炉で銑鉄と同時に生成される

---

* JIS A 5001 では道路の敷砕石，路盤，歴青舗装の表層や基層等に用いる道路用砕石について規定しているが，コンクリート用砕石と比べて呼び名も粒度も異なっており，密度では少し楽で，すりへり減量では少し厳しく規定されている．

5.2 各　論

表-5.8　砕石および砕砂の粒度範囲

骨材の粒の大きさによる区分		ふるいを通るものの質量百分率 % ふるいの呼び寸法 mm												
		100	80	60	50	40	25	20	15	10	5	2.5	1.2	0.6	0.3	0.15
砕石	5005	—	—	100	95~100	—	35~70	—	10~30	—	0~5	—	—	—	—	—
	4005	—	—	—	100	95~100	—	35~70	—	10~30	0~5	—	—	—	—	—
	2505	—	—	—	—	100	95~100	—	30~70	—	0~10	0~5	—	—	—	—
	2005	—	—	—	—	—	100	90~100	—	20~55	0~10	0~5	—	—	—	—
	1505	—	—	—	—	—	—	100	90~100	40~70	0~15	0~5	—	—	—	—
	8040	100	90~100	45~70	—	0~15	—	0~5	—	—	—	—	—	—	—	—
	6040	—	100	90~100	35~70	0~15	—	0~5	—	—	—	—	—	—	—	—
	5025	—	—	100	90~100	35~70	0~15	—	0~5	—	—	—	—	—	—	—
	4020	—	—	—	100	90~100	20~55	0~15	—	0~5	—	—	—	—	—	—
	2515	—	—	—	—	100	95~100	—	0~10	0~5	—	—	—	—	—	—
	2015	—	—	—	—	—	100	90~100	—	0~10	0~5	—	—	—	—	—
砕砂*		—	—	—	—	—	—	—	—	100	90~100	80~100	50~90	25~65	10~35	2~15

*隣接するふるいに留まる量との差が45%以上になってはならない．

表-5.9　砕石および砕砂の品質基準（JIS A 5005）

	砕石	砕砂
絶乾密度　　（g/cm³）	2.5 以上	2.5 以上
吸水率　　　（％）	3.0 以下	3.0 以下
安定性　　　（％）	12 以下	10 以下
すりへり減量（ロサンゼルス試験機による場合）（％）	40 以下	—
微粉分量　　（％）	1.0 以下	7.0 以下
粒形判定実積率（％）	55 以上（2005 の場合）	53 以上（2.5mm を通過し，1.2mm に留まるもの）

スラグより製造される高炉スラグ骨材，炉でフェロニッケルと同時に生成するスラグより製造されるフェロニッケルスラグ，銅鉱石等から銅を精錬採取

する際に副産される銅スラグ,鉄スクラップを電気炉で溶解精錬して鋼を製造する際に副産される電気炉酸化スラグがある.JIS A 5011では,コンクリート用骨材として,6種類の粒度の高炉スラグ粗骨材,4種類の粒度の高炉スラグ細骨材,4種類の粒度のフェロニッケルスラグ細骨材,4種類の粒度の銅スラグ細骨材,4種類の粒度の電気炉酸化スラグ粗骨材,4種類の粒度の電気炉酸化スラグ細骨材について基準を定めている.高炉スラグは,セメント原料として使用できるほか,急冷し微粉砕してセメントと代替して使用できるため,骨材としての使用量は少なくなっている.

12. **海砂**〔sea sand〕の使用も盛んになりつつある.海砂中に含まれる塩化物は,大部分がNaClの形で存在しており,Na^+はアルカリ骨材反応を,Cl^-は鉄筋の発錆を促進するため,土木学会では含有される塩化物の許容限度として,表-5.5のように定めている.そのため,水洗い等により除塩処理を行ったり,他の細骨材と混合処理して使用されている.大きな貝がら片が混入しているおそれがある場合には,トロンメルを用いて貝がらを除去すること,粒度が片寄っている場合には,粒度調整をすることが望ましい.

13. **軽量骨材**〔light-weight aggregate〕は,構造物の自重を減らすのに有効であるが,土木における使用量は,建築に比べるとはるかに少ない.JIS A 5002では構造用軽量コンクリート骨材について表-5.10のように定めているが,土木学会では人工軽量細・粗骨材ともコンクリートの圧縮強度による区分3および4だけの使用を認めている.軽量骨材の単位容積質量は所定の値から5%以上変化しないようにする必要がある.また有害物の含有量は

F-23 RC4階建て32室のマンションの2階の一室でガス爆発が起り,近隣の住宅も含めて40戸に被害を与えた.2人重傷,8人軽傷.つけっ放しのガス火種が消えて漏れたガスが冷蔵庫のサーモスタットの火花で引火爆発したと推測される.

F-24 ホテルで32人の一酸化炭素中毒患者を出すという事故が発生した.ボイラーの排気筒に穴が2つあいており,ここから漏れた一酸化炭素がボイラー室の外気取込み口にある空洞を通り再びボイラー室に流れ込み,不完全燃焼を起すという悪循環によって高濃度の一酸化炭素が生じ,これが客室に漏れたことが原因である.

5.2 各論

表-5.10 構造用軽量骨材の区分

材料による区分	種類	説明	
	人工軽量骨材	膨張頁岩,膨張粘土,膨張スレート,フライアッシュなど	
	天然軽量骨材	火山礫およびその加工品	
	副産軽量骨材	膨張スラグなどの副産軽量骨材およびそれらの加工品	

骨材の絶乾密度による区分	区分	絶乾密度 (g/cm³)	
		細骨材	粗骨材
	L	1.3 未満	1.0 未満
	M	1.3 以上, 1.8 未満	1.0 以上, 1.5 未満
	H	1.8 以上, 2.3 未満	1.5 以上, 2.0 未満

骨材の実積率による区分	区分	モルタル中の細骨材の実積率 (%)	粗骨材の実積率 (%)
	A	50.0 以上	60.0 以上
	B	45.0 以上, 50.0 未満	50.0 以上, 60.0 未満

コンクリートの圧縮強度による区分	区分	圧縮強度 (N/mm²)	
	4	40 以上	
	3	30 以上, 40 未満	
	2	20 以上, 30 未満	
	1	10 以上, 20 未満	

フレッシュコンクリートの単位容積質量による区分	区分	単位容積質量 (kg/l)	
	15	1.6 未満	
	17	1.6 以上, 1.8 未満	
	19	1.8 以上, 2.0 未満	
	21	2.0 以上	

許容限度以内になければならない*.

14. γ線放射能遮蔽用骨材としては,重晶石(バライト,密度 4.2〜4.7g/cm³),かつ鉄鉱(密度 2.8〜3.8g/cm³),磁鉄鉱(密度 4.5〜5.2g/cm³)のような**重量骨材**を用いるのが適当である.

I-11 人間は意欲すること,そして創造することによってのみ幸福である.
── E. アラン

---

* 骨材の破砕試験は骨材粒自体の強度を求めるためにおこなわれるものであり,鋼製円筒容器に骨材を充填し,鋼製プランジャーで圧縮して破砕値を求めるイギリスの方法がよく用いられる.軽量骨材や道路用砕石に応用されることが多い.

2. **アスファルト混合物**〔asphalt (paving) mixture〕**用骨材**　この骨材に要求される品質は，コンクリート用骨材に要求される品質と同様の点も多いが，粒子の強度・形・表面状態・粒度等においては異なっている．これは，アスファルトがセメント水和物と違ってそれ自体外力を支える力が小さく，骨材粒子自身の強度（硬度）と骨材群のかみ合せならびに摩擦に頼って外力に抵抗するため，骨材粒自身の強いこととアスファルトと骨材との付着強度の大きいことが，特に要求されることに起因している．

1. **粗骨材**は，2.36mm ふるいに残留する骨材をいい，強硬であり清浄で粘土・シルトのような付着を害する有害物が着いていてはいけない．一般に普通の砕石を用いるのが適当であるが，高炉スラグ粗骨材，砂利，玉砕などが用いられることもある．骨材の最大粒径は，質量で 95% が通過するふるいのうち，最小寸法のふるい目で示される．

2. **細骨材**は，2.36mm ふるいを通過し 75 μm ふるいに残留する骨材をいい，清浄・強硬で粘土・シルトのような有害物を含んでいてはいけない．細骨材は粒子のかみ合せによって混合物を安定化するとともに，粗骨材間の空隙を満たす．2.36mm〜600 μm のものは，舗装表面をすべりにくくするのに役立つ．

3. **フィラー**は，75 μm ふるいを通過する鉱物質粉末をいい，細骨材中の空隙を満たすとともに，アスファルト被膜の粘性と強度を増大させる．石灰石や大理石を粉末にした石粉・消石灰・セメント・回収ダスト（加熱アスファルト混合物を製造する際に骨材を加熱乾燥するが，その時に発生する粉末）・フライアッシュ等が用いられる．

F-25　下水道工事現場で，長さ 5m，幅 34cm の土止め用鋼製シートパイル 26 枚（1 枚の重さは 240kg）を 10t トラックに積み終り，枚数を点検していたところ，突然 4 枚が崩れたため 2 人即死．

F-26　引張強度 420〜500 N/mm² の鋼材で造ったスパン 74.52m の全溶接フィーレンディール橋（アメリカ）において，開通後 14ケ月たった 5 月の朝，最初のひび割れ音を発し，約 6 分後 3 部分に分割されて落ちた．落橋時は設計荷重よりずっと小さい荷重しか存在していなかった．原因は鋼の脆性破壊．

5.2 各 論

表-5.11 道路用砕石の粒度 (JIS A 5001)

種類	呼び名	ふるいを通るものの質量百分率 % ふるいの呼び寸法[1] mm													
		100	80	60	50	40	30	25	20	13	5	2.5	1.2	0.6	0.4	0.3	0.15	0.075
単粒度砕石	S-80(1号)	100	85〜100		0〜15													
	S-60(2号)		100	85〜100	—	0〜15												
	S-40(3号)				100	85〜100		0〜15										
	S-30(4号)					100	85〜100	—	0〜15									
	S-20(5号)							100	85〜100	0〜15								
	S-13(6号)								100	85〜100	0〜15							
	S-5 (7号)									100	85〜100	0〜25	0〜5					
クラッシャラン	C-40				100	95〜100	—		50〜80	—	15〜40	5〜25						
	C-30					100	95〜100		55〜85		15〜45	5〜30						
	C-20							100	95〜100	60〜90	20〜50	10〜35						
スクリーニングス	F-2.5								100	85〜100	—	25〜55	—	15〜40	7〜28		0〜20	
粒度調整砕石	M-40				100	95〜100	—		60〜90									
	M-30					100	95〜100		60〜90		30〜65	20〜50		10〜30	—		2〜10	
	M-25						100	95〜100		55〜85								

注 [1] ふるいの呼び寸法は，それぞれ JIS Z 8801 に規定する網ふるい 106mm, 75mm, 63mm, 53mm, 37.5mm, 31.5mm, 26.5mm, 19mm, 13.2mm, 4.75mm, 2.36mm, 1.18mm, 600 μm, 425 μm, 300 μm, 150 μm および 75 μm である．

I-12 発明の中でも特に重要な発明は，個人によって，それもほとんど常にごく限られた手段を持った個人によって行われるという事実の系譜を見失ってはならない．—— F. ファーンスワース（発明の源泉）

表-5.11および表-5.12に、道路用砕石およびフィラーの粒度を示す。JIS A 5015では、道路用鉄鋼スラグには、加熱アスファルト混合物用の単粒度製鋼スラグ（SS-20, SS-13, SS-5），上層路盤材用の粒度調整鉄鋼スラグ（MS-25）と水硬性粒度調整鉄鋼スラグ（HMS-25），下層路盤材用のクラシャラン鉄鋼スラグ（CS-40, CS-30, CS-20），加熱混合瀝青安定処理用のクラシャラン製鋼スラグ（CSS-30, CSS-20）について基準を定めている．

表-5.12 フィラーの粒度範囲（石灰岩の石粉の場合）（舗装設計施工指針）

ふるい目寸法（μm）	通過質量百分率（%）
600	100
150	90〜100
75	70〜100

（水分：1%以下）

3. **ロックフィルダムの堤体材料用岩石** この材料は**フィルロック**〔fill-rock〕とよばれ、本体用・中間層用・表面保護層用に分類できる．骨材のように被覆されず気象作用を直接的に受けるので、耐久的なものを用いることが必要である．細長いものや偏平なものは適当でない．

1. 本体材料は、施工可能な範囲で大きい方が望ましく、小塊の量を適当にして全体としての空隙率を35%位にする．
2. 中間層は、表面遮水型ダムの場合、水圧に抵抗する必要上十分に強硬な大塊を用いるのが適当である．
3. 表面保護層には、十分な重量をもつ岩塊を用いる必要がある．

4. **ベントナイト** 粘土の一種であるが、比表面積が 700〜1000 m^2/g と極めて大きい不定形板状のモンモリロナイトを主成分としており、層間結合が弱いので、水を含むと顕著に**膨潤**するという特性を有している．粘性と懸濁性に富むこと、**チクソトロピー**〔thixotropy〕（静置すると流動体でないが、振動を与えると流動体のようになる性質）現象を起すことなどの特徴を有するため、グラウト〔grout〕に混和してセメント粒子の沈降防止および増量用、場所打ち杭や地中壁を建設するに当って掘削地盤の崩壊を一時的に押えるための**泥水**〔mud water〕用などに活用されている．

6. 鉄 鋼 〔iron and steel, ferrous metal〕

6.1 概　　要

1. 鉄金属は，主としてその炭素含有量により表-6.1のように分類される．
2. 最も広く用いられている鉄鋼は，化学成分によって**炭素鋼**〔carbon steel〕(炭素量0.02～約2％，大量生産により安価に製造されており，高炭素鋼を除いたものを普通鋼という）と**合金鋼**〔alloy steel〕(炭素鋼に目的に応じてSi・Mn・Cu・Ni・Cr・Nb・Ti・B・Al・Co・Pb・Mo等の元素を所定量以上含有させたもの．Cu・Ni・Cr・Nb等を少量添加した**低合金鋼**は，延性・靭性を低下させずに強度・溶接性を高めた構造用鋼として大量に用いられており，クロム系およびニッケルクロム系の**ステンレス鋼**は，耐食性が良好である．**高炭素鋼**と合金鋼を**特殊鋼**という）

表-6.1 鉄金属の炭素含有量による分類

種　　　類	炭　素　C (％)	硫　黄　S (％)	リ　ン　P (％)
銑　　　　　鉄	3.00～4.00	0.20～0.10	0.03～1.00
電　解　　　鉄	0.05以下	0.05以下	0.04以下
鋳　塊　　　鉄	0.01～0.04	0.023	0.017
錬　　　　　鉄	0.02～0.06	0.02～0.05	0.05～0.20
ねずみ鋳鉄	2.50～3.75	0.06～0.12	0.10～1.00
可　鍛　鋳　鉄	2.00～2.50	0.04～0.06	0.10～0.20
炭　素　　　鋼	0.02～約2	0.00～0.06	0.00～0.06

6. 鉄 鋼

表-6.2 炭素鋼の分類と用途

名 称	炭素(%)	引張強度 (N/mm²)	伸び率 (%)	用 途
極軟鋼	0.12以下	380 以下	25 〜 20	リベット材・蹄鉄材・鋼線材
軟 鋼	0.13〜0.2	380〜440	22 〜 18	リベット材・橋梁材・ボイラ材
半軟鋼	0.21〜0.35	440〜500	20 〜 16	造船材・建築材・橋梁材・ボイラ外板
半硬鋼	0.36〜0.5	500〜600	15 〜 12	建築材・シャフト材
硬 材	0.51〜0.8	600〜700	12 〜 9	シャフト材・普通工具用材
最硬材	0.81〜1.7	700 以上	8 〜 6	普通工具用材

に分けられる．鋼の耐食性または耐熱性を改善するために，合金元素を多量に添加して，鉄分が約50%以下となっている合金は超合金（super alloy）に分けられる．

3．炭素鋼は，炭素含有量により硬さや強度が変化し，硬さによって表-6.2のように分類される．

4．酸化鉄（Fe_2O_3）と不純物から成る鉄鉱石は，**高炉**〔blast furnace〕（溶鉱炉，図-6.1）中で石灰石（高炉スラグを溶融しやすくする）とコークス（炉内で砕けて通風を害することのないような堅いものであることが必要）とともに燃やされ還元されて，**銑鉄**〔pig iron〕となる．不純物は**高炉スラグ**〔slag〕（鉱滓）として溶銑の上にたまり，排出される．

5．銑鉄の一部は鋳鉄として用いられるが，大部分は**転炉**〔converter〕，**電気炉**〔electric furnace〕（図-6.2）等の**製鋼炉**中で燃焼し，

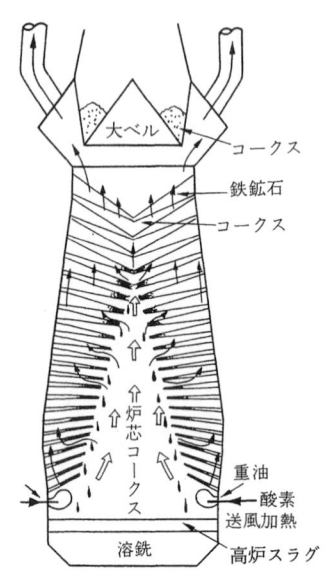

図-6.1 高炉の断面図

F-27 英国で Mn・Cr・Mo・V 鋼によって造られた自重164 t，内径1 m 70 cm，15 cm 厚の圧力容器が，120℃で 35.9 N/mm² の圧力に耐えるよう設計されていたので 48.9 N/mm² までの圧力で試験される予定であったが，35.2 N/mm² の圧力で破壊し，2 t の破片が 46.3 m も飛んだ．原因は溶接部の小さい2つのひび割れが引き金となった脆性破壊．

6.1 概　要

炭素を減らすとともに不純物も減らし，鋼として使用される．

酸素上吹き転炉〔oxygen converter, Linz-Donawitz converter〕(LD炉) は，溶けた銑鉄中に挿入したパイプ（ランス）から高純度の酸素を吹き付けることによって，C・Si・Mn・P・S 等を短時間で燃やして良い鋼を大量に得ることができるので，戦後急速に普及した．しかし撹拌作用が不十分であること，酸素過多の部分で鉄が酸化されてスラグ中に逃げる割合が多いこと等の欠点が嫌われて，酸素底吹き転炉，酸素上・底吹き転炉，酸素上吹き不活性ガス底吹き転炉等が開発され，実用に供されている（図-6.3）．

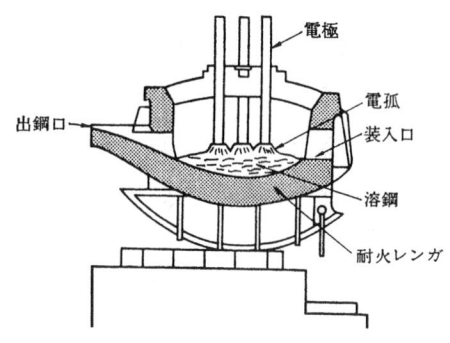

図-6.2　弧光式電気炉の断面図

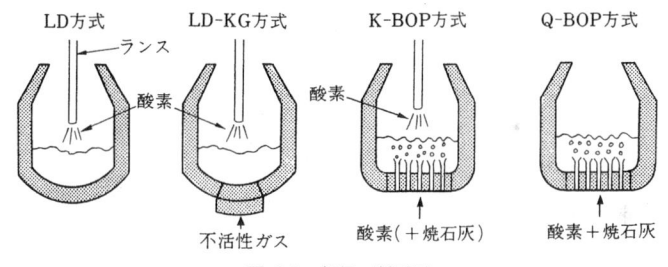

図-6.3　転炉の断面図

6. 製鋼炉で造られた溶鋼は，大部分が**連続鋳造法**によりスラブ・ブルーム・ビレット等の**鋼片**（半製品）とされる．鋼片以前に鋼塊〔ingot〕(インゴット) を造る方法は，省エネルギー，歩留り改善等の見地から，急速に連続鋳造法へ変えられていった（図-6.4）．

I-13　産業における最も重要な発明や業績の大多数は，まだ，個人の発明家によって，特に産業の発明家によって行われつつあると，我々は結論してもさしつかえない．―― J. ロスマン（発明の源泉）

図-6.4 連続鋳造

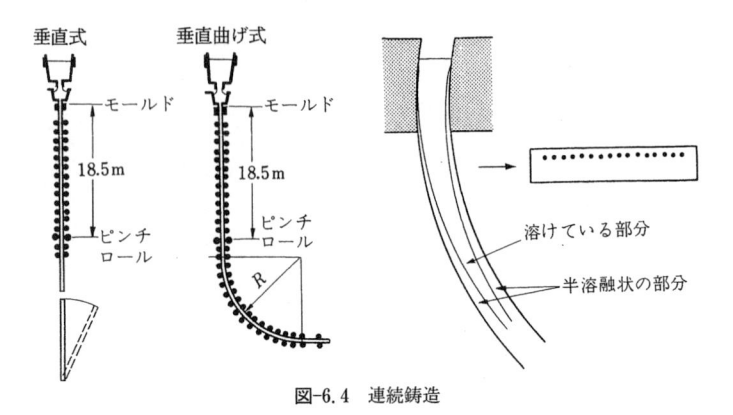

7. 延性〔ductility〕と展性〔malleability〕を利用して，使用目的に応じた使いやすい形に加工変形したものを**鋼材**という．鋼を一次加工して所要の鋼材を造る方法には，**圧延**〔rolling〕(鋼片あるいは鋼塊等の素材を回転する2本のロールの間に押し込み，ロールの間隔を次第に狭め連続した力を加えることによって薄くしたり伸ばしたりして成形）(図-6.5)・**鍛造**〔forging〕(鋼塊を強力なプレス機械にかけたりハンマーで叩いて成形)・**鋳造**〔casting〕(溶鋼を各種の鋳型に注ぎ込んで成形）の3方法があるが，生産高からいえば圧延鋼材が圧倒的に多く，単に鋼材といえば圧延鋼材を指す場合が多い．

8. 鋼片または鋼塊から鋼材を造るには，まず**熱間圧延**〔hot rolling〕(鋼の組織が熱によって変わる変態点－約730℃－以上の温度で行う圧延）を行い，さらに必要に応じて**冷間圧延**〔cold rolling〕(変態点以下の温度で行う圧延）を行って仕上げる．冷間圧延製品は熱間圧延製品に比べると，寸法精度が高く，表面が

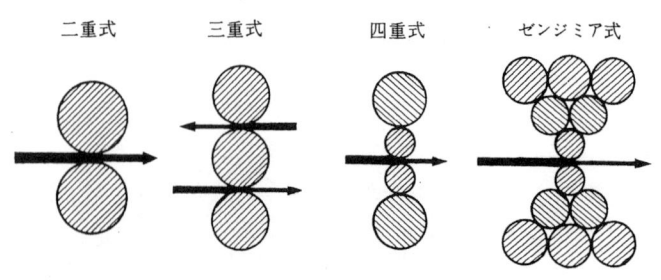

図-6.5 ロール組方の種類

6.1 概　要

美しい.

9. 圧延鋼材には，条鋼・鋼板・鋼帯・鋼管等がある．各種の**鋼片**－長方形のスラブ（厚板およびストリップ用），12cm角以上の断面のブルーム（大鋼片，大型条鋼用），12cm角以下の断面のビレット（小鋼片，小型条鋼用），ビームブランク（H形鋼等大型用粗形鋼片）も，圧延鋼材の一種であるが半成品であり，その後の圧延工程の素材として用いられる．

10. 鋼塊を経る場合は，均熱炉で長時間熱して内部と外部の温度を等しく1150〜1300℃ に熱した後，分塊圧延機にかけて鋼片とする．分塊圧延は，大型のロールと大馬力のモーターを使って強い力で圧延するため，鋼質を良くする効果も認められる．鋼片は加熱炉で再赤熱した後，鋼材圧延機にかける．

11. **条鋼**〔bar steel〕とは，棒状または線状の鋼材の総称であって，山形〔angle〕（L型）・I形・T形・H形・みぞ形〔channel〕（[形）・Z形のような種々の断面を有しており，主として橋梁・建築に用いられる**形鋼**〔shape steel〕（図-6.6），**シートパイル**（鋼矢板），**レール**，種々の用途に使われる**棒鋼**（丸棒・角棒等）・**線材**等の品種がある．形鋼と棒鋼には，大型（直径・辺・高さ等が10cmを超すもの）・中型（5cmを超すもの）・小型（5cm以下）の区別がある．

条鋼を造るには，2本の回転するロールに製品と同じ断面形状になるような孔型を造り，これに赤熱した鋼片を通して圧延する．一足飛びに複雑な形に造るこ

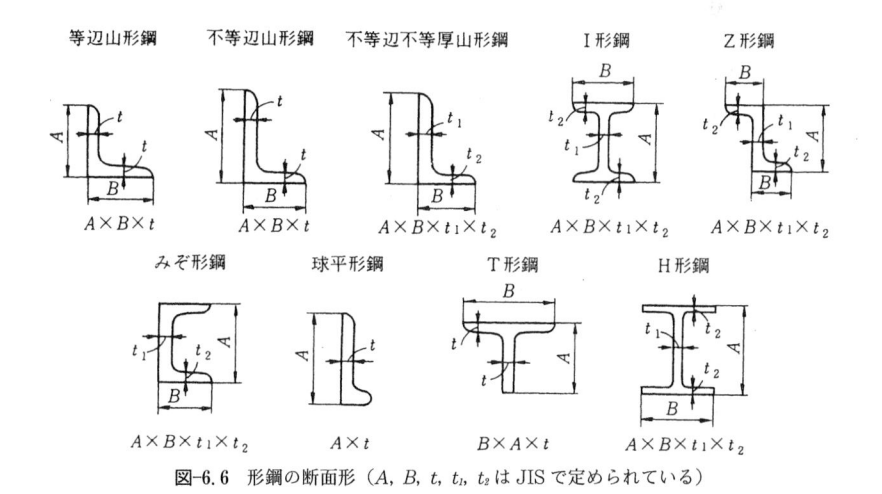

図-6.6　形鋼の断面形 (A, B, t, t_1, t_2 は JIS で定められている)

とはできないので，圧延を何回か繰り返し，孔型を通すごとに断面積を小さくするとともに断面の形を少しずつ変えて，製品の形に近づけるようにする．圧延する際，初めの孔型では鋼片の温度が高くて変形しやすいので断面を大きく変えられるが，仕上げの孔型に近づくに従い，形が複雑になり温度が下ってくるので，断面の変化は少なくしなければならない．

H形鋼等の圧延には，水平ロールと鉛直ロールとを組み合せたユニバーサル圧延機を用い，上下左右から同時に圧延し，寸法精度のよい製品を高能率で造る．

仕上げの孔型から出た条鋼は適当な長さに切り，冷却台で冷却するか，線材のようにコイルに巻き取って冷却する．形鋼は冷却の際曲る傾向があるので，矯正機を通してまっすぐにする．最近では，圧延機を縦に一列に並べて自動的に鋼片から製品を造る**連続圧延方式**が発達してきた．従来の，圧延機を横に並べて材料を移動させる方式に比べて仕上りまで温度を余り下げないで圧延できるので，細い線材の製造に際して特に優れており，品質も寸法も極めて良好な製品が造られている．

所定の形の孔から赤熱した鋼片を押し出し，圧延では造ることが困難な複雑な形の小型条鋼やパイプを造る**熱間押出し方法**は，特殊な潤滑剤を用いることにより可能となった．

12. **鋼板**には，橋梁・建築・造船・鉄道車両用の厚板と，ブリキ・亜鉛鉄板・自動車・電気製品用の薄板がある．厚板（plate）は熱間圧延によって造られ，中板（厚さ 3mm 以上 6mm 未満）・厚板（6mm 以上）・極厚板（150mm 以上）に分けることがある．薄板（sheets）は厚さ 3mm 未満のものをいい，ストリップミルによる冷間圧延によって造られるものが多い．

コイル状に巻かれた長尺の鋼板を**鋼帯**という．鋼帯にはホットストリップミルで製造する熱間圧延製品と，これをさらにコールドストリップミルを通して造る冷間圧延製品がある．熱間圧延鋼帯には，厚板の一種でコイル状に巻いたプレー

F-28 米国の中央スパン 213.4m，側スパン 115.8m，塔の高さ 39.9m のアイバー吊橋が，建造後 69 年過ぎた時落橋し，46 人が死亡した．原因は長さ 13.8m ～16.8m のアイバー頭部の孔部に生じた 0.5cm 長の応力腐食ひび割れを引き金とする脆性破壊．

6.1 概　　要

トインコイルと呼ばれるものがあるが，大部分は冷間圧延鋼帯の素材として使われ，その他は軽量形鋼・溶鍛接鋼管等の材料に用いられる．

13.　鋼管は，直径数 m から数 mm のものが種々の製法で造られ，水道管・ガス管・パイプライン・足場鋼管・パイル等広範な用途に供されている．かつては，**継目無鋼管**（鋼片・管材等の母材を加熱し穿孔機でその中心に孔をあけて中空粗材を造り，この孔に心金を入れたまま特別なロール型を持つ圧延機にかけて外側の肉を引延ばし所定の厚さ・太さの管としたもの）が大半を占めていたが，最近では広幅鋼帯や鋼帯を素材とする**溶接鋼管**の比率が著しく増大してきた．

溶接鋼管のうち最も生産量が多く小・中径管に適しているのは電縫鋼管（鋼帯を連続ロールで成形して管状とし，継目を連続的に電気抵抗溶接したもの）であり，強度が強く，管の太さや肉の厚さが均一で表面が平滑であるという長所を有している．内径 350 mm 以上の大径管の製造に適しているのは，スパイラル鋼管（広幅鋼帯をらせん状に巻き両縁を溶接したもので口径が自由で強度が大きい）と UO プレス鋼管（厚さ 6 mm 以上の厚板を素材とし，まず強力な U プレスで常温のまま全長を U 字形に曲げ，つぎに O プレスで円形に成形し接合部を内外面から潜弧溶接したもの）である．

鋼管と鋼管を継ぐには両端にねじを切り，補助金具の継手を用いる．

14.　強度・靭性・耐食性・耐熱性・溶接性等の点で優れた特性をもつ**特殊鋼**〔special steel〕**の用途**も広く，種々のものが用いられるようになってきた．主なものをあげると，高張力鋼〔high tensile strength steel〕・構造用鋼・工具鋼・軸受鋼・バネ鋼・ステンレス鋼・耐熱鋼等である．

15.　圧延鋼材は二次加工した後出荷されるものもある．主な**二次加工品**としては，**表面処理鋼板**（ブリキ・亜鉛鋼板・着色亜鉛鋼板・各種金属メッキ鋼板・燐酸処理鋼板・クロム酸処理鋼板・塩ビ鋼板・琺瑯（ほうろう）鋼板・クラッド鋼板等），**軽量形鋼**（コイル状の薄鋼板を常温のまま成形したもので，普通の熱

I-14　科学研究によって発見されえないような隠された未知のものは，もし発見されるとすれば，多くは偶然によって，かつ，そのテーマに徹頭徹尾没頭しておりそれに関連するすべてのものに注目してやまないという人によって発見されるのである．—— C. グッドイヤー（ゴム加硫法の発明者）

間圧延形鋼では製造が不可能である 4mm 以下の薄肉製品)，**線材製品**（①炭素を 0.15〜0.25% しか含まない軟鋼の普通線材から造られる鉄線・釘・針金，金網，炭素を 0.09% 以下しか含まない極軟鋼の低炭素線材から造られる溶接棒心線等，②炭素を 0.25〜0.60% 含んだ半硬鋼または硬鋼の高炭素線材から造られる硬鋼線・鋼索，③炭素含有量がもっと高い最高硬鋼の**ピアノ線材**から造られる PC 鋼線・PC 鋼より線等）がある．

16．鋳鉄〔cast iron〕は，銑鉄〔pig iron〕にくず鉄その他を必要に応じ混合して成分調整し，**溶銑炉**（キュポラ）等の中で溶解し鋳型に流し込んで成形し製品とする．広く実用されているものは，**ねずみ鋳鉄**〔gray pig iron〕(JIS G 5501，徐々に冷却し固めたもので，炭素が片状黒鉛の形で遊離して含まれるため破面はねずみ色を呈する．耐衝撃性が不要で強度をそれほど要しない場合に，一般的に用いられ普通鋳鉄の代表)，**球状黒鉛鋳鉄**〔nodular graphic cast iron〕(JIS G 5502，**ダクタイル鋳鉄**，ノジュラ鋳鉄ともいう．ねずみ鋳鉄に Mg, Ce 等を少量添加して鋳造のままで黒鉛を球状としたものであり，強度・延性・靭性等の点で優れているため急速に普及した．オーステンパ処理による球状黒鉛鋳鉄品は JIS G 5503)，**可鍛鋳鉄**〔malleable cast iron〕(JIS G 5705，炭素が炭化鉄（セメンタイト）Fe_3C として結合し破面が白色である白鋳鉄に，形状をくずさない程度の熱処理を施し，化学変化によって軟鋼に近づいた引張強度と伸びを与えたもの）である．

17．鋳鋼〔cast steel〕(鋳造された鋼)は，溶融点が高く流動性が劣り収縮が大きいため，鋳鉄に比べて製造法に困難な点が多かった．しかし，鍛造では造りにくく，鋳鉄では強さ・靭性が不足するような場合に有利に応用できるので，製造法および検査法について研究が行われた結果，高強度で複雑な形状のものが得られるようになった．炭素鋼鋳鋼（SC, JIS G 5101；溶接構造用 SCW, JIS G 5102）が最も一般に用いられるが，高温圧力容器その他特殊な用途には，**構

F-29 米国で，径 84cm，高さ 27.4m の鋼柱 12 本を 22.9m 径の円周上に配置し，この上に径 24.4m，中央高さ 8.8m で容量 3 785 m³ の鋼製水槽を溶接により設置したところ，溶接部から破壊し約 400 の破砕片となってしまった．原因は溶接部の寸法不足・スラグ巻込み等の施工不良．

造用低合金鋼鋳鋼（JIS G 5111）が用いられる．

18. **鍛鋼**〔forged steel〕（プレス鍛造または圧延とプレス鍛造により成形した炭素鋼または低合金鋼）は，鍛練された鋼であり，形状および強さの点で圧延鋼材や鋳鋼では不適な部分に応用されるのを原則とし，一般に熱処理を施して用いられる．

鍛造は圧縮加工法であり，加工温度によって熱間・温間・冷間鍛造の3種に区分される．熱間鍛造にあたっては，塑性変形によって粗大な結晶粒が微粒化され，空隙はつぶされて，鍛造方向の機械的性質が改善される．JIS G 0701では，塑性変形の程度を**鍛錬成形比**で表し，鍛錬の効果を判断する指標としている．

6.2 性　　　質

1. **炭素含有量と変態**〔transformation〕（結晶構造が変り，物理的性質が変化すること）．同じ炭素含有量でも，冷却・加熱の速度によって鋼の組織と性質の変ることを利用する方法を**熱処理**〔heat treatment〕という．熱処理とその効果の一覧を表-6.3に示す．

2. 鋼の**強さ**および**伸び率**は，常温の場合，表-6.2のとおりであるが，温度による影響は，図-6.7に示すように大きい．

3. 我が国の主な**構造用鋼材の機械的性質**は，表-6.4のとおりである．

4. 静的引張試験を行った場合，**延性破壊**をする軟鋼などでは，ある荷重を超えると局部的にくびれて大きい伸びを示す．試験片平行部に生じる伸びを**一様**〔uniform〕**伸び**，くびれ部だけに生じ

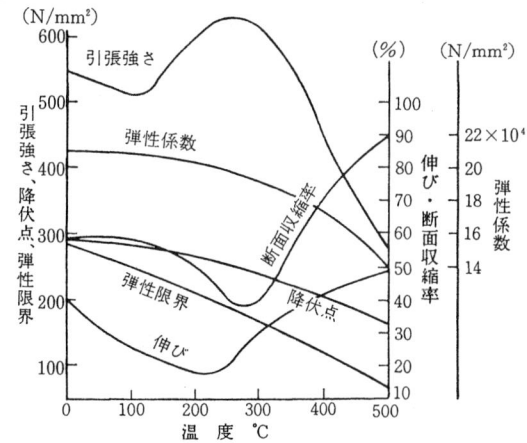

図-6.7　温度と機械的性質（三島徳七・金属材料およびその熱処理）

6. 鉄　鋼

表-6.3 熱処理の種類

焼 入 れ	オーステナイトまで加熱し，急冷してマルテンサイトを得る操作〔quench hardening〕
焼 戻 し	焼入れ鋼をA_1変態点以下の温度まで再加熱してマルテンサイトよりセメンタイトを析出させ，パートライトとする操作〔tempering〕
焼 な ま し（焼 鈍）	オーステナイトまで加熱し，炉中で徐冷して軟化させ，機械加工を容易にする操作〔annealing〕
焼 な ら し（焼 準）	オーステナイトまで加熱し，セメンタイトをオーステナイト中に溶解後空冷して，ひずみのない均質な組織を得る操作〔normalizing〕

表-6.3 付表　鋼の組織

オーステナイト（A）	γ鉄へのCの固溶体（固体が固体を溶解）〔austenite〕
フェライト（F）	α鉄へのCの固溶体（極軟靱）〔ferrite〕
セメンタイト（Cm）	Fe_3C（硬脆）〔cementite〕
パーライト（P）	FとCmの共析晶（固溶体から結晶を晶出）（硬軟靱）〔pearite〕
マルテンサイト（Ms）	Cを過飽和に固溶するα鉄（硬脆）〔martensite〕
α 鉄	A_3変態点（910℃）以下の温度で安定な体心立方晶の純鉄
γ 鉄	A_3変態点（910℃）からA_4変態点（1400℃）までの温度範囲で安定な面心立方晶の純鉄

（注）　純鉄の場合のA_3変態点（910℃）は，炭素鋼の場合A_1変態点（730℃）と低下する．

る伸びを**局部**〔local〕**伸び**という．

5.　切欠きの存在，衝撃的な載荷，低温等の条件が重なると，小さな荷重で突

F-30　米国で 48.8m－81.1m－59.4m の3スパンピントラス橋において，危険な疲労ひび割れが複数個発見されたので，全体的な取替えが勧告された．原因は，鉛直吊材を補強する目的で補強板が，ガセットプレートに突合せ溶接，部材山形鋼にすみ肉溶接という形で付加されたが，突合せ溶接端に顕著な応力集中を生じたため．

F-31　I形のポストテンション多主桁橋梁で，突縁部のコンクリートを打設中腹部上部（突縁部下部）の型枠が5cmほど開いてしまい，横締め用定着コーンが一部破壊した．原因は突縁部幅を限るためメタルフォーム上部に配置した3段重ねの平角材が，側圧により容易に開いてしまったため．

6.2 性質

表-6.4(a) 一般構造用および溶接構造用圧延鋼材

規格	JIS G 3101			
種別	一般構造用圧延鋼材			
種類の記号	SS 330	SS 400	SS 490	SS 540
引張強さ (N/mm²)	330〜430	400〜510	490〜610	540 以上

規格	JIS G 3106							
種別	溶接構造用圧延鋼材							
種類の記号	SM 400			SM 490			SM 490Y	
	A	B	C*	A	B	C*	A*	B*

(続き)

種類の記号	SM 520		SM 570*
	B*	C*	
引張強さ (N/mm²)	400〜510	490〜610	490〜610	520〜640	570〜720

* 鋼材の厚さが100mm以下のみ規定

表-6.4(b) 鉄筋コンクリート用棒鋼 (JIS G 3112)

区分	種類の記号	降伏点または耐力 (N/mm²)	引張強さ (N/mm²)
丸鋼	SR 235	235 以上	380〜520
	SR 295	295 以上	440〜600
異形棒鋼	SD 295A	295 以上	440〜600
	SD 295B	295〜390	440 以上
	SD 345	345〜440	490 以上
	SD 390	390〜510	560 以上
	SD 490	490〜625	620 以上

(注) JIS G 3117 鉄筋コンクリート用再生棒鋼には SRR 235, SRR 295, SDR 235, SDR 295, SDR 345 が規定されている. JIS 規格にはなっていないが, コンクリートの高強度化と RC 部材の靭性向上の面から, SD 590, SD 685, SD 785 に相当する級の高強度鉄筋も実用化している.

然脆性破壊(塑性変形がほとんどなく,結晶粒界で劈(へき)開破壊して破面に結晶を露呈し,破壊エネルギーは不安定)を起すので非常に危険である.普通手軽な**シャルピー衝撃試験**(図-6.8)によって検討される.脱酸が満足になされた

I-15 坊やはいい子だ,決して勉強や仕事をしていて時計を見ちゃいけないよ.── T. エジソン

6. 鉄　鋼

(a) 試験片 (JIS Z 2202)　　　(b) 試験機

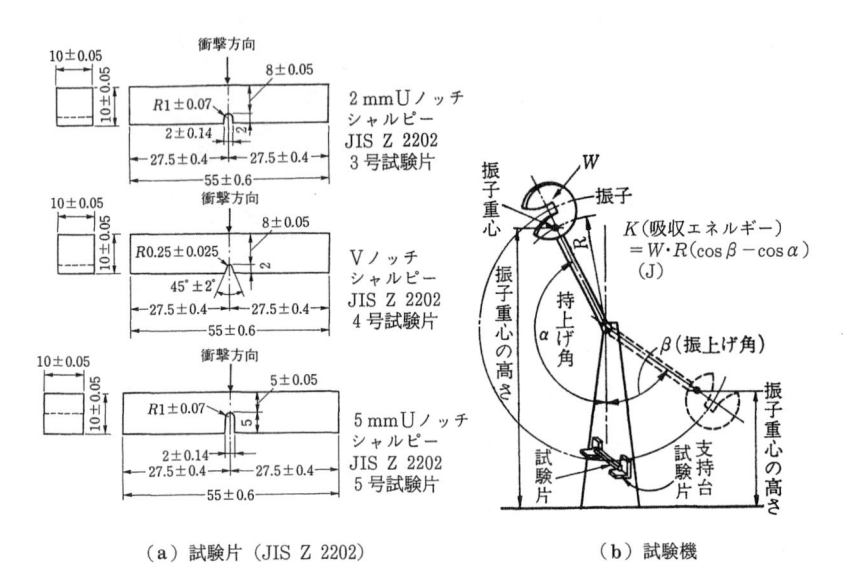

図-6.8　シャルピー衝撃試験 (JIS Z 2242, JIS B 7722)

微粒組織の低炭素鋼は最高衝撃値が高く，**遷移温度**（延性破壊から脆性破壊へ移る境界の温度）が低いので，優れた**靱性**（粘り強くて衝撃に耐える性質）を有している．

6. 交通荷重等を考えた鋼の疲労限は，一般に 2×10^6 回を目安として求められる．高強度鋼の場合，静的強さとともに疲労強さが上っても切欠きによる疲労強さの低減が顕著であるから，**切欠き脆性**を低減するよう，注意する必要がある．**疲労限**は，表面仕上げ・腐食・環境・溶接その他の欠陥・顕微鏡組織等によって異なる．疲労強さ，特に溶接部の疲労強さの改善手段としては，冷間加工・熱処理等による強度上昇，機械仕上げ・再溶融等による脚端部の応力集中の緩和，望ましくない残留応力の除去と望ましい残留応力の付与などが挙げられる．

7. **高温脆性**も存在するので，**青熱脆性**〔blue shortness〕(200～300℃ 付近

F-32　吊橋ケーブルの端部定着にはソケット合金止めが採用されるが，この部分でケーブル端が引き出され，補剛トラスが座屈した例がある．ケーブルの抜出しやソケット合金のクリープ変形が原因．

6.2 性質

において，鋼の引張強さや硬さが常温の場合より増加し，伸び，絞りが減少して脆くなる現象）や**赤熱脆性**〔red shortness〕（熱間加工の温度範囲において硫黄のために脆くなる現象）等に注意する必要がある．

8. 大気中における腐食に対応するため，（信頼できる）錆で（好ましくない）錆を防ぐ**耐候性鋼**〔atmospheric corrosion resistant steel〕が開発された（表-6.5）．水中の腐食は，水のpHに最も大きく影響されるが（酸性が強くなると腐食が激しい），塩類・酸素量・水温等の影響も受ける．

9. 鋼の**耐摩耗性**は，鋼種・面の粗さと硬さ・組織・残留応力・潤滑油等によって影響される．現在のところ耐摩耗性は，浸炭・窒化・焼入れ・ハードフェイシング・浸硫等の処理による**表面硬化**により得られている．

10. 鋼材の接合が**高力ボルト**〔high strength bolt〕（JIS B 1186）によっ

表-6.5 溶接構造用耐候性熱間圧延鋼材（JIS G 3114）

種類の記号		化学成分 %								その他	引張強さ N/mm²
		C	Si	Mn	P	S	Cu	Cr	Ni		
SMA 400 A・B・C	W	0.18 以下	0.15 ~ 0.65	1.25 以下	0.035 以下	0.035 以下	0.30 ~ 0.50	0.45 ~ 0.75	0.05 ~ 0.30	各種類とも耐候性に有効な元素のMo, Nb, Ti, V, Zrなどを添加してもよい．ただし，これらの元素の総計は0.15%を超えないものとする．	400~540
	P	0.18 以下	0.55 以下	1.25 以下	0.035 以下	0.035 以下	0.20 ~ 0.35	0.30 ~ 0.55	—		
SMA 490 A・B・C	W	0.18 以下	0.15 ~ 0.65	1.40 以下	0.035 以下	0.035 以下	0.30 ~ 0.50	0.45 ~ 0.75	0.05 ~ 0.30		490~610
	P	0.18 以下	0.55 以下	1.40 以下	0.035 以下	0.035 以下	0.20 ~ 0.35	0.30 ~ 0.55	—		
SMA 570	W	0.18 以下	0.15 ~ 0.65	1.40 以下	0.035 以下	0.035 以下	0.30 ~ 0.50	0.45 ~ 0.75	0.05 ~ 0.30		570~720
	P	0.18 以下	0.55 以下	1.40 以下	0.035 以下	0.035 以下	0.20 ~ 0.35	0.30 ~ 0.55	—		

備考　Wは通常裸のまま，またはさび安定化処理を行って使用し，
　　　Pは通常塗装して使用する．

I-16　人間は，自分にはあれができない，これができないといっている間は，それをしないことに決心しているのである．——B. スピノーザ

てなされる時は問題点はそう多くないが，**溶接**によってなされる時は問題点が多いので，鋼材の**溶接性**（性能と作業性）は，いよいよ重要視されるようになってきた．

性能とは，溶接された継手部に要求される性質（主として機械的性質）をいい，作業性は，性能を満足し**溶接割れ**等の欠陥のない溶接継手を得るための作業の容易さをいう．よい溶接継手を得るためには，鋼材・溶接材料・溶接条件の3つが良好でなければならない．**溶接技術検定**における試験方法および判定基準としては，JIS Z 3801, JIS Z 3841（半自動溶接）がある．

11. 溶接継手部は，母材と溶接材料が高温で溶融したのち冷却されているため，種々の**欠陥**を生じやすい．**割れ**の主なものとしては，**溶接金属**〔weld metal〕に生じる縦割れ・横割れ・ラメラティア〔lamellar tear〕（多層隅肉割れ，T継手・角継手で鋼板表面に平行な層状割れ）・粒界ミクロ割れ（S・P等不純物の結晶粒界への析出による）・クレーター〔crater〕割れ（溶接終了点に生じるつぼ状凹部への不純物析出や収縮による）・梨形ビード〔bead〕(溶接棒の1回の通過で母材表面にできた溶着金属層）割れ（低融点不純物の偏析による），**熱影響部**（heat-affected zone，溶融しないが変態点以上に加熱され材質が変化した部分）に生じる縦割れ・横割れ・ビード下割れ・トウ割れやヒール割れ（溶着鋼中の水素，鋼板の硬化性等が原因で隅肉溶接部に生じる）・変形割れ・ラメラティア・粒界ミクロ割れ・SR割れ（溶接後熱処理過程において70,80キロ鋼等に生じる再熱割れ，stress relieving 時の形状不連続部へのひずみ集中による），母材部（BM）に生じるラメラティア等がある．

割れ以外の欠陥としては，ブローホール（放出されたガスが逃げ損って残ったもの，blowhole)・スラグ（溶接の際，湯面に発生する酸化物）巻込み〔slag inclusion〕・アンダーカット（溶着金属と母材表面との交点の所で母材が溶けすぎてできたくぼみ，undercut)・オーバーラップ（溶着金属が母材と融合しないで重なった部分，overlap)・溶込み不足・融合不良等がある．

> F-33 プレキャストコンクリート板の吊金具が少い繰返し荷重により破壊．原因は形状的ノッチによる応力集中と溶接硬化ノッチによる応力集中が重なったため．

以上の他，溶接部の材質変化・硬度の不均一・残留応力等も起るので，脆性破壊・疲労破壊等が低応力で起る可能性がある．

12. **溶接入熱量**（溶接電流×溶接電圧÷溶接速度）が小さく冷却速度が大きいと焼入硬化が起り，入熱量が大きいと焼鈍現象で軟化の起ることがある．硬化が大きいと割れや延性低下が起るし，軟化が大きいと強度低下やボンド（溶接金属の隣りで母材が溶融状態に達した溶融線）弱化を起す．入熱量の制限は鋼種・工事に応じてなされているが，50キロ鋼以下で10数万～数10万J/cm，60キロ鋼で8万～10万J/cm，70，80キロ鋼で5万J/cmといった制限例がある．

13. 構造用鋼材の溶接時の硬化を検討する際の**炭素当量**〔carbon equivalent〕C_{eq}は，JIS G 3106で次のように規定されている．

$$C_{eq} = C + \frac{Mn}{6} + \frac{Si}{24} + \frac{Ni}{40} + \frac{Cr}{5} + \frac{Mo}{4} + \frac{V}{14}$$

14. 低温割れを考える場合の**溶接割れ感受性**の指標としてもC_{eq}は利用されてきたが，**割れ感受性指数**P_cとして次式が提案されている．

$$P_c = P_{CM} + \frac{H}{60} + \frac{t}{600}$$

ここに，溶接割れ感受性組成P_{CM}：

$$C + \frac{Si}{30} + \frac{Mn}{20} + \frac{Cu}{20} + \frac{Ni}{60} + \frac{Cr}{20} + \frac{Mo}{15} + \frac{V}{10} + 5B$$

H：JIS Z 3118による溶接金属中の拡散性水素量（ml/100g），t：板厚(mm)．

15. 粒界ミクロ割れ等の**高温割れ**は，

$$C\left(S + P + \frac{Si}{25} + \frac{Ni}{100}\right) \div (3Mn + Cr + Mo + V) \geq 4 \times 10^{-3}$$

で発生しやすいといわれる．

16. **水素脆性**は，原子状水素が鋼に吸収され結晶粒界に侵入する際起るものであり，溶着鋼中に水素が過飽和に含まれる場合や，鋼と硫化水素が$Fe + H_2S \rightarrow$

I-17 Genius is one per cent inspiration and ninety-nine per cent perspiration.
　── Thomas A. Edison

FeS＋2H という化学変化を起す場合などに生じやすい．

17. 溶接部の破壊は全体的なものとなりやすく，しばしば重大事故の原因となっているので，十分な注意が必要である．溶接継手の脆性破壊を検討するにあたっては，以上で述べた種々の要因以外に，試験片の大きさが試験結果に大きく影響すること，種々の要因が複雑に相互に関連しあうことなどを考え，問題の重要性に応じて**大型試験片**による試験を実施するとともに，**寸法効果**を十分考えた解析を行うことが必要である．

18. 炭素の添加量を増加するだけで鋼を高強度化すると脆性を悪化させるが，溶接構造用高張力鋼では，十分脱酸したキルド鋼を用い，PやSの低下，特殊合金元素の添加，必要に応じて圧延コントロールなどの機械的作業と組み合せた熱処理等の手段を採用して高強度化しているため，良好な靱性を保持している．

19. 我が国で用いられている**溶接構造用高張力鋼**は，表-6.6 のように規格化されている．490 N/mm^2 級（50 キロ鋼）は**非調質**〔(heat) unrefined〕型（圧延のまま，または**焼**ならしだけ），590 N/mm^2 級（60 キロ鋼）は非調質型と**調質**〔(heat) refined〕型（**焼入れ**，400℃以上の**焼戻**しによる熱調質によるのが一般），690 N/mm^2 級（70 キロ鋼）以上はほとんどすべてが調質型となっている．

表-6.6 我が国の高張力鋼規格一覧

級別 (N/mm^2)	規格名称	化学成分 % (max)						引張試験値			衝撃試験値 (min)			特徴
		C	Si	Mn	P	S	P$_{CM}$	降伏点または耐力 (N/mm^2)	引張強さ (N/mm^2)	伸び (%)	試験片	試験温度 (℃)	吸収E (J)	試験片
490	JIS SM490A	0.20	0.55	1.60	0.035	0.035	—	325	490～610	21	1号	—	—	—
	JIS SM490B	0.18	0.55	1.60	0.035	0.035	—	325	490～610	21	1号	0	27	4号
	JIS SM490C	0.18	0.55	1.60	0.035	0.035	—	345	490～610	21	1号	0	47	4号
	JIS SM490YA	0.20	0.55	1.60	0.035	0.035	—	365	490～610	19	1号	—	—	4号
	JIS SM490YB	0.20	0.55	1.60	0.035	0.035	—	365	490～610	19	1号	0	27	
590	JIS SM 570	0.18	0.55	1.60	0.035	0.035	0.28	460	570～720	26	5号	−5	47	4号
	WES HW 450	0.18	—	—	0.030	0.025	0.28	450	590～710	20	4号	−5	47	4号
	WES HW 490	0.18	—	—	0.030	0.025	0.28	490	610～730	19	4号	−10	47	4号
690	WES HW 550	0.18	—	—	0.030	0.025	0.30	550	670～800	18	4号	−10	47	4号
	WES HW 620	0.18	—	—	0.030	0.025	0.31	620	710～840	17	4号	−15	39	4号
780	WES HW 685	0.18	—	—	0.025	0.020	0.33	685	780～930	16	4号	−15	35	4号
980	WES HW 885	0.18	—	—	0.025	0.020	0.36	885	950～1 130	12	4号	−25	27	4号

20. 鋼の性質に及ぼす炭素以外の**合金元素の影響**を次に示す.

1. Al（アルミニウム）：脱酸・脱窒剤．結晶を微粒化．時効性を減少．耐熱性・磁性を改善．
2. B（ボロン）：微量は焼入性を著しく増大．多量は脆化．耐熱性を改善．
3. Co（コバルト）：高温強さ・磁性を改善．
4. Cr（クローム）：焼入性・耐食性・耐酸化性・耐熱性の焼戻し軟化抵抗を改善．
5. Cu（銅）：強さ・耐食性・低温脆性を改善．
6. Mn（マンガン）：脱酸剤として利用，引張強さ・降伏強さを高める．高マンガン鋼はすりへりに強い．赤熱脆性を防止するが，焼戻し脆性は増大．切削性を改善．
7. Mo（モリブデン）：強さ・焼入性・耐熱性・溶接性・耐食性・焼戻し軟化抵抗を改善．
8. Nb（ニオブ）：脱酸脱窒剤．結晶を微粒化・焼入性焼戻し脆性は減少・歪（ひずみ）時効を消失させ，強さを増す．耐熱性・耐食性を改善．
9. Ni（ニッケル）：硬さ・強さ・低温脆性・耐食性・耐熱性を改善．
10. P（燐）：局部的に脆弱部を形成して有害．しかし耐食性を増し，強さを高める．切削性を改善．
11. S（硫黄）：局部的に脆弱部を形成して有害．溶接性・鍛接性に悪影響．Mnと結合し切削性を改善．
12. Si（珪素）：脱酸剤として利用．硬さ・強さを多少増し，降伏比（降伏強さ／引張強さ）を向上．耐食性・耐酸化性を改善．電気抵抗・透磁率を大きくできるので，電力機器用に利用される．
13. Ti（チタン）：結晶を微粒化．耐食性・耐熱性を改善．
14. V（バナジウム）：脱酸剤．結晶粒度を微粒化，耐熱性，焼戻し軟化抵抗を改善．
15. Zr（ジルコニウム）：脱酸・脱窒・脱硫剤．結晶を微粒化．

6.3 用　　途

　鋼の時代といわれる今日のことであり，土木構造用の多くは鋼があって初めて成立しているといってよい状態にある．以下主な用途を概観しておく．

　1. **橋梁**　上部構造ではプレートガーダー橋からトラス橋・斜張橋の吊橋まで鋼の長所を活用した種々の形式が開発されているが，特に吊橋といった長大橋になると，鋼橋の独壇場といってよい．ただし，騒音振動の問題では種々の対策が考えられてはいるが，コンクリート橋に比べて不利な状態にある．コンクリート橋用補強材としての利用も，鋼の重要な用途の一つとなっている．

　下部構造ではコンクリート構造用補強材としての鋼の活用が主用途となっているが，市街地で立地条件の悪い所では，構造的に無理がきくこと，運搬・接合組立が容易なこと，急速施工に向いていること等の利点を活かして，鋼橋脚の用いられる場合もある．

　2. **橋床**　互いに直交するリブで補強された鋼板を床板として用いる鋼床版，小型の特殊形状I形鋼を主部材とし，これらと直角方向に鉄筋等の横方向部材を配置して造った鋼格子を骨組としてこれをコンクリートに埋め込んだI形鋼格子床版，I形鋼床版を通風をよくするため開床としたグレーチング（軽量コンクリートによって閉床としたものもある），薄い鋼板とコンクリートをジベルを介して合成した合成床板，補強鋼材を用いたコンクリート床版などがある．

　3. **鉄道施設**　レール・レール締結具・コンクリートまくらぎ用補強鋼材等．

　4. **道路施設**　交通安全確保用のガードフェンス（ガードレール・ガードパイプ・ガードケーブル等）・ロードルーバー（対向車のヘッドライトによるまぶしさを防ぐために中央分離帯に設置するもの）・照明柱・落石防護柵・防雪工等．

　5. **その他**　河川における鉄線蛇かご・通水通路用コルゲートパイプ・鋼矢板・港湾における各種のセル・鋼矢板・鋼杭・トンネルにおける支保工・鋼塔・水門の各種の管路等．

7. セメント〔cement〕

7.1 概　　要

1. 無機質結合材である**セメント**には，気硬性〔non-hydraulic, air-setting〕(空気中の炭酸ガスを吸い，空気中においてだけ硬化) および水硬性〔hydraulic〕(空気中でも水中でも硬化) の 2 種があるが，ここでは**水硬性セメント**だけを取り上げる．建設材料として用いられている主なセメントは，次のとおりである．

　1.　**ポルトランドセメント**〔portland cement〕：1824 年イギリスの Aspdin が発明．ポルトランド島産の石材に似ていたので，このように命名された．次の (i)～(vi) のポルトランドセメントは，JIS R 5210「ポルトランドセメント」に規格化されている．

　　ⅰ）**普通**〔ordinary〕**ポルトランドセメント**；我が国におけるセメント生産比率は約 70% と圧倒的．我が国でセメントといえば，普通このセメントを指す．一般コンクリート工事用．

　　ⅱ）**早強**〔high early strength〕**ポルトランドセメント**；普通セメントと比較して 1 日強度が約 3 倍，3 日強度が約 2 倍と早期強度が大きく，低温時も強さの発現が大きい．冬期工事・コンクリート製品・PC 用．

　　ⅲ）**超早強**〔super high early〕**ポルトランドセメント**；早強セメントの 3 日強度を 1 日で出す one day cement．緊急工事・冬期工事・コンクリート製品・グラウト用．

iv) **中庸熱**〔moderate heat〕**ポルトランドセメント**；水和熱が少なく，早期強度は低いが長期強度は高い．乾燥収縮は小さく，化学耐食性が大きい．マスコンクリート・舗装用．

v) **低熱**〔low heat〕**ポルトランドセメント**；中庸熱セメントより更に水和熱を低減した．初期強度は低いが，28日以降の強度増進は大きく，長期強度は普通セメントと同等以上となる．マスコンクリートのほか，高強度，高流動コンクリート用．

vi) **耐硫酸塩**〔sulfate-resisting〕**ポルトランドセメント**；硫酸塩に対する抵抗性を高めたものであり，下水・工場廃水・海水等の作用を受ける場合に適切なセメントである．

vii) **白色ポルトランドセメント**；JIS化されていない．Fe_2O_3を0.3%以下に減じた純白なセメントで，構造用としても使用できる．顔料を加えると任意の色になる．塗料・装飾・採光・標識・人造大理石用．

2. **混合**〔blended〕**(ポルトランド) セメント**：ポルトランドセメントに混合材を加えたもの．必要に応じて粉砕したのち両者を混合したり，両者を同時にミルで粉砕して造る．JIS R 5211〜5213に規格化されている．

i) **高炉セメント**〔portland blast-furnace slag cement〕；高炉スラグ微粉末（8.2参照）を混合材とする．初期強度は小さく低温時は不利であるが，長期強度は大きく水和熱は割合低い．下水・海水等に対する耐食性に優れ，耐熱性も大きい．水密性に優れる．海洋・水理構造・一般用．

ii) **シリカ**〔silica〕**セメント**；天然ポゾラン（8.2参照）を混合材とする．生産量は微少である．

iii) **フライアッシュ**〔fly ash〕**セメント**；フライアッシュ（8.2参照）を混合材とする．ワーカビリティーが良い．初期強度は小さく低温時は不利であ

F-34 米国で，懸賞募集により当選したところのプレキャストコンクリート版を，継手金具の溶接により組み立てて造った高さ10m・直径16mの芸術的な水槽に水を入れたところ，約85%入れたとき突然崩壊し，1500m³の水が住宅街を流下した．原因は複雑な形状のため構造計算が不備であったこと，溶接施工が良好でなかったことなど．

るが，長期強度は大きく，水和熱が低く乾燥収縮も小さい．耐食性や水密性に優れる．ダム・一般用．

3. **特殊セメント**：JIS化されたものはない．

 i) **アルミナ**〔alumma〕**セメント**；ボーキサイト・石灰石を粉砕の調合して，電気炉・ロータリーキルン等で溶融あるいは焼成するというように，材料・製造方法で特異な点が多い．6～12時間で普通ポルトランドセメントの4週強度と同等の強度を発現する．ただし高温時に硬化が遅れること，水和物の転移によって長期強度が低下する可能性があること，アルカリ性が低いことなどの点に注意する必要がある．耐食性と耐火性に優れる．緊急工事・冬期工事・化学工場・耐火用．

 ii) **膨張**〔expansive〕**セメント**；コンクリートの本質的な欠点の一つである乾燥収縮ひび割れを低減したり，手軽にケミカルプレストレスを導入できるという点で，膨張セメントの将来は極めて明るい．我が国では，アメリカ等と違って膨張セメントとしては市販されておらず，混和材として市販されているので，8章で取り扱う．

 iii) **超速硬**〔special super high early strength〕**セメント**；アメリカで開発されたが，我が国で改良されジェットセメントという名で市販されているものであり，2～3時間で $10\,N/mm^2$ もの JIS モルタル強度を出し，その後の強度発現も超早強セメントと同等で安定している．アルミン酸カルシウムの含有量と石こうの添加量によって凝結・硬化作用を調節できるので，アメリカでは regulated set cement とよばれている．他のセメントに比べて凝結時間が短いが，遅延剤の使用によって延ばすことができる．速硬性において最も優れ，one hour cement ともいわれている．緊急工事の冬期工事のグラウト用．

 iv) **その他**；微小空隙への浸透性を改善した**コロイドセメント**や**マイクロセメント**，高温高圧下で使用するのに適した**油井セメント**などがある．

I-18 葡萄（ぶどう）の房や無花果（いちじく）の場合と同じように，偉大なものが突然創造されることはない．無花果がほしいという人には，時間を要するものだと答えよう．まず第一に花を咲かせ，次に実らせ，熟させるのである．
―― エピクテトス

2. ポルトランドセメントの**製造方式**には，**乾式**と**湿式**があるが，省エネルギーという見地から，乾式——特に**新焼成方式**〔new suspension pre-heater〕(NSP)**キルン**を焼成工程で用いる方式への転換が，非常なスピードでなされた．**サスペンションプレヒーター**（SP，原料粉末を熱廃ガス中に浮遊させてサイクロン内で熱交換し，一部の原料石灰石を分解したのちキルンに送るため，熱効率が高く，キルン内容積当りの焼出量が高くなる）**付きキルン**のサイクロンと，キルンの間に助燃炉を組み込んでキルンに入れる前の石灰石分解率を改善するという我が国の技術開発（NSPキルン）は，諸外国でも注目され技術輸出されている．乾式による原料工程およびNSPキルンを用いた焼成工程を図示すると，図-7.1のとおりである．

このようにして得られた**セメントクリンカー**に，石こうを3～4％加えて仕上げミルで微粉砕すると，ポルトランドセメントになる．セメントはタンクに貯蔵

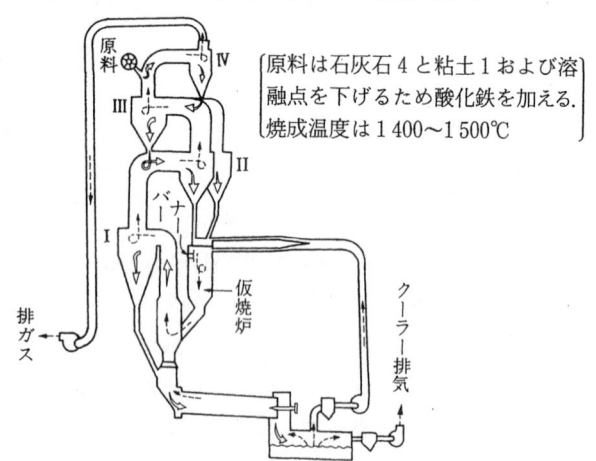

新サスペンションプレヒーター付きキルン（NSPキルン）

原料は石灰石4と粘土1および溶融点を下げるため酸化鉄を加える．焼成温度は1 400～1 500℃

図-7.1 NSPキルン方式の焼成原理

F-35 ポストテンション方式のPCで，PCグラウトの施工を忘れたり施工が不良であったため，ひび割れ，桁下縁や腹部への水のしみ出し，PC鋼材の錆，PC鋼棒破断等を生じた事例は多い．

され，検査ののち，トラック・貨車・船舶等で出荷される．85〜90％ はバラ輸送されるが，パッカーで 25kg 単位に袋詰めされて出荷されるものもある．

3. **ポルトランドセメントの主な化合物** **珪酸三カルシウム**（アリット，$3CaO \cdot SiO_2$, C_3S），**珪酸二カルシウム**（ベリット，$2CaO \cdot SiO_2$, C_2S），**アルミン酸三カルシウム**（$3CaO \cdot Al_2O_3$, C_3A），**鉄アルミン酸四カルシウム**（セリット，$4CaO \cdot Al_2O_3 \cdot Fe_2O_3$, C_4AF）およびクリンカー粉砕の際加える石こう（$CaSO_4 \cdot 2H_2O$）である．

4. **JIS** 化されたセメントの規格値を表-7.1に示す．

5. 各種ポルトランドセメントの化合物量の測定例を表-7.2に示す．

6. 各種混合セメントにおける混合材の割合は，表-7.1に示すように，A種が小さく，B種・C種の順に大きくなる．

7.2 性 質

1. ポルトランドセメントの主成分がセメント水和物に及ぼす影響を表-7.3に示す．表-7.3 と表-7.2 を比較すると，各セメントの特徴を把握できる．

表-7.2 各種ポルトランドセメントの化合物量の一例
（セメント協会） （単位：％）

セメント種別	C_3S	C_2S	C_3A	C_4AF
普通ポルトランド	50	26	9	9
中庸熱ポルトランド	48	30	5	11
早強ポルトランド	67	9	8	8
超早強ポルトランド	68	6	8	8
低熱ポルトランド	27	58	2	8
耐硫酸塩ポルトランド	57	23	2	13
白色ポルトランド	51	28	12	1
Ⅳ 型（低 熱）*	28	49	4	12
Ⅴ 型（耐硫酸塩）*	41	36	4	10

* 米国製

表-7.3 水硬性化合物の特性の相対的比較

項 目		C_3S	C_2S	C_3A	C_4AF
強度発現	短期	大	小	大	小
	長期	大	大	小	小
水 和 熱		中	小	大	小
化 学 抵 抗 性		中	やや大	小	中
乾 燥 収 縮		中	小	大	小

I-19 受賞の対象になったトンネル効果のヒントは，通勤電車を待っていた時に得た．私が半導体で見つけたトンネル効果を超伝導に適用したらどうなるかなど，我が国の同じ物理学分野で発展がなかったことが残念だ．もし日本の学者がすぐに反応していたら，'73 年度のノーベル物理学賞は 3 人とも日本人ということになったかも知れない．── 江崎玲於奈（ノーベル賞受賞者）

表-7.1 ポルトランドセメントおよび混合セメントのJIS規格

番号		JIS R 5210 ポルトランドセメント*						JIS R 5211 高炉セメント			JIS R 5212 シリカセメント			JIS R 5213 フライアッシュセメント		
種別 種類		普通	早強	超早強	中庸熱	低熱	耐硫酸塩	A種	B種	C種	A種	B種	C種	A種	B種	C種
項目																
比表面積 (cm²/g)		≧2500	≧3300	≧4000	≧2500	≧2500	≧2500	≧3000	≧3000	≧3000	≧3000	≧3000	≧3000	≧2500	≧2500	≧2500
凝結 始発 (min)		60以上	45以上	45以上	60以上	60以上	60以上	60以上	60以上	60以上	60以上	60以上	60以上	60以上	60以上	60以上
凝結 終結 (h)		10以下	10以下	10以下	10以下	10以下	10以下	10以下	10以下	10以下	10以下	10以下	10以下	10以下	10以下	10以下
安定性		膨張性ひび割れまたはそりがでてはならない.														
圧縮強さ (N/mm²)	1日	—	≧6.5	≧13.0	—	—	—	—	—	—	—	—	—	—	—	—
	3日	≧7.0	≧13.0	≧20.0	—	—	≧7.5	≧7.0	≧6.0	≧5.0	≧7.0	≧6.0	≧5.0	≧7.0	≧6.0	≧5.0
	7日	≧15.0	≧23.0	≧28.0	≧5.0	—	≧14.0	≧15.0	≧12.0	≧10.0	≧15.0	≧12.0	≧10.0	≧15.0	≧12.0	≧10.0
	28日	≧30.0	≧33.0	≧35.0	≧10.0	≧7.5	≧28.0	≧30.0	≧29.0	≧28.0	≧30.0	≧26.0	≧21.0	≧30.0	≧26.0	≧21.0
	91日	—	—	—	≧23.0	≧22.5	—	—	—	—	—	—	—	—	—	—
水和熱 (J/g)	7日	—	—	—	≦290	—	—	—	—	—	—	—	—	—	—	—
	28日	—	—	—	≦340	≦290	—	—	—	—	—	—	—	—	—	—
酸化マグネシウム (%)		≦5.0	≦5.0	≦5.0	≦5.0	≦5.0	≦5.0	≦5.0	≦6.0	≦6.0	≦5.0	≦5.0	≦5.0	≦5.0	≦5.0	≦5.0
三酸化硫黄 (%)		≦3.0	≦3.5	≦4.5	≦3.0	≦3.5	≦3.0	≦3.5	≦4.0	≦4.5	≦3.0	≦3.0	≦3.0	≦3.0	≦3.0	≦3.0

7.2 性質

表-7.1 ポルトランドセメントおよび混合セメントのJIS規格（続き）

番号		JIS R 5210 ポルトランドセメント*							JIS R 5211 高炉セメント			JIS R 5212 シリカセメント			JIS R 5213 フライアッシュセメント		
種別																	
種類		普通	早強	超早強	中庸熱	低熱	耐硫酸塩		A種	B種	C種	A種	B種	C種	A種	B種	C種
項目																	
強熱減量(%)		≦3.0	≦3.0	≦3.0	≦3.0	≦3.0	≦3.0		≦3.0	≦3.0	≦3.0	≦3.0	—	—	≦3.0	—	—
全アルカリ(%)		≦0.75	≦0.75	≦0.75	≦0.75	≦0.75	≦0.75		—	—	—	—	—	—	—	—	—
塩化物イオン(%)		≦0.035	≦0.02	≦0.02	≦0.02	≦0.02	≦0.02		—	—	—	—	—	—	—	—	—
けい酸三カルシウム(%)		—	—	—	≦50	—	—		—	—	—	—	—	—	—	—	—
けい酸二カルシウム(%)		—	—	—	—	≧40	—		—	—	—	—	—	—	—	—	—
アルミン酸三カルシウム(%)		—	—	—	≦6	≦6	≦4		—	—	—	—	—	—	—	—	—
混合材の分量(wt%)		5以下	—	—	—	—	—		5 超え 30以下	30 超え 60以下	60 超え 70以下	5 超え 10以下	10 超え 20以下	20 超え 30以下	5 超え 10以下	10 超え 20以下	20 超え 30以下

注：* 低アルカリ形のポルトランドセメントは，これらの規格のほかに全アルカリ0.6%以下の規格が加えられる．なお，全アルカリ(%)は，化学分析の結果から，次の式によって算出し，小数点以下1けただけ丸める．

$R_2O = Na_2O + 0.658 K_2O$

ここに，R_2O：ポルトランドセメント（低アルカリ形）中の全アルカリ(%)
Na_2O：ポルトランドセメント（低アルカリ形）中の酸化ナトリウムの質量(%)
K_2O：ポルトランドセメント（低アルカリ形）中の酸化カリウムの質量(%)

2. ポルトランドセメントに水を加えると,複雑な反応である**水和**が始まる.セメント水和物の主なものは,**トベルモライト**〔tobermorite〕という珪酸カルシウム水和物（CaO-SiO_2-H_2O 系化合物で,常温下では $3CaO \cdot 2SiO_2 \cdot 3H_2O$. 180℃, 10 気圧といった高温高圧のオートクレーブ養生下では高強度を示す $5CaO \cdot 6SiO_3 \cdot 5H_2O$）と水酸化カルシウム（$Ca(OH)_2$）であり,アルミン酸カルシウム水和物（$3CaO \cdot Al_2O_3 \cdot 6H_2O$）やカルシウムサルホアルミネート水和物であるエトリンガイト（$3CaO \cdot Al_2O_3 \cdot 3CaSO_4 \cdot 32H_2O$）〔ettringite〕も含む.

3. セメント粒子が水に接すると,C_3A と石こうの反応により表面に薄い水和物層ができて内部への水和進行が妨げられる.このためセメントペーストは流動性を保つことができるが,石こうが C_3A により全部消費されてしまうと C_3A だけの水和が始まるし,同時に C_3S の水和も急速に進むので,セメント粒子周辺に水和物が析出し,その結果粒子相互が結合して流動しないゲルとなり,**凝結**するようになる.この過程は連続的であって理論的な区切りはないが,JIS R 5201 においては,凝結の**始発**および**終結**を定める試験方法を規定している.

時間がさらに経つと**セメントゲル**の生成が増大して,セメント粒子間は密に埋められ**硬化**が進む.ポルトランドセメントが完全に水和するために必要な水量は,化学的に強固に結合する**結合水**（セメントの約 25%）とゲル化した微粒子表面に吸着して粒子相互を結合する**ゲル水**（セメントの約 15%）の合計で,セメントの約 40% と考えられる.

4. 微細な結晶であるセメントゲルは,大きい表面エネルギーで互いに凝集し互いに入り混って密実な網状構造を造り,相互の結合がさらに強化されて硬化が進み,強度が増大してゆく.未水和セメントの比表面積に比べて,硬化ペーストの比表面積は 800 倍にもなる.このような極微粒子であるセメントゲルが接近して存在するため,分子間引力が大きく働く上に,これより強い**水素結合**や電荷不均衡による**化学的結合力**も加わって,ペースト強度が発現されることになる.これがコンクリート強度のもとである.

F-36 ポストテンション方式の PC で,PC 鋼棒を保護する端部モルタルの充填が不良であったため,PC 鋼材ねじ部の破断事故を生じることがある.水が浸入し,ねじの応力集中部に応力腐食を生じることが原因.

7.2 性質

図-7.2は単位固相容積（未水和セメント・セメント水和物・ゲル水の容積が、ペースト単位容積中に含まれる割合）とモルタル圧縮強度との関係を示したもので、セメントの種類・水セメント比・空気量・材齢等にかかわらず、1つの式で表せることを示している．

5. 凝結硬化の過程で、セメントは発熱して**水和熱を生じる**．セメントの種類・粉末度・水セメント比等によって異なるが、普通ポルトランドセメントが完全に水和すると、500 J/g 程度の発熱をする．水和熱は、冬期工事においては有利な要素となるが、**マスコンクリート**ではひび割れの原因になって不利な要素となる．

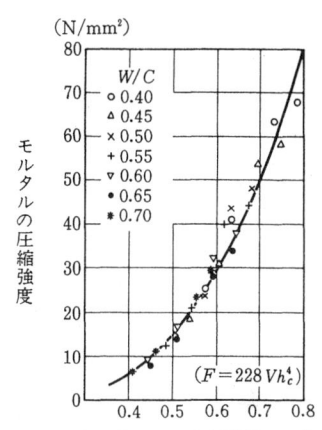

モルタル中のペースト部分 1cc 中の
固体部分（ゲル水を含む）の容積(cc)

図-7.2 単位固相容積と圧縮強度の関係
（山崎寛司）

$(F = 228 Vh_c^4)$

6. セメントは、空気中の水分や炭酸ガスを吸収して**風化**〔aeration〕し、品質が低下する．すなわち、**強熱減量**が増加し、密度・強度を減じる．また**偽凝結**〔false set, pre-mature stiffening, rapid stiffening〕（正規の凝結と異なり、練混ぜ直後急にこわばって硬くなる現象で、早粘性ともいう）を起すこともある．風化がかなり進むと、固形物が生じる．セメントはなるべく早く使うこと、貯蔵中は防湿と通風防止に留意することなどが必要である．

7. 硬化セメントペーストは多孔質であり、**毛細間隙中の水が乾燥によって拡散する時毛細管張力が作用して収縮する．この乾燥収縮**は、毛細管が小さいほど、また外気湿度が低いほど増える．これはひび割れを起す有力な原因の1つとなっている．

8. 水セメント比が増すと、毛細間隙が増加して透水性が増す．しかしながら、ひび割れや施工欠陥のない限り、実用的にいってセメントペーストの**水密性**は一

I-20 K.J.法の川喜田二郎氏は、創造的であるための最低の条件として、自発的な行為であること、モデルのないこと（モデルができるだけ少ないこと）、お遊びでないことあるいは切実な行為であることの3つをあげている．

般に十分高いといってよい.

9. 硬化セメントペースト中の水は，水酸化カルシウム等のアルカリを含むことや毛細管張力のため氷点が低下しており，**凍結**は大きい毛細管から順次起る．このため未凍結水は，最終的に小さな毛細管に圧力を集中することになり，セメント硬化体を破壊していく（水は凍結に際して容積を約10%増加する）．

10. 硬化セメントは，特に塩酸・硫酸・硝酸のような無機酸に弱く，水溶性物をつくるとともに，$SiO_2 \cdot Al_2O_3$ 等が溶けて分解する．硫酸塩にも弱く，$Ca(OH)_2$，と反応して$CaSO_4$を生成し**エトリンガイト**を生じ，大きい容積膨張を起して破壊する．耐海水性が問題となるわけである．

7.3 用　　　途

1. セメントの最大の**用途**は，もちろん（セメント）コンクリート用（9章）であり，鋼とともに建設工事に不可欠の主材料として広範に用いられている．

2. セメントペーストあるいはセメントスラリー（流動性のあるセメントペースト）は，主として注入用に用いられる．

3. 珪酸ナトリウムと組み合せたセメント水ガラスグラウト（14章），ベントナイトと組み合せたCBグラウトは，注入用として用いられる．

4. セメントモルタルは，注入用から超硬練りのドライパッキング用（ハンマーを用い叩き込んで締め固める）まで広範に用いられる．

5. アスファルト乳剤と組み合せたCAモルタル（14章）は，軌道用填充材として実用されている．

F-37　下水道マンホール用のコンクリートカルバート（縦4m，横5.7m，高さ7.5m，厚さ60cm，重量200t）を地下3mに埋設するため，カルバート下の地下を長方形に掘り，上から圧力をかけてカルバートを次第に埋める作業が行われていたが，何らかの原因でカルバートが急にずれ落ちたため，1人即死．1人重傷．

8. 混和材料 〔admixture〕

8.1 一　　般

　混和材料は，ある特定の目的を得ることを目的として主材料に加えられる補助的な副材料をいう．純粋に単一材料で用いられる建設材料は少なく，素材と称されるものも種々の補助的な材料を含んでいること，どちらが主材料か明らかでない場合もあること，場合によって添加材や混合材等とよばれていることなどの諸点もあって複雑である．本書では，副材料については必要に応じ各章で述べているので，本章ではコンクリート用混和材料についてのみ述べることとする．

8.2　コンクリート用混和材料

　1.　混和材料は，セメント・水・骨材以外の材料で，必要に応じてコンクリートの成分として加え，コンクリートの品質を改善するものをいう．使用量が比較的多くそれ自体の容積がコンクリートの配合計算に関係するものを**混和材**（一般に粉体），使用量が比較的少なく薬剤的な使い方をするものを**混和剤**（使用時には一般に液体）と称している．
　2.　混和材にはポゾラン・高炉スラグ微粉末・膨張材・シリカフューム・岩石粉末等があり，混和剤には AE 剤・減水剤・急結剤・硬化促進剤・凝結遅延剤・防せい剤・発泡剤等がある．AE 剤・減水剤，AE 減水剤，高性能 AE 減水剤，

硬化促進剤，高性能減水剤，流動化剤は，コンクリート中に供給される**塩化物イオン量**の多少により，表-8.1 に示す 3 種類に分類される．

表-8.1 化学混和剤の塩化物イオン量（JIS A 6204）

種類	塩化物イオン（Cl⁻）量
I種	$0.02\,kg/m^3$ 以下
II種	$0.02\,kg/m^3$ を超え $0.20\,kg/m^3$ 以下
III種	$0.20\,kg/m^3$ を超え $0.60\,kg/m^3$ 以下

3. **ポゾラン**〔pozzolan〕は，それ自体には水硬性がないが，コンクリート中の水酸化カルシウムと常温で徐々に化合して，水に溶けない化合物をつくる（**ポゾラン反応**）．天然産では珪酸白土，人工では火力発電所等の微粉炭燃焼ボイラーから出る廃ガス中より集じん機で採取された微粒子である**フライアッシュ**（JIS A 6201）〔fly ash〕が代表的なものであるが，これらは混合材としてセメント中に入れて販売されていることが多い．

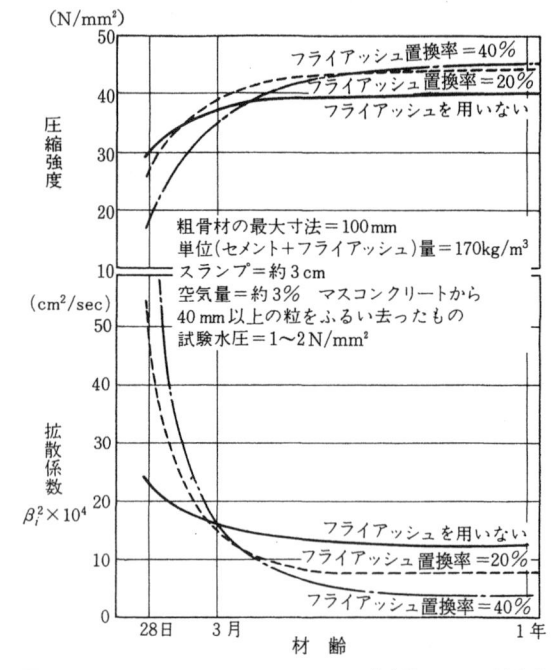

図-8.1 フライアッシュがコンクリートの水密性および圧縮強度に及ぼす影響（村田二郎）

ポゾランを混和することにより，ワーカビリティーがよくなり材料分離が少なくなること，初期強度は小さいが湿潤養生を継続すれば長期強度は大きくなること，水密性がよくなること（図-8.1），塩酸等に対する化学的抵抗性が大きくなること，発熱量・収縮量が少なくなることなどの長所が得られるので，ダムその他のマスコンクリートや海洋コンクリートに用いると有利である．

特に良質のフライアッシュを適当量使用すると，単位水量が減少でき乾燥収縮を小さくすることができて有利である．資源事情からその生産量は一時減少して

8.2 コンクリート用混和材料

いたが，近年また増大しつつある．

高炉スラグ微粉末（JIS A 6206）〔ground granulated blast-furnace slag〕は，アルカリや硫酸塩の刺激により水和する性質（**潜在水硬性**）があり，高炉セメント用混合材として利用されてきたが，ポゾランよりも活性に富んでいるため，資源事情からみても混和材としての活用も期待されている．細骨材の一部を微粉末で置き換えた場合，一般にコンクリート強度は増加する（図-8.2）．この増加を，**微粉末効果**と称している．

4. **膨張材**としては，エトリンガイト系のものと石灰系のものが使用されてお

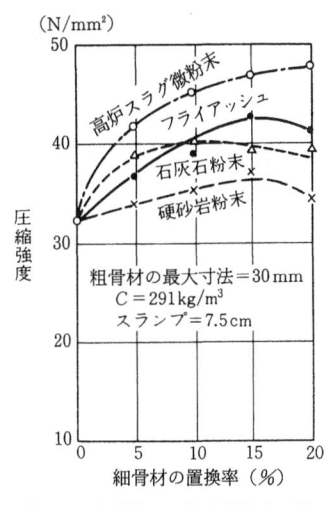

図-8.2 細骨材の一部を微粉末で置き換えたコンクリートの圧縮強度（山崎寛司）

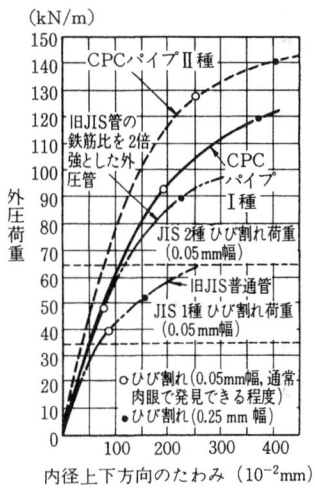

図-8.3 ケミカルプレストレスを導入した遠心力鉄筋コンクリート管（呼び径1500mm）の外圧試験（電気化学工業，日本ヒューム管）

I-21 J.ウルフは成功へのヒントとして，毎日工夫する時間を持つこと，工夫に抑制を与えないこと，メモをとること，一定期間貯蔵すること，深く掘り下げること，綜合的に考えること，自分のアイデアを自分でよく検討しないとか実行に移す明確な方法を考えないとかいう過ちを犯さないことの7つをあげている．

り，我が国ではJIS A 6202にその品質が規定されている．ケミカルプレストレスを与える目的で使用されることが多い．ヒューム管に応用した場合を示すと図-8.3のようである．

  5. **AE剤**〔air-entraining agent〕は，独立した微小な空気泡をコンクリート中に一様に分布させるために用いる界面活性剤〔surface active agent〕の混和剤であり，JIS A 6204に規定されている．AE剤によって生じた空気を**エントレインドエア**または連行空気〔entrained air〕(この他の空気は**エントラップトエア**〔entrapped air〕)，この場合のコンクリートをAEコンクリートという．

  エントレインドエアは，0.025〜0.25mm程度の球状気泡からなっており，フレッシュコンクリートにおいてはボールベアリングのような働きをして，流動性を良くするとともに，ブリーディング・材料分離を低減する．硬化コンクリートにおいては，水の凍結圧を吸収軽減することにより，コンクリートの凍結融解に対する抵抗性（耐凍害性）を著しく増大させる．AEコンクリートはワーカビリティーが良くなるという長所を買われ，一般的に広範に用いられている．

  6. **減水剤**〔water-reducing agent〕は，所要のスランプをもつコンクリートを造るための単位水量を少なくする目的で用いられる．セメント粒子を分散させる働きもするので，セメント分散剤〔dispersing agent〕とも称される．我が国ではAE剤を兼ねる**AE減水剤**として用いられることが多い．JIS A 6204では，減水剤・AE減水剤についてコンクリートの凝結時間別に，標準形，遅延形，促進形の3タイプを規定している．

  7. **硬化促進剤**（急硬剤）〔accelerator〕としては，塩化カルシウム〔calcium chloride〕がよく用いられていた．図-8.4にも示すとおり，特に低温時の施工の場合に有利である．セメントに対する使用量が2％以下であれば良いコンクリートが施工されている限り鉄筋を錆びさせることはないとされているが，漏洩電流

F-38　ひな段式分譲地で，コンクリートブロック擁壁に設けられた水抜き用排水管（直径7.5cm）が全く働いていないことが判明．原因は擁壁裏側に設けることになっている砂利層がなかったこと，75cm以上と定められていた配水管の長さが40cmしかなかったこと，先端がコンクリートで埋殺されているものが多かったことなど．

8.2 コンクリート用混和材料

のある場合には**電食**のおそれがあるし，PC鋼材に接する場合は応力腐食のおそれがあるので用いない方がよい．また硫酸塩に対する化学的抵抗を減じるので，硫酸塩の作用を受ける構造物に対しても用いない方がよい．そのため，ロダン塩系が用いられることがある．冬期工事においては，耐寒作用を合わせもつ含窒素無機塩と高性能（AE）減水剤を併用することもある．硬化促進剤を用いる場合には，凝結が早くなって作業に支障をきたしたり，**コールドジョイント**〔cold joint〕を生じることがあるため注意が必要である．

急速に漏水個所を止水しようとする場合や，吹付けコンクリートにおいて跳返り・はげ落ちを少なくしようとする場合には，**急結剤**として，カルシウムアルミネート系，カルシウムサルホアルミネート系，アルミン酸ソーダ，炭酸ソーダ，珪酸ソーダ等が用いられる．

8. **凝結遅延剤**〔retarder〕は，セメントの凝結を遅らせるために用いる混和剤であり，暑中コンクリートやレディーミクストコンクリートの運搬におけるスランプの低下，大型構造物の施工におけるコールドジョイントの発生等を防ぐ目的で用いられている．リグニンスルフォン酸塩やオキシカルボン酸塩のように減水剤を兼ねるものと，珪フッ化物のように純粋の遅延剤とが用いられている．図–

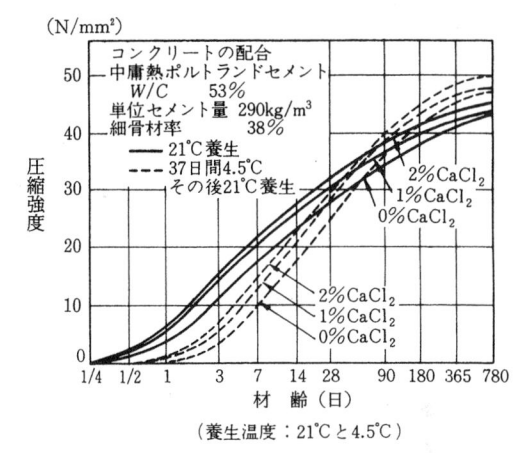

図-8.4 塩化カルシウムの混和がコンクリート強度に及ぼす影響（コンクリートマニュアル）

I-22 ルアルシャンは，ものを産み出す実際的な方法として，まず物事に驚き興味を持つこと，自分自身の考えとなるものを選出すること，統一するために識別すること，物事を比較すること，反対の立場から物事を考えてみることの5つをあげている．

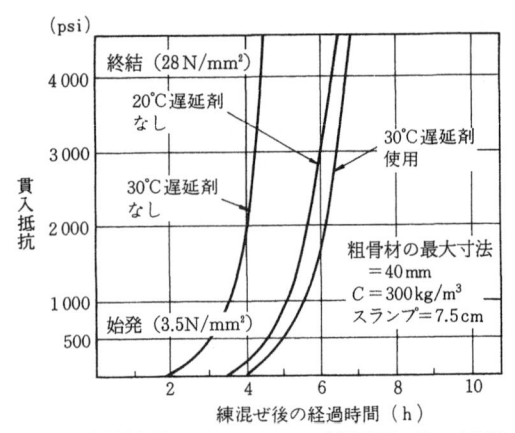

図-8.5 凝結遅延剤がコンクリートの凝結時間に及ぼす影響
(T. Kelly・D. Bryant)

8.5 は試験結果を例示したものである．

9. 発泡剤（ガス発生剤）〔gas-forming agent〕は，アルカリ性のセメント水和物と反応して水素ガスを発生し，フレッシュな状態で膨張性を帯びさせる混和剤である．一般にアルミニウム粉末が用いられる．発泡剤はプレパックドコンクリート用グラウトや PC グラウトにも用いられており，膨張によってグラウトを粗骨材間隙や PC 鋼材の周囲に十分に行き渡らせ，付着強度を高めるのに貢献している（図-8.6）．

10. 防水剤〔water-proof agent〕としては，コンクリートの透水性を減じる目的で多くのものが市販されている．中には相当効果の認められるものもあるが，一般に認められる漏水の原因はほとんどすべて打込み・締固め等の不良かひび割れに起因していること，漏水を一時的に急速に止める急結剤とは区別して考える必要があること，良質な AE 剤・減水剤・ポゾラン等を用いたワーカビリティー

F-39 高さ 2.2 m，幅 3 m，長さ 10 m のブロックを接合していく鋼橋架設現場において，40 m の架設が終ってさらに接合作業を続けようとしていたところ，支保工が崩壊したため，橋桁は 10 m 落下．1 人死亡，2 人重傷，1 人軽傷．

8.2 コンクリート用混和材料

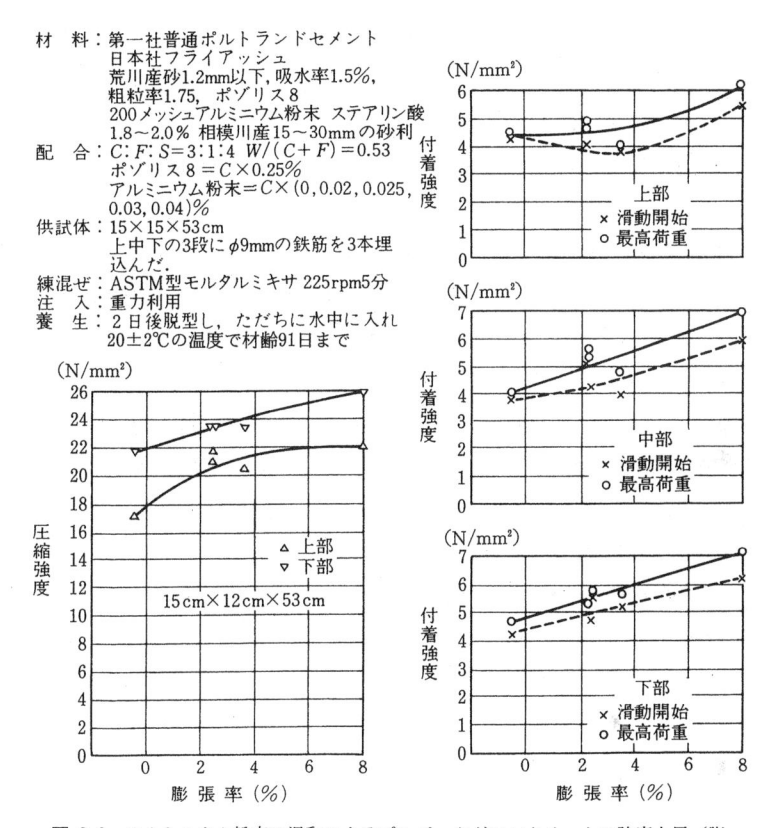

材　料：第一社普通ポルトランドセメント
　　　　日本社フライアッシュ
　　　　荒川産砂1.2mm以下,吸水率1.5%,
　　　　粗粒率1.75, ポゾリス8
　　　　200メッシュアルミニウム粉末 ステアリン酸
　　　　1.8～2.0% 相模川産15～30mmの砂利
配　合：$C:F:S = 3:1:4$　$W/(C+F) = 0.53$
　　　　ポゾリス $8 = C \times 0.25\%$
　　　　アルミニウム粉末 $= C \times (0, 0.02, 0.025, 0.03, 0.04)\%$
供試体：$15 \times 15 \times 53$ cm
　　　　上中下の3段にϕ9mmの鉄筋を3本埋込んだ.
練混ぜ：ASTM型モルタルミキサ 225rpm 5分
注　入：重力利用
養　生：2日後脱型し,ただちに水中に入れ
　　　　$20 \pm 2°C$の温度で材齢91日まで

図-8.6　アルミニウム粉末の混和によるプレパックドコンクリートの強度上昇（膨張率はブリーディングを含まず,モルタルの自由膨張は抑制した）

(樋口芳朗・杉山道行)

I-23　川口寅之輔博士はアイデア発想に関する10大法則として,日常生活で不便であると感じたことをメモしておくこと,何事によらずメモをとるという習慣をつけておくこと,多数の人の知恵を利用すること,実用新案登録等と銘打ってある新製品を買って使いその改良をはかること,作ろうと思う品物が最も必要とする本質的な性質を考えてみること,1つのものをいくつかに分けて考えてみること,2つのことを1つにして考えること,使用目的は同一でもその形状を変えてみること,大きさを変えてみること,そこらのものを組合せてみることをあげている.

の良いコンクリートを用いて十分満足な施工をすることが基本的に重要なこと，粗骨材の最大寸法を小さくすることが有効であることなどを認識しておくことが重要である．

11. **減水剤**の中でも減水率の特に大きいものを，**高性能減水剤**〔high water-reducing agent〕と呼んでいる．これを用いると，水セメント比を著しく小さくでき，80〜100 N/mm^2 のような高強度コンクリートを容易に造れる．**流動化剤**〔super-plasticizer〕は，高性能減水剤に AE 剤等の若干の肋剤を加えたものである．一般に現場でベースコンクリートに加えられ，アジテータ車によりコンクリートをかくはんし，スランプを大きくするために用いられる．これらの混和剤を用いたコンクリートのスランプの経時変化は大きい．我が国で開発された**高性能 AE 減水剤**は，スランプの経時変化の大きいという欠点を改善したものであり，JIS A 6204 に標準形と遅延形の 2 つのタイプが規定され，従来の減水剤と同様にプラントで添加することもできる．

12. **水中不分離性混和剤**〔antiwashout agent〕を用いると，セメントペーストの粘性または凝集性が増大し，水中にコンクリートを打ち込んだ場合にも材料分離しにくくなる．セルロース系やアクリル系があるが，我が国では一般に前者のものが用いられている．

F-40 建築工事で生コンクリートの大幅な強度不足が判明したため，硬化コンクリートを取りこわしたのち改めてコンクリート打ち作業が行われた．原因はボタン操作の誤りによるフライアッシュの大量混和と判明．

F-41 建設中の地下道路トンネル側壁部鋼管矢板から河水が流入して水没．原因は土質調査の不十分，河川管理その他の理由による外側のＺ矢板の引抜き，鋼管矢板打込み時の座屈による根入れ長の不足，鋼管矢板の止水性を補うために施工された薬液注入の不十分などの種々の悪条件の競合．人的被害が皆無であったことと，大地下街への河水浸入があらかじめ設けられていた止水壁によって食い止められたことは幸いであった．

9. コンクリート〔concrete〕

9.1 概　　要

1. 広義の**コンクリート**は，アスファルトコンクリート，レジンコンクリート（プラスチック(ス)コンクリートは，セメントを全く含まないレジンコンクリート，ラテックスやエマルジョンのポリマーを混和材料としたポリマーセメントコンクリート，ポリマー含浸コンクリートの総称）等を含むが，一般にコンクリートといえばセメント（7章）を結合材としたコンクリートとされており，ここでもその意味に使っている．

2. コンクリートとは，セメント（7章）・水・細骨材（5.2）・粗骨材（5.2）・必要に応じて混和材料（8章）を，練混ぜその他の方法により一体化したものをいう．**モルタル**〔mortar〕はコンクリートのうち粗骨材を欠くもの，**セメントペースト**〔paste〕はモルタルのうち細骨材を欠くものをいう．

3. コンクリートは，まだ固まらず施工可能な「**フレッシュコンクリート**」と，硬化後の「**硬化コンクリート**」に分けて考えるのが適当である．

4. **鉄筋コンクリート**〔reinforced concrete〕(RC) とは，鋼材を補強材としてコンクリートに埋め込んだものをいう．鋼材として高強度の PC 鋼材を用いコンクリートにプレストレスを与えたものを，**プレストレストコンクリート**〔prestressed concrete〕(PC，建築では PC はプレキャストコンクリートの略称）という．そして，補強材としての鋼材を有しないコンクリートを，**無筋コンクリート**

〔plain concrete〕という．

5. 整備されたコンクリート製造設備をもつ工場から随時に購入することができるフレッシュコンクリートを，**レディーミクストコンクリート**〔ready-mixed concrete〕(生コンと通称される) という．コンクリートの硬化後に移動して据え付けるか組み立てるコンクリート部材を，**プレキャストコンクリート**〔precast concrete〕(大部分は管理された工場で継続的に製造される**コンクリート工場製品**）という．

我が国のセメント生産量のうち，前者で約70％，後者で約15％を消費しており，品質管理の良好なコンクリートを供給するのに貢献している．

6. **コンクリートの長所**は，任意の形状・寸法の部材および構造物を造ることができること，構造物全体を単体的に造ることが容易であること，材料の入手および運搬が容易であること，耐久性，耐火性，耐震性等に優れた構造物を造ることができること，施工にあたって特別の熟練工を必要としないこと，一般に維持管理費をほとんど必要としないこと，鋼材と組み合せると，互いの長所を補ったRC, PCなどのような優れた構造部材となることなどである．**コンクリートの短所**は，重量が大きいこと（ダムやまくらぎの場合は逆に長所となる），ひび割れを生じやすいこと，引張強度が小さく脆いこと，施工と設計の間で食違いを生じやすいこと，改造ないし撤去にあたり破壊することが困難なこと，硬化に時間がかかること，現場練混ぜの場合に品質管理・施工管理が容易でないことなどである．

9.2 性　　質

9.2.1 フレッシュコンクリートの性質

1. フレッシュコンクリートは，適当な打込み・締固め手段を取ることによって，型枠のすみずみや鉄筋の間に十分行き渡るようにすることができる軟らかさ

F-42 時間を空費させるもっとも大きな敵は下手な勉強だ．──ハマトン

9.2 性　　質

をもち，仕上げが容易であるとともに，これらの作業中に材料分離をできるだけ起さないものでなければならない．

2. フレッシュコンクリートの性質を示す用語を次にあげる．

コンシステンシー〔consistency〕：変形あるいは流動に対する抵抗性の程度を示す性質．

材料分離〔segregation〕：コンクリートの構成材料が密度の差，粒子の形や大きさの差，水という液体の存在等が原因で，静置中あるいは運搬・打込み・締固め中に分離する現象．水が表面に上昇したり骨材や鉄筋の下にたまる**ブリーディング**〔bleeding〕，骨材の沈下（軽粒は上昇）や転がり出しなどが主なものである．ブリーディングは，普通の場合打込み後2~4時間で終る．

ワーカビリティー〔workability〕：コンシステンシーおよび材料分離に対する抵抗性の程度を示す性質．形容詞は**ワーカブル**〔workable〕．

プラスティシティー〔plasticity〕：容易に型に詰めることができ，型を取り去るとゆっくり形を変えるが，崩れたり，材料が分離したりすることのない性質．形容詞は**プラスティック**〔plastic〕．

フィニッシャビリティー〔finishability〕：仕上げの容易さの程度を示す性質．

ポンパビリティー〔pumpability〕：ポンプによるコンクリートの圧送の容易さの程度を示す性質．

3. ワーカビリティーは，セメントの粉末度，粗骨材の最大寸法（図-9.1），

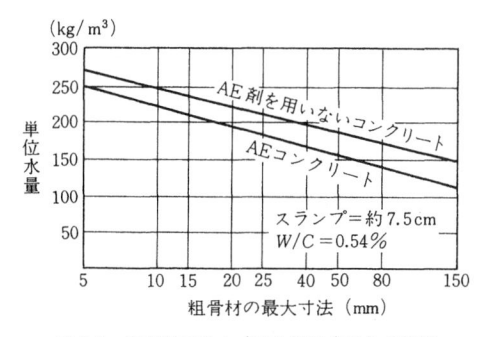

図-9.1　粗骨材の最大寸法と単位水量との関係
　　　　（コンクリートマニュアル）

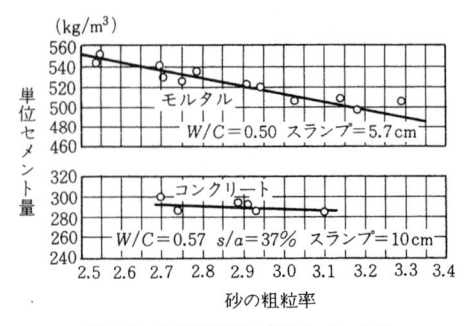

図-9.2 砂の粗粒率と単位セメント量
(コンクリートマニュアル)

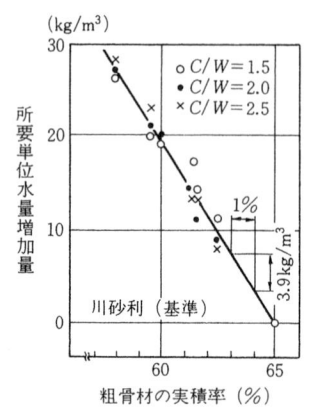

図-9.3 粗骨材の実積率と所要単位水量増加量との関係(山本泰彦)

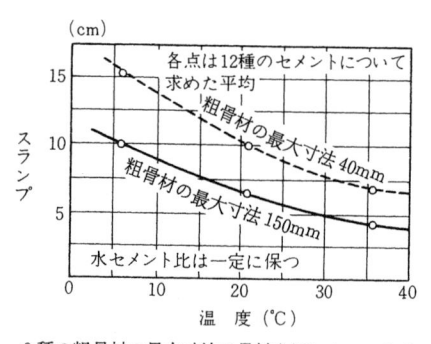

図-9.4 温度とスランプとの関係(コンクリートマニュアル)

細骨材の粒度(図-9.2),粗骨材粒の形状(図-9.3),混和材料の種類と使用量,コンクリートの配合(表-9.10),温度(図-9.4)等によって変化する.特にAE剤,減水剤,AE減水剤や高性能AE減水剤は,ワーカビリティーの改善に有効である.

コンシステンシーの測定方法としては,軟練り〔wet consistency〕の場合スラ

F-43 フランスで欄干の取付け中にバルコニーが崩落し,取付け作業中の作業員および落下してきた欄干に頭を直撃された地上の作業員がともに死亡.上側にあるべき鉄筋が下側に誤配置されたため.

9.2 性質

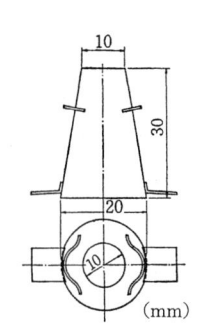

図-9.5 スランプコーン
(スランプ 0.5cm 単位)

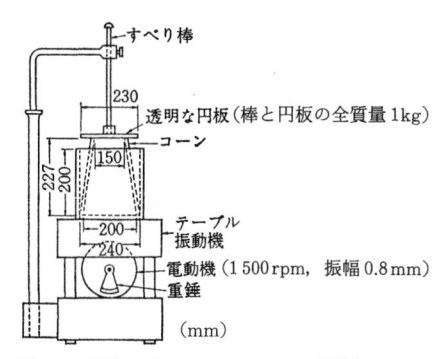

図-9.6 振動台式コンシステンシー試験機
(舗装用,沈下度 秒)

ンプ試験〔slump test〕(図-9.5), 硬練り〔dry consistency, stiff consistency〕の場合振動台〔vibrating table〕式コンシステンシー試験(土木学会規準 JSCE-F501)(図-9.6), 超軟練りの場合スランプ試験後の試料の広がりの直径を測定するスランプフロー試験〔slump flow test〕が一般に用いられている.

材料分離に関連する定量的な試験方法としては, ブリーディング試験, コンクリートの洗い分析試験〔washing analysis〕などがあるが, 一部の現象に限られていたり, 一般的な試験方法とはいい難い面を有している. したがって, ワーカビリティーを測定するための実用的に満足な試験方法はないといってよいが, スランプ試験の後, コンクリートの側面を叩き崩れ具合をよく観察すると, 材料分離も含めたコンクリートのワーカビリティーについて, 総合的に定性的な判断をすることが可能となる.

Ⅰ-24 川口寅之輔博士は発明を生む手法として, 連想法・組合せ法・観察法・欠点逆用法・自然現象探究法・チェックリスト法・帰納法・廃物利用法をあげている.

Ⅰ-25 高炉は高温・高圧で連続操業しているため内壁の耐火レンガの損傷が激しく, これを補修する作業は大がかりなものとなっていたが, 耐火物・軟火点 200℃ 以下のピッチおよび油の混合物を, 特殊ノズルで高炉内壁に吹き付けて簡単に補修する工法が我が国で開発された.

4. 材料分離の結果として見られる欠陥としては，次のようなものがある．

レイタンス〔laitance〕：ブリーディングに伴い，コンクリートの表面に浮き出て沈殿した物質．多孔質となる場合もある．セメントおよび細骨材の微粒子から成り，弱くて打継面の弱点となるので，除去する必要がある．水中コンクリート（9.4.6）でコンクリートを水中落下させると，極端な材料分離を起して上面にレイタンス状のものが堆積する．

豆板（蜂の巣・**ジャンカ**）〔honeycomb〕：モルタル部が極めて少なく粗骨材の存在が目立つ欠陥で，強度不足，鉄筋の錆，漏水等の原因となる．

5. ブリーディングを少なくするには，単位水量を少なくすること（AE剤・AE減水剤・減水剤等の使用を推奨），**エントレインドエア**を連行すること（AE剤・AE減水剤等の使用を推奨），ポゾランや高炉スラグ微粉末のような微粉末を混和すること，適当な粒度の骨材を用いること，車運搬時には必要に応じアジテート（かくはん）すること，ブリーディング水その他の水を排除した後でなければコンクリートを打ち込まないこと，柱・橋脚等高い構造物にコンクリートを打ち込む時は上部ほど硬練りとすること（実際にこのような手段を実施することは困難な場合が多い），過度の振動締固めをしないこと（実際にこのような心配を要することは少ない）などが有効である．

粗骨材の転がり出しや豆板を防ぐには，粗骨材の最大寸法を小さくすること，粒度の荒い細骨材を用いないこと，単位骨材量を少なめにすること，単位水量を過大とせず適切なコンシステンシーを有するプラスティックなAEコンクリート

F-44 米国で直径約83m，高さ約30mのLNG貯蔵タンクを建設中，アーム長90mクレーンが倒れて作業員が4名即死，2名重傷，2名軽傷．

F-45 RC杭で支えたRCフーチングが杭支持部付近から破壊．杭の位置が外側にそれてしまい無筋コンクリート部分にせん断力の作用したことが原因．

F-46 米国で直径30m以上のスラッジ消化用PCタンクがPC鋼線破断により破壊．ダイス引抜きにより約$700 N/mm^2$の応力下で3.6mm径とされたPC鋼線が錆びて，液体圧に耐えられなくなったことが原因．

9.2 性質

とすること，積卸しの際にはできるだけ鉛直方向に動かすこと，ホッパ〔hopper〕やバフルプレート（せき板）〔baffle plate〕を適切に用いること．運搬または打込み中に材料分離を認めた時には練り直して均一なコンクリートとすること，コンクリートポンプ〔pump〕を用いた圧送が多用されるようになってきたが，余り軟練りとしないでも施工できる機種の選定，AE剤や減水剤等の使用による単位水量の減少，2～3%多めにした細骨材率の採用などに留意すること，コンクリートプレーサ〔placer〕を用いて圧送する場合には適当な機種を選定するとともにせき板の利用や単位セメントペースト量の増大などに留意すること，シュート〔chute〕特に斜め〔inclined〕シュートは粗骨材を分離させやすいので使用に際しては傾き，適当なせき板，ホッパの使用等に留意すること，車運搬に際しては必要に応じアジテートすること，打込みに際してはコンクリートをある個所に山のように卸したのち移動するようなことはできるだけ少なくして60～100 cmの範囲にとどめること，1.5m以上の高さから投下しないこと，狭い型枠にコンクリートを打ち込む場合には，コンクリートの落下時に鉄筋や型枠に当ててモルタルを付着させたり，はやい速度で型枠内に斜め方向にコンクリートを供給することを避けること，車でスラブのコンクリートを打ち込む場合は前へ進みながら打ち込むようなことをしないこと，傾斜面上に打ち込む場合は低い方からとすること，原則として型枠のすみまたは端から中央に向ってコンクリートを打ち込むことなどが有効である．

6. AEコンクリート中のエントレインドエアがコンクリートに与える種々の好影響については，既に述べたとおりである．もっとも，空気量の増大とともに

I-26 高炉の炉頂圧を応用した高炉ガスタービン発電やコークスの冷却熱を利用したコークス発電等の省エネルギーを考えた技術開発が鉄鋼界でなされつつある．

I-27 たまたま明治18年専売特許条令発布せられたり．その布告を見て欣然としておもえらく「これあるかな」これすなわち，太平洋に島を築くと同様なる事業を奨励する条令なり．架空的不可能事に苦心するの愚をなさんよりは，一生を通じてこの発明事業に没頭するにしかずと．ここに漸く方針を定め発明に志したる次第なり．——豊田佐吉「発明私記」

強度が減少するといった悪影響もあるので、適切な空気量が定められている（表-9.10）．空気量は、AE剤の種類と使用量（実用範囲ではほぼ正比例），セメント・ポゾラン・その他の微粉末（細かい程また量が増加する程減少），細骨材の粒度（空気連行能力は $0.3 \sim 0.15$ mm で $45 \sim 50\%$，$0.6 \sim 0.3$ mm で $30 \sim 35\%$ と大きく 0.15 mm 以下ではほとんど無効）と量（ほぼ正比例），練混ぜ効果（練混ぜ時間で例示すると最初急増し，大体 $3 \sim 5$ 分で最大となり，その後徐々に減少），コンクリートの温度（高い程減少，大体 $10℃$ につき $1 \sim 2\%$），取扱い（運搬・練直し，打込み，締固めにより減少）等によって影響される．空気量の測定方法としては，JIS A 1116，JIS A 1118（図-9.7），JIS A 1128（図-9.8）の3方法があるが，JIS A 1116 はあまり実用されていない．

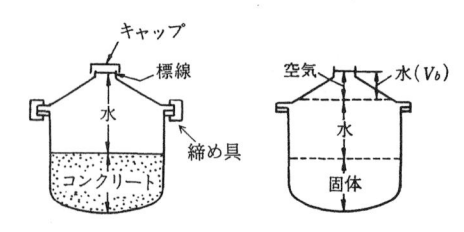

図-9.7 空気量の測定（容積方法）

7. コンクリートに対して振動締固め効果が期待できるのは，一般に JIS A 1147 に規定されている**プロクター貫入抵抗試験**〔proctor penetrometer test〕による始発（3.5 N/mm^2，500 psi）以前であることが認められており，このプロクター凝

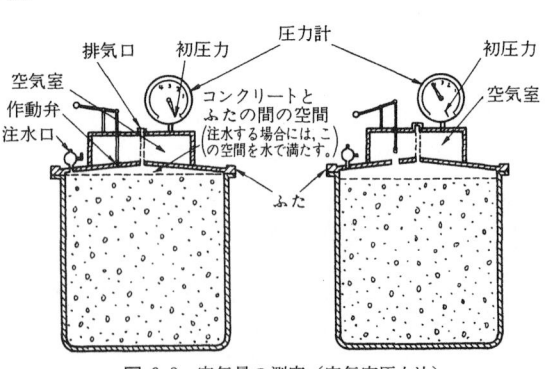

図-9.8 空気量の測定（空気室圧力法）

F-47 コルゲート鋼を用いたパイプ・カルバート・アーチ等の事故例は内外で少なくない．周囲の土砂の全体的な協力があって初めて土圧に耐える薄板鋼造であるから，土砂が均等に埋戻されていないこと，不同沈下を起すこと，基礎が軟弱であるのに杭打ちその他を怠ること，ストラットが必要なのに設けないことなどの原因があると，全体的に崩壊するおそれがある．

結始発を**振動限界**といっている.

8. 硬化前のコンクリートに生じる初期ひび割れとしては,打込み後1～2時間以内に表面近くの鉄筋や大きい粗骨材に沿って生じる**沈下**〔settling〕**収縮ひび割れ**（コンクリートの沈下収縮を局部的に阻止することが原因,幅3mm,深さ5cmといった大きいひび割れとなることもある）と,風が強くて乾燥気味の暑中などに仕上げ面に浅く生じる**プラスティック収縮ひび割れ**（急速な乾燥が原因,乾燥を防げばよい）がある.両者とも発見が早ければ,**再仕上げ**によって消失させることができる.

9.2.2 硬化コンクリート〔hardened concrete〕の性質

1. **コンクリートの質量**は,主として用いる骨材の密度によって変化する.粗骨材の最大寸法,配合,乾燥の程度等によっても異なるが,普通骨材を用いた場合 2.2～2.4 t/m^3（マスコンクリートのように骨材量の多い場合 2.5 t/m^3）,人工軽量骨材を用いた場合 1.5～1.7（普通骨材を一部用いた場合～2.0）t/m^3,重量骨材を用いた場合 3.0～5.0 t/m^3 である.質量は設計計算に用いる際必要であるが,強度との関連を例示すると図-9.9のとおりである.

2. **圧縮強度**〔compressive strength〕は,硬化コ

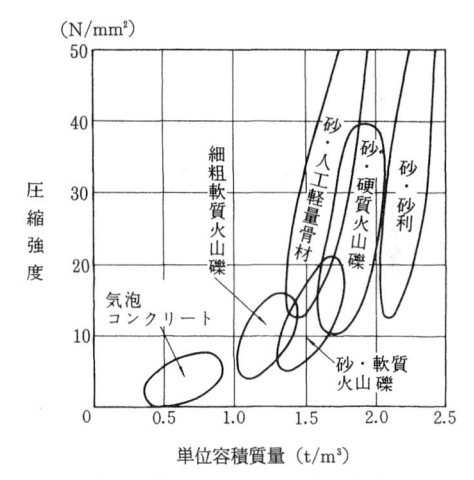

図-9.9 各種骨材コンクリートの単位（容積）質量と圧縮強度との関係（小阪義夫）

Ⅰ-28 窓サッシに穴をあけるという発想の転換により,雨漏りを防ぎながら超高層ビル内に生きた風を導入して年間空調費を大幅に節約するという新技術がわが国で開発された.

ンクリートの性質のうちで最も重要なものであり，単に強度といえば一般に圧縮強度をさす．これは，コンクリートは原則として圧縮強度が最も必要なところに用いられることと，圧縮強度以外の諸強度や耐久性，その他の諸性質が，大体圧縮強度から判断できることによっている．

3. 圧縮強度は一般に，**標準養生**〔standard curing〕を行った場合の4週強度を基準とする．これは，湿潤状態に置いておくとコンクリートの圧縮強度が材齢〔age〕とともに増大することは確かであるが，湿潤状態を長期に保つことを期待するのは多くの場合困難であること，4週湿潤養生を実施できない場合でも雨その他によって結局はその程度の湿潤養生効果を一般に期待できること，湿潤状態に保つという点では一般に現場コンクリートの方が現場に放置された供試体コンクリートより有利な条件下にあることなどによる．ただしダムコンクリート等のように長期間の湿潤養生が期待できる場合は，材齢13週の圧縮強度を基準とする．

コンクリート工場製品は，**促進養生**を行うことがほとんどであるし，一般に水セメント比の小さい配合を用いるので強度の発現が早期にほぼ終了すると見なせることが多い．したがって，部材厚が45cm以上といったマッシブな場合を除いて，一般に材齢2週の圧縮強度を基準としている．オートクレーブ養生その他の特に急速な促進養生を行う場合は，もっと早期の材齢における圧縮強度を基準としてよいことは当然である．

4. コンクリートの圧縮強度に影響を及ぼす要因は次のとおりである．
   i) 材料；セメント（図-9.10）・骨材（図-9.9，表-9.1）・水・混和材料
   ii) 配合；セメント水比またはセメント空隙比（後出），空気量（図-9.11），

F-48 米国のホテルで，アルミニウム導管をコンクリート中に埋め込んだ所にひび割れとはげ落ちを生じた．異種金属である鉄筋との間に流れる電流や漏電のために起る電食が主原因．

F-49 I形のポストテンション桁で桁架設を終了した後，突縁の片側に多数のひび割れを発見．架設時に桁を傾けたこと，片側だけに直射日光を受けたため横方向に偏心モーメントを受けたことなどが原因と推測された．

粗骨材の最大寸法（図-9.12）等
ⅲ）施工方法；練混ぜ（表-9.2），締固め，養生（図-9.13）
ⅳ）材齢（図-9.10）

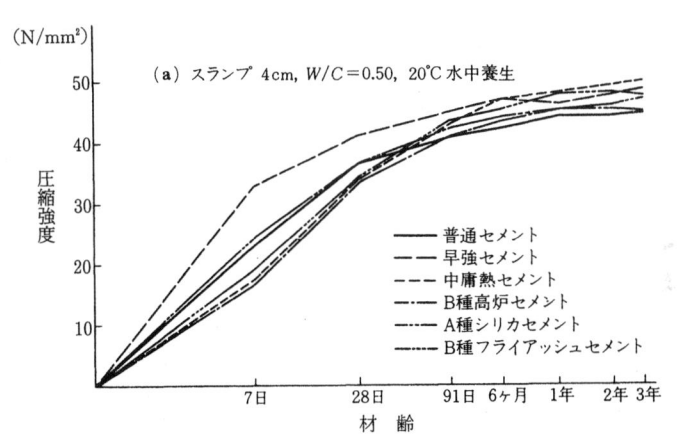

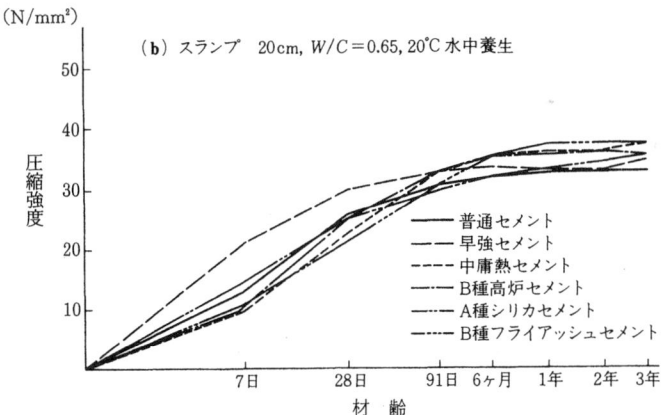

(a) スランプ 4cm, $W/C=0.50$, 20℃水中養生

── 普通セメント
─ ─ 早強セメント
---- 中庸熱セメント
─・─ B種高炉セメント
─‥─ A種シリカセメント
─・・─ B種フライアッシュセメント

圧縮強度 (N/mm²)
材齢：7日 28日 91日 6ヶ月 1年 2年 3年

(b) スランプ 20cm, $W/C=0.65$, 20℃水中養生

── 普通セメント
─ ─ 早強セメント
---- 中庸熱セメント
─・─ B種高炉セメント
─‥─ A種シリカセメント
─・・─ B種フライアッシュセメント

図-9.10 材齢と各種セメントを用いたコンクリートの圧縮強度（セメント協会）

表-9.1 砕石コンクリートの強度/砂利コンクリートの強度（横道英雄，林正道，田口雍）

W/C, スランプ一定			セメント量, スランプ一定		
圧 縮	引張り	曲 げ	圧 縮	引張り	曲 げ
1.20〜1.35	1.05〜1.32	1.14〜1.25	0.95〜1.10	1.03〜1.11	1.03〜1.09

（注）粗骨材の最大寸法=40 mm および 20 mm, スランプ=0〜10 cm, $W/C=0.50$〜0.69

表-9.2 練混ぜ時間と圧縮強度との関係（D. Abrams）

コンクリートの種類	ミキサ練混ぜ時間（分）							
	1/4	1/2	3/4	1	1.5	2	5	10
1:4（硬練り）	77	89	95	100	106	112	127	136
1:4（軟練り）	90	95	98	100	103	105	112	118

（注）練混ぜ時間は1分のときの圧縮強度を100とした．粗骨材の最大寸法＝32mm

図-9.11 空気量，圧縮強度，単位水量の関係（コンクリートマニュアル）

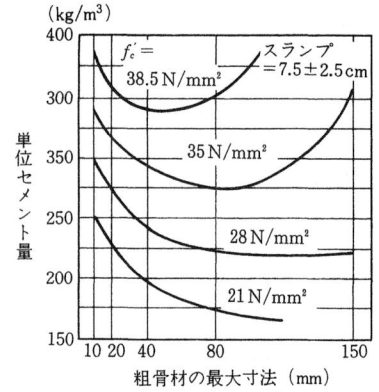

図-9.12 圧縮強度，粗骨材の最大寸法，単位セメント量の関係（コンクリートマニュアル）

v) 乾湿（図-9.14）

vi) 試験方法；供試体の形状や寸法（図-9.15），載荷速度（図-9.16），供試体と載荷板間の摩擦（図-9.17）

以上のうち，vi) のコンクリートが全く同じものであっても異なる強度を示すという性格を有することには，注意しなければならない．

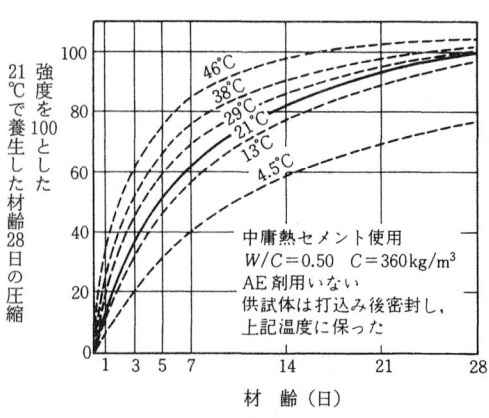

図-9.13 養生温度，圧縮強度，材齢の関係（コンクリートマニュアル）

9.2 性質

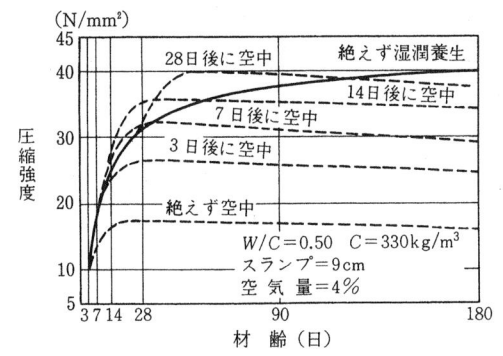

図-9.14 乾燥がコンクリートの圧縮強度に及ぼす影響(コンクリートマニュアル)

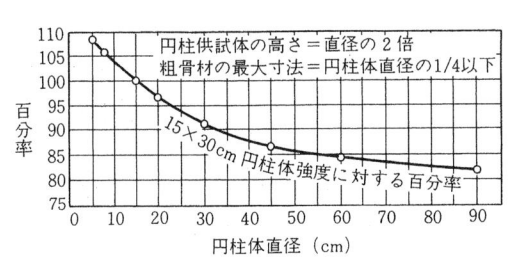

図-9.15 円柱供試体の寸法がコンクリートの圧縮強度に及ぼす影響(コンクリートマニュアル)

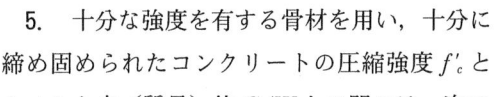

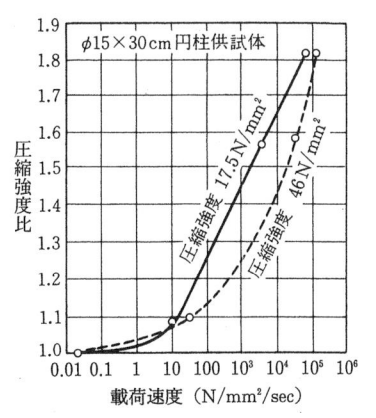

図-9.16 載荷速度と圧縮強度との関係(D. Watstain)

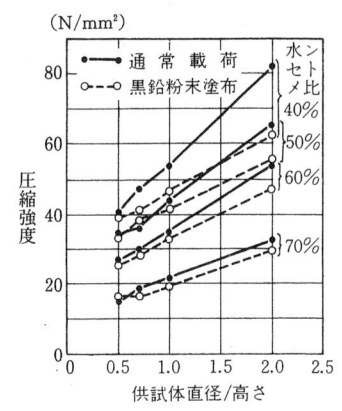

図-9.17 載荷面摩擦と強度との関係(奥島正一・小阪義夫)

5. 十分な強度を有する骨材を用い,十分に締め固められたコンクリートの圧縮強度 f'_c とセメント水(質量)比 C/W との間には,次のような1次式がほぼ成立することが認められている(**セメント水比法則**).

> I-29 干満の差が小さい我が国では潮汐発電を経済的に実施することが不可能といわれてきたが,堤防・ダム・その他を建設して共鳴現象を起させることにより平均潮汐差を 14 m 以上とする新しい着想が,我が国で生まれた.
>
> I-30 雨水を地下に貯蔵する「地下ダム」が,水不足を解決する有力な手段として検討され始めている.地下に水を供給する方法が問題といわれる.

表-9.3 $f'_c=A_1+B_1\cdot(C/W)$ (N/mm²) 式における A_1, B_1 (セメント協会)

セメント	W/C	A_1 7日	A_1 28日	B_1 7日	B_1 28日
普通ポルト	0.5〜0.7 0.4〜0.5	−18.6	−19.5 13.1	21.7	30.0 13.6
早強ポルト	0.5〜0.7 0.4〜0.5	−11.7	−10.8 22.2	22.5	27.9 11.3

(注) スランプ 5〜21cm, セメントは市販品 ('66)

表-9.4 $f'_c=K[A_2\cdot(C/W)+B_2]$ 式における A_2, B_2

セメント	W/C	A_2	B_2	備考
普通早強ポルト 混合A種 混合B種	0.4〜0.7 0.4〜0.65	0.61	−0.34	旧 JASS
新鮮ポルト	0.4〜0.7	0.70	−0.41	セメント協会*

(注) スランプ 7.5〜10cm

$$f'_c = A_1 + B_1 \cdot \frac{C}{W} \quad (A_1, B_1 \text{は定数}) \quad (\text{表-9.3})$$

スランプを広範囲に変えても,強度と C/W の間の関係はほとんど変らないことが確かめられている.日本建築学会およびセメント協会では,JIS R 5201 によるセメントの規格圧縮強度 K を用いた次のような式も示している.

$$f'_{c28} = K(A_2 \cdot \frac{C}{W} + B_2) \quad (A_2, B_2 \text{は定数}) \quad (\text{表-9.4})$$

セメント水比のセメントとして水和したセメントを採ると,コンクリートの圧縮強度とセメント水比の間の直線式が材齢に関係なく定まることが見い出されている(図-9.18).

AEコンクリートでも空気量が一定であれば上述のような関係が成立するが,空気量が変る場合はセメント水比の代わりにセメント空隙比 c/v (c はセメント

F-50 米国で吊桁部分を架設中,片側定着部分のコンクリート型枠が崩壊し打込み直後のコンクリート約 230m³ が落下し2名死亡,数名負傷.コンクリートを運搬していたベルトコンベヤが切れて型枠支保工を破壊し,型枠保持用タイボルトのゆるんだことが原因と推測された.

9.2 性質

表-9.5 セメント空隙比と圧縮強度 (セメント協会)

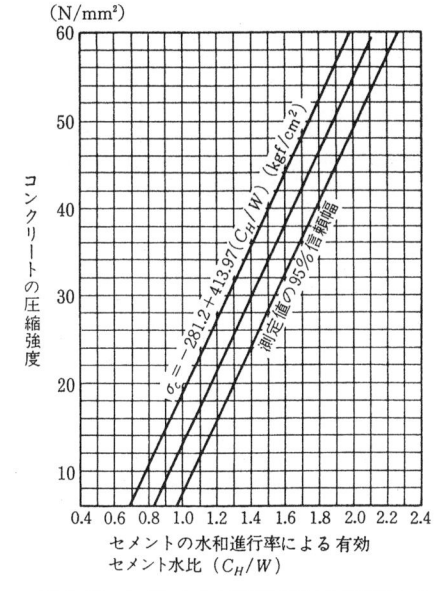

スランプ (cm)	セメント	W/C	単位量 (kg/m³)		空気量 (%)	圧縮強度 (N/mm²)		c/v
			W	C		7日	28日	
12	普通	0.40	160	400	3.8	29.2	41.6	0.64
		0.50	157	314	4.2	21.3	34.7	0.50
		0.60	157	260	4.2	15.4	26.2	0.42
	早強	0.40	163	408	4.0	35.8	44.0	0.64
		0.50	158	315	4.0	30.3	39.3	0.51
		0.60	156	261	4.1	23.3	32.4	0.42

の絶対容積，vは水と空気の絶対容積の和）をとると，次のような1次式のほぼ成立することが認められている（**セメント空隙比法則**）（表-9.5）．

$$f'_c = A_3 + B_3 \frac{c}{v}$$

（A_3，B_3は定数）

6. W/Cが一定の場合，空気量1%当りの圧縮強度低下率は4～6%とされている．一般に圧縮強度低下率は，スランプと単位セメント量を一定とした場合，粗骨材の最大寸法が小さくなると減少し，スランプだけを一定とした場合，単位セメント量を少なくすると減少する．

図-9.18 セメントの水和進行率による有効セメント水比とコンクリートの圧縮強度との関係（関慎吾・笠原清・栗山武雄・河角誠）

I-31 雨水を地下にしみ込ませることにより水はけをよくして，下水道施設を軽減すること，地下水を増やすこと，地盤沈下を防ぐこと，街路樹の育成に役立たせることなどの利点を得ようとして，透水性舗装の研究が盛んに行われている．

7. 一般によく練り混ぜるほど，セメントと水のなじみが良くなるので強度は大きくなる．したがって，重力式ミキサより強制練りミキサを用いた方が，また練混ぜ時間は長くした方が，強度は大きくなる．この傾向は貧配合および硬練りとなるほど著しい（表-9.2）．

締固めは一般に振動機によってなされるが，硬練りになるほど強力な振動機を用いる必要がある．硬練りコンクリートで振動締固めを行った場合には，突き固めた場合と比べて 30% も強度が上昇したという実験例も報告されている．なお過度に締め固めると，材料分離が起る．

8. 湿潤状態に保っておくと，材齢 (t) とともにセメントの水和作用が進み，コンクリートの強度 (f'_c) は大体次式で表せるように増進する．

$$f'_c = A_4 \log t + B_4$$

（A_4，B_4 は定数）

また適当な範囲では，養生温度 (θ) が高いほど初期強度 (f'_c) は高い．

次式で示す**積算温度** (M) を用いると，便利なことが多い．

$$M = \sum_{}^{t} (\theta + 10) \Delta t$$

ここに，θ：Δt 時間中のコン

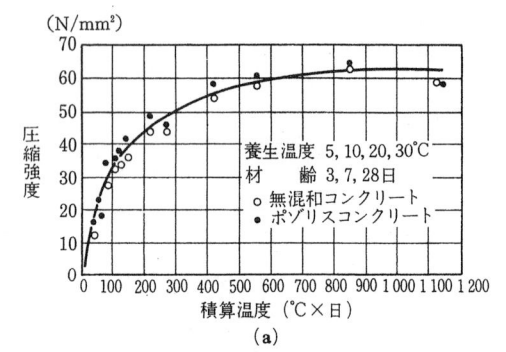

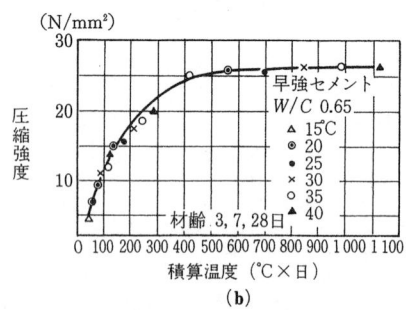

図-9.19 積算温度とコンクリート強度（(a)三浦一郎・杉木六郎，(b) 高野俊介・渡辺嘉香・原田金造・門田宗一（整理：杉木六郎））

F-51 2径間連続の RC ラーメンのカルバートで，設計土かぶり以下の土を盛って仮使用していたところ，中央の柱が折れ，頂版が落下して下を通行していたミキサ車の後部車体をつぶした．中央の柱上部に作用する水平力を 1/2 に算出した設計上のミスと，打設されたコンクリートの強度が設計基準強度の 1/2 であった施工上のミスの重なったことが原因．

9.2 性質

クリート温度（℃），Δt：時間（日または時）

M は普通 ℃・日または ℃・時で表されるが，強度 (f'_c) との間には図-9.19 のような関係の成立することが認められている．

コンクリートの打込み温度は，凍らない範囲で，低い方が4週強度でも有利な結果が得られるという試験結果が報告されているし（表-9.6），一般に長期強度という見地からいうと，高温養生は有利な結果を与えないといえる（図-9.20）．

9. フレッシュコンクリートは約 -3℃で凍結する．-10℃までは水和作用が起るが非常に小さいこと，凍結した場合の強度は大きいこと，凍結しても融解して適切な温度で養生すると強度を発現するが，凍結しない場合と比べて強度発現が阻害されることなどが明らかにされている（図-9.21）．コンクリートがある程度硬化した後においては，凍結して

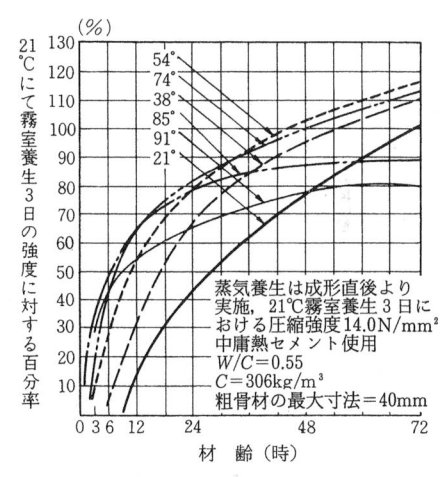

図-9.20 93℃以下の温度で蒸気養生した場合の初期材齢のコンクリート圧縮強度（コンクリートマニュアル）

表-9.6 成形，養生時の温度条件がコンクリートの圧縮強度に及ぼす影響（セメント協会）

強度の順位	夏期			冬期		
	成形	養生	温度条件	成形	養生	温度条件
1	20℃	屋外水中	低温→高温	屋外	標準	低温→高温
2	20℃	標準	低温→低温	20℃	標準	高温→高温
3	屋外	屋外水中	高温→高温	20℃	屋外水中	高温→低温
4	屋外	標準	高温→低温	屋外	屋外水中	低温→低温

I-32 LD 炉の作業効率化と熱バランスの向上に画期的な改善を加えた OG 法（LD 炉の開口と回収フードとの間隙部分を窒素ガスによって密封し，発生する CO を回収し燃料として活用する上吹き転炉排ガス未燃焼回収法，後に間隙部分をわずかにマイナス圧とするよう改善）の特許出願は，1958 年我が国によってなされ，多数の外国特許を獲得するとともに世界各国への技術輸出が行われた．

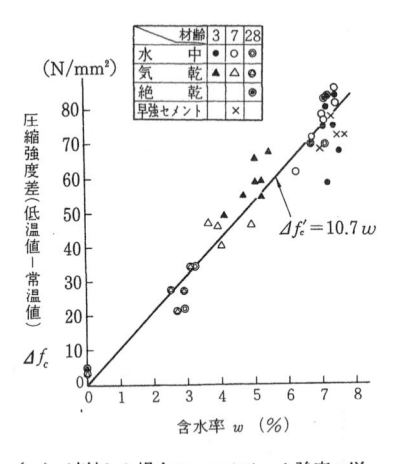

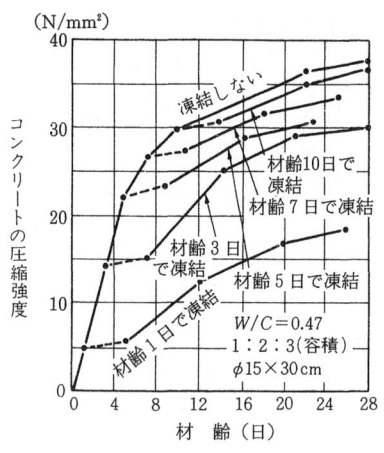

(a) 凍結した場合のコンクリート強度の増大（後藤幸正・三浦尚・阿部喜則）

(b) 凍結がコンクリートの圧縮強度に及ぼす影響（C. Wiley）

図-9.21 凍結したコンクリートの圧縮強度

も初期凍害を実用的には受けないといってよい．

10. 養生温度を高くすると，初期強度は顕著に高くなるが，その後の強度増進は少ない（図-9.20）．あるコンクリートの強度を最大限に発現させるという見地からいうと，最適の蒸気養生温度は 55～75℃ である．コンクリート製品関係の JIS では，蒸気養生の最高温度を 65℃ としているものが多い．蒸気養生サイクルは図-9.22 に示すとおりであって，**前置時間を 2～3 時間とることが推奨されている**．しかし，W/C を 0.24～0.28 と小さくすること，**ホットコンクリート**とすること，圧力養生を行うことなどによって，短縮できることが確かめられる．

11. コンクリート中に常温で形成されるところの一般にトベルモライトと呼ばれる水和物 $3CaO \cdot 2SiO_2 \cdot 3H_2O$ は，圧力 $1.0\,N/mm^2$・温度 180℃ のもとで一般に実施される**高温高圧養生**下では水熱反応を起し，いわゆる「オートクレーブ

F-52 橋梁支承部では測量や桁寸法の不正確によって生じる支持部から縁端までの距離不足，補強不足，地震時その他の水平力に対するせん断抵抗不足等が原因となって，変状破壊を生じた例が多い．原則的にいってロッカー支承などよりゴム支承の方が誤差を吸収しやすいだけでなく，架設時の落下事故を防ぐ意味で有利である．

9.2 性質

〔autoclave〕養生により生成された安定なトベルモライト」である $5CaO \cdot 6SiO_2 \cdot 5H_2O$ を生じる．このことが，オートクレーブ養生により $80 N/mm^2$ 以上といった高強度の得られる一理由である．

12. 強制練りのホット〔hot〕ミキサ（羽根から直接蒸気を吹き込んで $40 \sim 60°C$ のコンクリートを造るミキサ，図-9.23）を用いて造ったホットコンクリートを引き続いて蒸気養生した場合，練混ぜ後

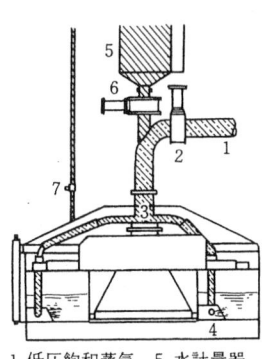

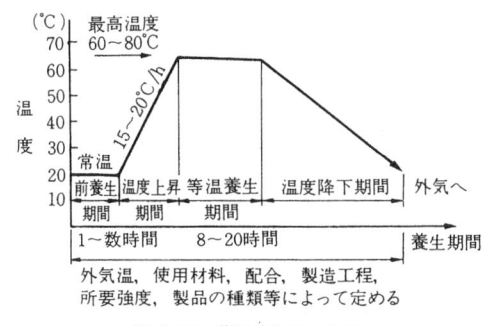

図-9.22 蒸気養生サイクル

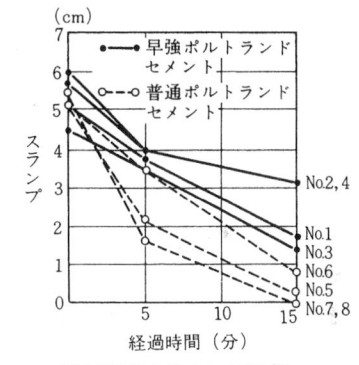

1 低圧飽和蒸気　5 水計量器
2 自動蒸気弁　　6 気密水弁
3 分配弁　　　　7 水分補正用弁
4 ノズル（心から蒸気が噴出）

図-9.23 ホットミキサ

図-9.24 時間経過によるホットコンクリートのスランプ低下（仕入豊和・地濃茂雄）

I-33 火力・原子力発電所で，発電用タービンを回したあとの蒸気を凝縮させるために大量の海水を用いるが，黄銅製の復水器管が侵食されて困っていた．この原因は海水中に混入した細砂による機械的すりへりだけでなく，黄銅面にできる局部電池作用による溶出作用にもよることが判明したので，水酸化鉄の膜を厚くして侵食を押えるための鉄イオンを供給する方法が我が国で開発された．

3～4 時間で 8～10 N/mm^2 といった強度が得られており，建築用大型板，その他のコンクリート製品の製造に応用されている．ホットコンクリートはスランプ低下が著しいので注意する必要がある（図-9.24）．

13. 圧縮試験用のコンクリート標準供試体〔standard specimen〕としては，一般に高さが直径の 2 倍である円柱が用いられている（JIS A 1132）．現場コンクリートから切り取ったコア供試体などでは高さの小さい場合もあるが，この場合には強度が大きく出るので，表-9.7 のような補正係数をかけて換算することになっている．なお高さが直径の 2 倍の供試体でも寸法が小さいほど強度が大きくなるといわれてきたが，ϕ15×30cm および ϕ10×20cm の供試体を用いたセメント協会の広範な試験結果によると，両者から求めた強度はほとんど同じであることが確かめられている．また，これの裏付けも得られているので，粗骨材の最大寸法が円柱供試体の直径の 1/3 以下すなわち 100/3 mm 以下の場合は，これまで広く用いられてきた ϕ15×30cm の供試体にかえて，ϕ10×20cm の供試体を用いることが多くなってきた．

表-9.7　圧縮強度の補正係数（JIS A 1107）

高さと直径との比 (h/d)	補 正 係 数
2.00	1.00
1.75	0.98
1.50	0.96
1.25	0.93
1.00	0.87

14. 円柱供試体の端面仕上げが強度に及ぼす影響も大きく，0.15mm 凸の場合最大 30%，凹の場合最大 5% の低下を示したという実験結果も報告されている．したがって，JIS A 1132 では載荷面の平面度は直径の 0.05% 以内であることを規定している．その他載荷速度が遅いほど，また供試体と載荷板間の摩擦が小さいほど，強度の小さくなることが確かめられているので，規格の定める所に従って試験を行う必要がある．

F-53　2 段以上配置される鉄筋群において，鉄筋位置がずれたためコンクリートの充填不良となることが多い．重ね継手の場合は鉄筋がこむことと接合作用を付着強度に頼っているため特に注意する必要がある．鉄筋に直接振動機を接触させることは充填を良くするのに有効であるが，PC 鋼材を収容するシースの場合は振動機によってシースを破壊したり，シース内にモルタルが侵入したりすることがあるので，直接振動機を接触させることは危険である．

9.2 性質

15. コンクリートの（純)**引張強度**および**曲げ（引張）強度**はおのおの圧縮強度の大体 1/10〜1/14 および 1/5〜1/8 であり，この比は圧縮強度の大きいコンクリートほど小さい．圧縮強度と引張強度の比を脆度係数という．円柱供試体を側方から圧縮して引張強度を求める**割裂引張強度試験**方法は我が国で発案されたものであり，JIS A 1113 に規格化されている．

曲げ強度は舗装コンクリートにおいて重要視されるものであり，JIS A 1106 に規格化されている．鉄筋との付着強度は重要なものであり，引抜き試験が一般に行われている．JIS に定められた異形鉄筋を用いる限り，鉄筋との付着強度は一般に十分であることが確かめられている．

16. 供試体から求めるコンクリートの**ヤング係数**としては，静的載荷の応力〜ひずみ図で実用的に直線とみなせる範囲（強度の約 40% まで）から求めた静弾性係数 E_c と，共鳴振動数や音速から求めた動弾性係数 E_d がある．E_d は耐久性試験等一般に非破壊試験で活用されているが，E_c は示方書・仕様書類に定められた値（応力が大きい時の割線弾性係数を含む）の方がよく活用されている．最近は骨材の品質低下が主原因となって，コンクリートのヤング係数は小さくなりつつあり，実測値は従来の文献に示される値より小さく出ることが多い．

17. 膨張材を用いた時に起るような化学変化による**体積変化**を別にすると，硬化コンクリートに体積変化を生じる主原因は，乾湿と温度変化である．前者による**収縮ひずみ**の最大値は $(5〜6) \times 10^{-4}$ 程度であり，設計では $(1.2〜4.0) \times 10^{-4}$（屋内では $(1.3〜7.3) \times 10^{-4}$）としている．後者については 1℃ について $(7〜13) \times 10^{-6}$ 程度であり，設計では $10 \times 10^{-6}/℃$ としている．

18. 硬化コンクリートに**ひび割れ**が生じるのは，コンクリートの引張強度が小さく，伸び能力が 10^{-4} 程度というように小さいことと，乾燥収縮・温度収縮

Ⅰ-34 他の目的で研究中，偶然観察された現象を追求することにより産まれた大発明は極めて多い．例えば我が国が世界に誇る三島徳七博士のアルニコ磁石は，鉄とニッケルとの合金が加熱冷却の際示す特異現象を研究中に偶然見いだされた．

Ⅰ-35 金属物体を回転させておき，溶接しようとする金属を接触させ回転を急にとめて接合するという摩擦溶接法が，偶然の停電のおかげでソ連で開発された．

・外荷重・化学作用等によって引張応力を生じることが原因となっている．

ひび割れを軽減する対策としては，セメントの水和熱によるコンクリートの温度上昇が小さくなるような材料・配合・施工方法を選択すること，膨張材を混和すること，適当な伸縮目地を設けること，鉄筋が錆びないようにすること，構造物の設計を適切に行うことなどが考えられる．

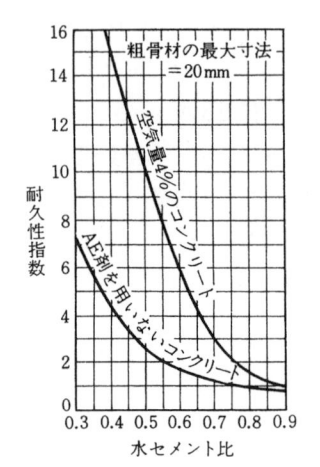

19. コンクリートは一般に耐久的な材料であるとされているが，このために次にあげる種々の**耐久性**に優れていなければならない．

　1. **気象作用**；特に**耐凍害性**（対策：AE コンクリートとすること，W/C を小さくすること（図-9.25），耐久的な骨材を用いること，排水をよくすること）

　2. **酸・硫酸塩（海水を含む）**等の作用に対する耐久性（対策：アルミン酸三カルシウムや水酸化カルシウムを少なくすること，保護工を設けること）

　3. **損食作用**に対する耐久性（対策：コンクリート表面に負圧を生じないようにすること，コンクリート表面を平滑にすること，すりへり抵抗の大きいコンクリートを用いること，保護工を設けること）

　4. **電食作用**に対する耐久性（対策：電気的絶縁に配慮すること，鉄筋が錆びないようにすること，コンクリートに塩類を用いないこと）

耐久性指数 = $\dfrac{\text{供試体破壊までの凍結融解サイクル数}}{100}$

図-9.25 水セメント比と耐久性指数〔durability factor〕との関係（コンクリートマニュアル）

F-54 カナダの地下鉄で，屋根版用のマッシブなコンクリートを打設中支保工が崩落．コンクリートを支える木製組立フレームと支柱の間に斜めブレーシングを欠き，フレーム自身に縦方向移動に備えるブレーシングを欠いたことが原因．

9.2 性 質

5. コンクリート中に塩分が含まれていると，鉄筋に錆が発生する．また，塩化ナトリウムは，アルカリ骨材反応を促す原因ともなる．土木学会では，「フレッシュコンクリート中の全塩化物イオン量は，原則として $0.30 \mathrm{kg/m^3}$ 以下とするが，特殊な場合には上限値を $0.60 \mathrm{kg/m^3}$ としてよい」と定めている．

6. **アルカリ骨材反応**〔alkali-aggregate reaction〕は，反応性の骨材が，水分（高湿度を含む）の存在下で，コンクリート中または外部よりもたらされるアルカリ成分と反応し，異常な体積膨張をし，コンクリートにひび割れを引き起こす反応である．米国では古くから問題とされてきたが，我が国でも問題となってきた．アルカリ骨材反応は，アルカリシリカ反応，アルカリ炭酸塩反応に大別されているが，我が国ではほとんどが**アルカリシリカ反応**である．

アルカリ骨材反応は，骨材自体の反応性のほかに，水セメント比，反応性骨材と非反応性骨材との割合，コンクリート中のアルカリ総量，環境等，種々の要因によっても左右されるものである．きわめて多くの岩石が反応性の鉱物を含んでいるが，こうした種類の岩石を使用した場合にも，被害を生じた例は少なく，使用実績の結果安定性の確認されている骨材を用いてよいのは当然である．使用実績の少ない骨材またはアルカリ骨材反応によると思われるような被害例を示したことのある骨材を使用するにあたっては，**化学的安定性の試験**を行って，総合的に判断するのがよい．

7. **物理的安定性**に関しては，乾湿の繰り返しを受けると著しい体積変化を生じる骨材があり，こうした骨材を用いると，コンクリートに膨張ひび割れやポップアウトを生じる．このような現象を生じる有害鉱物には，モンモリロナ

Ⅰ-36 はんだごての先端を超音波振動子に固定させたものを用いてアルミニウムにはんだづけする技術が，英国で開発された．超音波により溶けたはんだ中で小さい爆発に似た現象が生じ，アルミニウム上の安定な酸化皮膜が除去されることを利用．

Ⅰ-37 異種金属を接触させて加熱することにより接合する共晶溶接法が，米国で開発され広範に実用されている．接触部は各金属単独の溶接温度より低温で溶ける現象を利用．

イトやローモンタイトがある．しかし，こうした鉱物は，ほとんどすべての岩石に少量は含有されているものであり，使用実績の結果安定性の確認されている骨材を用いてよいのは当然である．

20. 十分に水和の進んだセメントペーストの**透水係数**は，W/C が 70% というように大きい場合でも 7.5×10^{-10} cm/s というように極めて小さい．粗骨材下面が水を通しやすいことは確かであるが，適当な配合を用い良好に施工されたコンクリートは十分水密的であることが確かめられている．したがって，コンクリート構造物に見受けられる漏水現象は，普通の場合，ひび割れその他の施工欠陥が原因であると判断してよい．

一般に水セメント比が 55% 以下で適当なワーカビリティーのコンクリートを用いて十分締め固めること，設計施工に注意して有害なひび割れの生じるのを防ぐこと，ひび割れが生じるおそれのある時や打継目のある場合は伸び能力のある止水層を設置することなどが，**水密性**を得るのに重要である．特に高度の水密性が要求される場合には，粗骨材の最大寸法を小さくするとともに W/C を小さくすること（図-9.26），AE剤，減水剤，ポゾラン等の適当な混和材料を用いること，湿潤養生を十分にまた可能な限り継続して行うこと，打継目の水密性を確保することなどに配慮する．

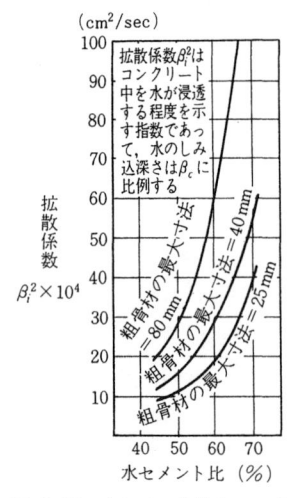

図-9.26 水セメント比とコンクリートの水密性との関係（村田二郎）

F-55 米国で直径 30 m のロケットセル用屋根コンクリートを打設中，三角トラス状支保工が崩落し 90 t のコンクリートが約 75 m 落下．原因はトラス底部弦材に圧縮力に抵抗するよう配置するべきであった横方向ブレーシングを欠いていたため．

9.3 配合設計 〔selection of proportion, design of mix〕

1. **コンクリートの配合**とは，コンクリートを造る時の各材料の割合または使用量をいう．経済性を考えながら，フレッシュコンクリートが適当なワーカビリティーを有し，硬化コンクリートが所要の強度・耐久性を有するように配合を定めることを，**配合設計**という．

2. コンクリートの配合は，一般に次の順序によって定める．
   1. 表-9.8を参考として粗骨材の最大寸法を定める（粗骨材の最大寸法とは，質量で少なくとも90%が通るふるいのうち，最小寸法のふるいの呼び寸法で示される粗骨材の寸法をいう）．一般に粗骨材の最大寸法を大きくすると，所要の単位セメント量を減らすことができるが，取扱いが困難になること，材料分離を起しやすいこと，水密性が悪くなることなどの欠点を生じる．
   2. 表-9.9を参考として，コンシステンシーを定める．締固め手段を考え，

表-9.8 粗骨材の最大寸法（コンクリート標準示方書）

種　　　類	粗　骨　材　の　最　大　寸　法	
鉄筋コンクリート	部材最小寸法の1/5かつ鉄筋の最小水平あきおよびかぶりの3/4を超えない	一般の場合20または25mm，断面の大きい場合40mmを標準とする．
無筋コンクリート	部材最小寸法の1/4を超えない	一般の場合 40mm
舗装コンクリート	一般に40mm以下（空港等では50mmとすることもある）	
ダムコンクリート	一般に150mm程度（RCDでは80mm程度）	
軽量骨材コンクリート	15mmまたは20mm	

Ⅰ-38　送電線が風によって発する騒音を軽減する方法として，送電線に巻き線を付ける方法が我が国で開発された．

Ⅰ-39　コンクリートの圧縮強度は供試体のキャッピングが悪いと大幅に低下し，特に高強度コンクリートや早強コンクリートの場合大きい問題となっていたが，端板を精密仕上げとしたキャッピング不要の横型型枠が我が国で実用化されつつある．

9. コンクリート

表-9.9 コンクリートのスランプに関する規定(コンクリート標準示方書)

コンクリートの種類		スランプ
一般コンクリート	振動打ちの場合	一般の場合5～12cm, 断面の大きい場合3～10cm, 無筋コンクリートの場合5～12cm(断面が大きい時3～8cm)を標準とする。
	高性能AE減水剤を用いたコンクリート	一般の場合12～18cm, 寸法の小さい部材・複雑な形状の部材・密な配筋の場合15～18cm。
	流動化コンクリート	高性能AE減水剤を用いたコンクリートと同じ。(ベースコンクリートは5～6cm以上で8～12cmが標準, スランプ増大量は10cm以下)
	水中コンクリート	トレミー, コンクリートポンプ13～18cm, 底開き箱・底開き袋10～15cm, 場所打ち杭および地下連続地中壁に使用する場合15～21cm。
舗装コンクリート		一般の場合, 沈下度で30秒(スランプでは2.5cm)程度。
ダムコンクリート		40mmふるいでウェットスクリーニングして測定した値で, 2～5cm程度。

表-9.10 コンクリートの単位粗骨材容積, 細骨材率および単位水量の概略値

粗骨材の最大寸法 (mm)	単位粗骨材容積 (%)	空気量 (%)	AEコンクリート			
			AE剤を用いる場合		AE減水剤を用いる場合	
			細骨材率 s/a (%)	単位水量 W (kg)	細骨材率 s/a (%)	単位水量 W (kg)
15	58	7.0	47	180	48	170
20	62	6.0	44	175	45	165
25	67	5.0	42	170	43	160
40	72	4.5	39	165	40	155

(1) この表に示す値は, 全国の生コンクリート工業組合の標準配合などを参考にして決定した平均的な値で, 骨材として普通の粒度の砂(粗粒率2.80程度)および砕石を用い, 水セメント比0.55程度, スランプ約8cmのコンクリートに対するものである。
(2) 使用材料またはコンクリートの品質が(1)の条件と相違する場合には, 上記の表の値を下記により補正する。

区分	s/a の補正(%)	W の補正
砂の粗粒率が0.1だけ大きい(小さい)ごとに	0.5だけ大きく(小さく)する	補正しない
スランプが1cmだけ大きい(小さい)ごとに	補正しない	1.2%だけ大きく(小さく)する
空気量が1%だけ大きい(小さい)ごとに	0.5～1だけ小さく(大きく)す	3%だけ小さく(大きく)する
水セメント比が0.05大きい(小さい)ごとに	1だけ大きく(小さく)する	補正しない
s/a が1%大きい(小さい)ごとに	――	1.5kgだけ大きく(小さく)する
川砂利を用いる場合	3～5だけ小さくする	9～15kgだけ小さくする

なお, 単位粗骨材容積による場合は, 砂の粗粒率が0.1だけ大きい(小さい)ごとに単位粗骨材容積を1%だけ小さく(大きく)する。

9.3 配合設計

十分に締め固めることのできる範囲で、できるだけ硬練りとする.

3. 表-9.10 を参考として、空気量〔air content〕・単位水量〔unit water content〕・細骨材率〔sand percentage〕(単位粗骨材容積) を定める.

4. 試し練りを行ない、表-9.10 の修正表によって修正しながら、配合を定める.

5. 水セメント比を変えて造ったコンクリートについて強度を求め、C/W-f'_c 直線を書いて所要の強度に相当する W/C を求める. 耐久性(表-9.11)、水

表-9.11 AE コンクリートの耐凍害性をもととして水セメント比を定める場合の最大の水セメント比(%) (コンクリート標準示方書)

構造物の露出状態 \ 気象条件 \ 断面	気象作用が激しい場合または凍結融解がしばしば繰返される場合		気象作用が激しくない場合、氷点下の気温となることがまれな場合	
	薄い場合[*2]	一般の場合	薄い場合[*2]	一般の場合
(a) 連続して、あるいはしばしば水で飽和される部分[*1]	55	60	55	65
(b) 普通の露出状態にあり(a)に属さない場合	60	65	60	65
ダムコンクリート		60		65

(注) [*1] 水路、水槽、橋台、橋脚、擁壁、トンネル覆工などで水面に近く水で飽和される部分、およびこれらの構造物のほか、けた、床版などで水面から離れてはいるが、融雪、流水、水しぶきなどのため水で飽和される部分.
　　 [*2] 断面の厚さが 20cm 程度以下の構造物の部分.

海洋コンクリート	施工条件 \ 環境区分	一般の現場施工の場合	工場製品または材料の選定および施工において、工場製品と同等以上の品質が保証される場合
	(a) 海上大気中	45	50
	(b) 飛沫帯[*1]	45	45
	(c) 海中[*2]	50	50

注:実績、研究成果等により確かめられたものについては、耐久性から定まる最大の水セメント比を、表の値に 5〜10 程度加えた値としてよい. また、無筋の AE コンクリートについては、表の値に 10 程度加えた値としてよい.
　 [*1] 融氷剤を用いることが予想される場合もこれに準じる.
　 [*2] 0.2% 以上の硫酸塩を含む土や水に接する場合もこれに準じる.

> **I-40** 活性(発生期、原子状態)の窒素を鋼材表面に浸入させることにより、強度および耐摩耗性を高める技術は西独で開発された. また、硬い AlN (窒化アルミニウム) を鋼中に均一に分散させることにより鋼を高強度化する技術は我が国で開発された.

密性（水密性を特に要求されるコンクリートでは，W/C を 0.55 以下とする）等も考え，圧縮強度のばらつきを考えて**割増し係数**（図-9.27）や余裕を取入れた上で，W/C を定める（各条件から求められる W/C のうち最も小さい値をとる．原則として 65% 以下）．単位水量は，粗骨材の最大寸法が 20～25mm および 40mm の場合，それぞれ 175 kg/m³ および 165 kg/m³ 以下とするのがよい．

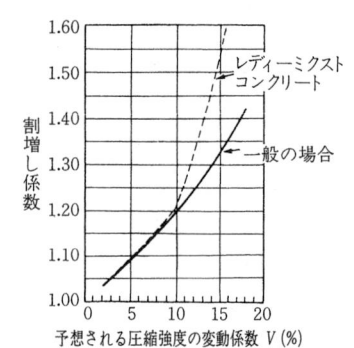

図-9.27 一般の場合の割増し係数

6. 以上の結果をまとめて，**示方配合**〔specified mix〕（骨材は表面乾燥飽水状態であり，粗・細骨材が 5mm ふるいで完全に分離されたものとする）を表-9.12 のように定める．示方配合は示方書または責任技術者によって指示されるものであり，現場の骨材の状態および混和剤の使用形態を考えて修正したものを**現場配合**〔field mix, job mix〕という．

表-9.12 示方配合の表し方

粗骨材の最大寸法 (mm)	スランプ (cm)	水セメント比[*1] W/C (%)	空気量 (%)	細骨材率 s/a (%)	単 位 量 (kg/m³)				
					水 W	セメント C	混和材[*2] F	細骨材 S	粗骨材 G mm～mm / mm～mm	混和剤[*3] A

注 [*1] ポゾラン反応性や潜在水硬性を有する混和材を使用するとき，水セメント比は水結合材比となる．
　[*2] 複数種類用いる場合は，それぞれの欄に分けて表す．
　[*3] 混和剤の使用量は，ml/m³ または g/m³ で表し，薄めたり溶かしたりしないものを示すものとする．

F-56　5 径間連続 RC 床版橋の中央径間中央部から両側に向ってコンクリートを打設し，約 4 時間後第 2 および第 4 径間の中央に達したとき，第 4 径間の支保工が転倒し床版コンクリートが崩落した．この崩落した第 4 径間だけは，たわみを小さくするよう型枠桁中央に配置する鋼支柱を 2 本でなく 1 本としたため，桁方向の荷重で転倒しやすかったのが主原因．

9.4 各種コンクリート

9.4.1 レディーミクストコンクリート（生コン）〔ready-mixed concrete〕（JIS A 5308 参照）

1. レディーミクストコンクリート（以下生コンという通称名を用いる）とは，整備された製造設備をもつ工場から随時に購入することのできるフレッシュコンクリートをいい，JIS A 5308 に詳細に規定されている．

2. 我が国では市街地におけるコンクリートの供給はほとんど全部生コンによっており，全国的に見ても全セメント消費量の約7割が生コンとして消費されている．

3. 生コンの**長所**としては，コンクリートが鉄鋼などと同様に一つのまとまった建設材料として認められるようになったため流通上その他の点で合理化が進むこと，コンクリート材料の貯蔵およびコンクリートの練混ぜについて工事現場で払わなければならない種々の配慮から解放されること[*]，均一で良いコンクリート材料，特に新鮮なセメントを円滑に入手しやすいこと，安定した優れた技術とコンクリート製造設備によって造られた均一で良いコンクリートを入手することが一般に期待できること，結局ほとんどの場合において総合的見地から経済性が得られることなどである．**短所**としては，運搬中のコンクリートの品質変化，特に夏季や交通事情の悪い場合のスランプおよび空気量の低下について配慮しなければならないことが挙げられる．

4. 生コンは，原則として JIS マーク表示製品とし，その製造工場とし，コンクリート主任技士・コンクリート技士あるいはコンクリート製造経験の豊富な技術者がいて配合設計・品質管理等を的確に実施できる工場中で，所定の時間内にコンクリートを運搬できる距離内にあり，十分な供給能力のあるものを選ばなければならない．材料貯蔵設備・計量設備・ミキサ等の設備，運営，管理は，生

---

[*] 生コン工場からの排水は公害源の一つであったが，国分正胤を委員長とする日本コンクリート工学協会・セメント協会等の研究により，回収水として使用できる道が開けた．また，洗い水等に循環して利用することにより，ほとんど排水を出さなくなっている．

コンが JIS マーク表示に適合していることに合格するものでなければならない．

5. 運搬車は，一般にトラックアジテータ〔agitator〕を用いる．性能を簡単に試験する方法としては，JIS A 5308 では，荷卸しされるコンクリートの 1/4 と 3/4 の所から個々に試料を採取して，スランプ試験を行った場合のスランプ差が 3cm 以内であることを要求している．硬練りの舗装コンクリートでは，輸送中の材料分離が少ないので，ダンプ〔dump〕トラックを用いてよい．

6. 運搬中にセメントの水和・空気量の変化等によってコンシステンシーその他が変化するので，JIS A 5308 では，トラックアジテータを用いる場合コンクリートの練混ぜを開始してから 1.5 時間以内（舗装コンクリートをダンプトラックで運搬する場合は 1 時間以内とし，荷卸しの際，荷の表面から約 1/3 と 2/3 の所から試料を採取してスランプ試験を行った場合スランプの差が 2cm 以上異ならない限度）に荷卸しすることが可能なように規定されている．ただし，購入者の指示によって変更してよいとされており，暑中では 1.5 時間を 1 時間に短縮するのが望ましい．

7. 生コン工場では，出荷するコンクリートの品質を保証するため**品質管理**を十分に行い，購入者の要求があれば管理試験の結果を提示できなければならない．品質管理の対象となる特性値としては，フレッシュコンクリートのスランプ・空気量・実測した W，硬化コンクリートの圧縮強度等が考えられる．フレッシュコンクリートの品質で管理する場合は，品質管理の結果をすぐに実施面に反映させることができるので有利であるが，実際にはコンクリートの圧縮強度による品質管理が最も重視されている．

品質管理にあたっては，横軸に日時順の試料番号をとり，縦軸に試験値をとっ

F-57　PC 桁において仮支持用支点が設計支点より著しくスパン中央側に寄ったため，桁上部および桁端部に各鉛直方向（幅は微小）および斜めに折り曲げられた PC ケーブル方向（幅 0.1～0.2 mm，設計支点で支えた後は 0.05～0.1 mm）のひび割れを生じた．

F-58　型枠不良によるモルタルの侵入や錆などのため可動支承が可動でなくなり，橋脚頂部や桁にひび割れを生じることがある．

て打点し,管理限界からはずれた場合は適当な修正手段を施して管理限界内におさまるようにする. **管理限界**としては, 一般に, 内側限界〔watch line, watch limit〕(W.L., これをはずれたら要注意) として平均値±2×(標準偏差σ)を, 外側限界〔control line, control limit〕(C.L., これをはずれたら異常のあったことを示す) として平均値±3×(標準偏差σ) をとっており, 両者とも上(U)および下(L)限界がある (図-9.28). **管理図**〔control chart〕としては, 品質の平均値とばらつき〔dispersion〕の標準値が (過去の) データによってわかっている場合, すなわち母集団〔population〕が既知の場合に用いられる調整用〔controlling quality during production〕管理図と, 過去のデータがない場合に用いられる解析用〔analyzing data〕管理図がある (生コンの場合は調整用管理図で十分な場合が多い).

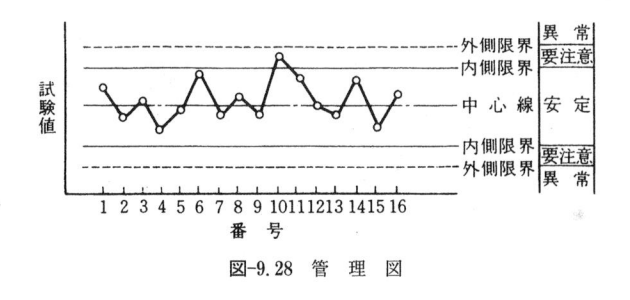

図-9.28 管 理 図

8. 生コンを発注するには, 荷卸し地点で必要とする品質を定め, JIS A 5308における粗骨材の最大寸法, スランプ (軟練りの場合, スランプフロー) および**呼び強度**の組合せ表 (表-9.13) の○印のものから選定し, 必要な事項については, 適宜その内容を生産者と協議のうえ指定する. これらは, 原則として AE コンクリートとなっており, 空気量は, 普通・舗装・高強度コンクリートの場合 4.5%, 軽量コンクリートの場合 5.0% としている.

Ⅰ-41 ジルコニウムを用いて耐アルカリ性が小さいというガラス繊維の欠点を克服するとともに, 短繊維とセメントスラリーを型枠面に同時に吹き付けた後脱水する方法その他によって, ガラス繊維補強コンクリートを造る技術が英国で開発された.

9. コンクリート

表-9.13 レディーミクストコンクリートの種類

コンクリートの種類	粗骨材の最大寸法 (mm)	スランプまたはスランプフロー[*1] (cm)	呼び強度													
			18	21	24	27	30	33	36	40	42	45	50	55	60	曲げ 4.5
普通コンクリート	20, 25	8, 10, 12, 15, 18	○	○	○	○	○	○	○	○	○	○	—	—	—	—
	20, 25	21	—	○	○	○	○	○	○	○	○	○	—	—	—	—
	40	5, 8, 10, 12, 15	○	○	○	○	○	○	○	—	—	—	—	—	—	—
軽量コンクリート	15	8, 10, 12, 15, 18, 21	○	○	○	○	○	○	○	—	—	—	—	—	—	—
舗装コンクリート	20, 25, 40	2.5, 6.5	—	—	—	—	—	—	—	—	—	—	—	—	—	○
高強度コンクリート	20, 25	10, 15, 18	—	—	—	—	—	—	—	—	—	○	—	—	—	—
		50, 60	—	—	—	—	—	—	—	—	—	—	○	○	○	—

注 [*1] 荷卸し地点の値であり，50cm および 60cm がスランプフローの値である．

購入者は，粗骨材の最大寸法，スランプ（スランプフロー）および呼び強度の組合せを指定し，セメントの種類，骨材の種類，粗骨材の最大寸法，アルカリシリカ反応抑制対策の方法，骨材のアルカリシリカ反応性による区分，水の区分，混和材料の種類および使用量，塩化物含有量の上限値，呼び強度を保証する材齢，空気量（前述の空気量と異なる場合），軽量コンクリートの場合はコンクリートの単位容積質量，コンクリートの最高または最低の温度，水セメント比の上限値，単位水量の上限値，単位セメント量の下限値または上限値，流動化コンクリートの場合は流動化する前のベースコンクリートからのスランプの増大量などを，生産者と協議のうえ適宜指定できる．

生産者は生コンの配達に先立って，製造に用いる材料および配合を示した配合報告書を購入者に提出するとともに，特に購入者の要求があれば，配合設計，コンクリートに含まれる塩化物含有量の計算およびアルカリ骨材反応抑制方法の基礎となる資料を，購入者に提示しなければならない．

9. 生コンの検査については，JIS A 5308 に記されている．すなわち，検査は，荷卸し地点で代表的試料を採取し，強度，スランプ，空気量および塩化物含

F-59 支間約114mの鋼補剛トラス単径間吊橋の左岸下流側の主ケーブルが深夜破断し，鋼吊構造部が下流側にねじれて吊り下った．ケーブルアンカーの被覆コンクリートが不良のため，ワイヤーケーブルが錆びて破断したことが原因．

有量が所定の条件を満足していれば,合格と判定する.なお,塩化物含有量の検査は,工場出荷時に行うことによって荷卸し地点で所定の条件を満足することが十分可能であるため,工場出荷時に行うことができる.

10. 生コンを用いる場合,発注者・請負者・生コン生産者の3者が関連しているうえに各者の立場が異なるので,作業・責任の範囲を明確にし,相互の立場をよく理解して緊密に連絡をとり協力することが重要である.

9.4.2 プレキャストコンクリート〔precast concrete〕

1. コンクリートの硬化後に運搬して据え付けたり組み立てたりする部材や製品を,**プレキャストコンクリート**という.このうち管理された工場で継続的に製造されるものを,**コンクリート工場製品**〔product〕という.我が国のプレキャストコンクリートの大部分は工場製品であり,工場製品の大部分はJISマーク表示許可工場で製造されている.コンクリート工場製品は我が国のセメント生産量の約15%を消費している.

2. プレキャストコンクリートの**長所**は,現場で材料の貯蔵集積場や練混ぜ設備が不要となるし,汚染の心配が少なくなること,材料を常時大量に購入するため良質なものを経済的に入手しやすいこと,コンクリートの打込みを作業の容易な場所で行えること,優れたコンクリート製造機器を備えることが可能であること,強力で特殊な締固め手段をとれること,工期の短縮されることが多くこれに付随するメリットが多いこと,工事を機械化しやすく省力化しやすいこと,気象作用の影響を小とした作業体制を取りやすくしたがって寒冷期の施工において特に有利であること,地中に埋める場合は掘削幅を小とできることなどである.

プレキャストコンクリートの**短所**は,種々の意味で**継手**が弱点となりやすいこと,融通性を欠く大寸法のものを運搬する必要が多く道路・機械等の点で制約を受けること,質量に比べて価格が安く一般の工場製品と比較して付加価値が小さ

I-42 降雪量の多い寒地では,踏切において走行レールと護輪レール間の雪が凍結することによる脱線事故が絶えなかったが,特殊配合のゴムによって造られた中空ゴム製品を両レール間にはめこむことにより解決する方法が我が国で開発された.

いことなどである.

3. プレキャストコンクリートが一般と異なる特殊な点は，JIS 製品の軟鋼線・硬鋼線・PC 硬鋼線等を主鉄筋として用いてよいとしていること，一般に薄断面のものが多く粗骨材の最大寸法についての制限が緩和されていること，富配合で高性能減水剤を用いた高強度コンクリートの用いられることが多いこと，振動締固めの他にタンピング締固め・加圧締固め・遠心力締固め〔spinning〕等が採用されていること，蒸気養生・オートクレーブ養生・ホットコンクリート等が採用され早期脱型を可能ならしめていること，実物試験が行いやすく品質管理がより直接的に行えることなどである.

4. **コンクリート工場製品**の JIS には，種別・形状・寸法・製造方法・強度その他の品質，試験方法・検査方法等が定められている．工場製品では実物載荷試験によって品質管理を行えるという大きい利点があるが，これを例示すると図-9.29 のとおりである．ただし，コンクリートの品質管理のために製品を破壊するのは不経済である．特に製品が大きくなるとこの傾向が著しくなるので，製品用のコンクリートで標準供試体（一般に $\phi 10 \times 20 \mathrm{cm}$）を造って実物試験にかえる．遠心力締固め用の供試体も JIS A 1136 に規定されている．なお管では，水圧試験を行う必要のあるものもある.

5. **陸路用コンクリート製品**としては，舗装（歩道）用コンクリート平板・インターロッキングブロック・RC U 形コンクリートおよび RC L 形コンクリート・境界ブロック・ガードレール・交通標識・まくらぎ・軌道スラブ・遠心力 PC ポールおよび遠心力 RC ポール・RC ケーブルトラフ・セグメント・橋梁用ブロック等がある.

6. **水路用コンクリート製品**としては，無筋コンクリート管・RC 管・遠心力

F-60　地下鉄車両基地建設工事で，最上部が厚さ 1.25～1.35 m の RC 天井のコンクリートを打設中，端部のハンチ部分から崩落を始め，約 350 m² の天井全部が落下，5 人重傷，12 人軽傷．支保工の欠陥が原因.

F-61　原子力船が放射能漏れのため運行中止．γ 線の遮蔽は十分であったが，中性子線の遮蔽が不十分であったため.

9.4 各種コンクリート

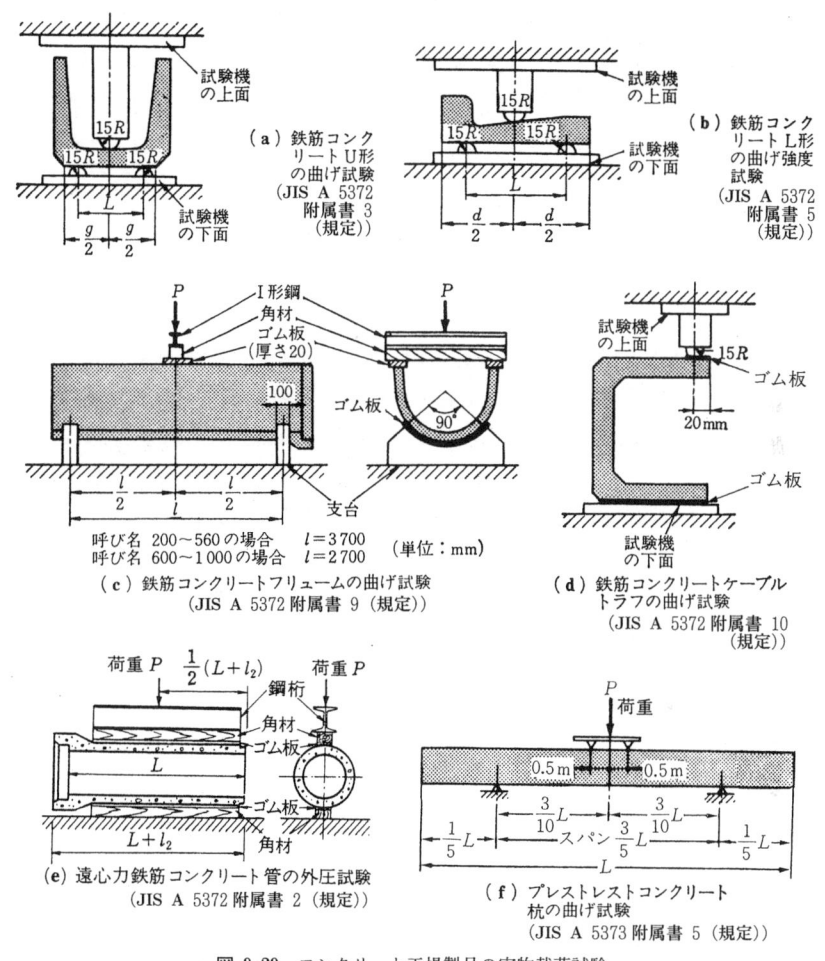

図-9.29 コンクリート工場製品の実物載荷試験

(a) 鉄筋コンクリートU形の曲げ試験 (JIS A 5372 附属書3 (規定))
(b) 鉄筋コンクリートL形の曲げ強度試験 (JIS A 5372 附属書5 (規定))
(c) 鉄筋コンクリートフリュームの曲げ試験 (JIS A 5372 附属書9 (規定))
　呼び名 200〜560 の場合　$l = 3700$
　呼び名 600〜1000 の場合　$l = 2700$　(単位：mm)
(d) 鉄筋コンクリートケーブルトラフの曲げ試験 (JIS A 5372 附属書10 (規定))
(e) 遠心力鉄筋コンクリート管の外圧試験 (JIS A 5372 附属書2 (規定))
(f) プレストレストコンクリート杭の曲げ試験 (JIS A 5373 附属書5 (規定))

RC管・ロール転圧RC管・コアー式PC管・集水管・下水道用マンホール側塊・雨水ますおよび雨水ますふた・RC側溝・RCフリューム・組合せ暗渠ブロック・

> Ⅰ-43　3.6m×3.6m の風船ユニットをボルトでつないで巨大な風船を組み立てる技術が我が国で開発されたため，冬季のコンクリート工事その他が容易にできるようになった．

RC ボックスカルバート・護岸ブロック・消波消流ブロック等がある.

7. **上部構造用製品**および**土構造用製品**としては，遠心力 RC 杭・遠心力 PHC 杭・RC 矢板・加圧コンクリート矢板・PC 矢板・RC 組立土止め・L 形擁壁・スラブ橋用 PC 橋桁・桁橋用 PC 橋桁・軽荷重スラブ橋用 PC 橋桁・積みブロック等である．

9.4.3 補強されたコンクリート

1. コンクリートは無筋コンクリートとして用いられるより，鉄筋で補強された**鉄筋コンクリート** (RC) として用いられることが圧倒的に多い．これは引張に弱いというコンクリートの短所を引張に強い鉄筋で補強した RC が，錆びやすく耐火性に劣り小断面の場合圧縮力を受けると座屈しやすいという鉄筋の短所をカバーするというように，2つの材料が互いに助け合うという理想的な複合材料となっているからである．

RC という複合材料が成立する主な理由としては，コンクリート中に埋め込まれた鉄筋はコンクリートの品質と施工が適当であれば錆びないこと，コンクリートと鉄筋の付着力は材料と施工が適当であれば十分大きいこと，コンクリートと鉄筋の熱膨張係数はほぼ等しいことなどをあげることができる．一般に RC の設計においては，コンクリートの引張強度を無視するが，鉄筋が錆びるのを防ぐためにひび割れ幅を制限している．

2. **プレストレストコンクリート**（PC）は，コンクリート部材の荷重によって引張応力を生じる部分に，計画的にあらかじめ圧縮応力（**プレストレス**）を生じさせておくことにより，鉄筋コンクリートの使用性能を改善した構造型式をいう．プレストレスを与えるには，PC 鋼材をジャッキで引っ張ってプレストレスを与える機械的方法が支配的に採用されているが，膨張材を混和材として用いて化学的に膨張するコンクリートを配置しておいた鋼材で拘束することによりプレストレスを与える化学的方法も実用化されている．設計上からいうと PC は，引

F-62 災害復旧工事において，コンクリートで固めたブロック壁の型枠取り外し中崩壊し，3人死亡．過早な脱型が原因．

張応力の生じるلを許さないもの，ひび割れが発生することを許さないもの，ひび割れ幅が有害となることを許さないものの3種に分類される．

PC用コンクリートは，高強度であること，特に早期強度の高いこと，ワーカビリティーが締固め手段と調和のとれた適当なものであること，温度上昇の小さいこと，クリープや乾燥収縮の小さいことなどの条件を満足しなければならない．

3. **繊維（補強・混入）コンクリート**〔fiber (reinforced) concrete〕は，連続していないばらばらの(短)繊維を加え，練混ぜその他の方法によって分散混入したコンクリートをいう．アスベスト（石綿）を用いたものは古くから実用されてきたが，公害の問題からほとんど用いられなくなった．耐アルカリ性の特殊なガラス繊維が開発されたことや炭素繊維が経済的に製造され始めたため，**ガラス繊維**を用いた**GFRC**〔glass-fiber reinforced cement〕や，**炭素繊維**を用いた**CFRC**〔carbon-fiber reinforced cement〕などが，工場製品等で実用されている．**鋼繊維**を用いた**SFRC**は，経済的であるため舗装用・吹付けコンクリートその他に実用化されている．

繊維コンクリートの性質は繊維の種類・寸法・アスペクト比〔aspect ratio〕（繊維の長さと直径の比）間隔・混入量・コンクリートの配合等により影響されるが，引張強度・タフネス（靭性）・圧縮強度・せん断強度・衝撃強度・すりへり抵抗等が一般に改善される．

4. **鉄網モルタル**は，複数層の鋼製の網で補強したセメントモルタルの薄層構造であり，**フェロセメント**ともいわれる．RCの先駆として古く提唱されたが，普通のRCと異なった優れた特性を示すことが明らかにされてきたので，最近各種の船・タンク・サイロ・パイプ・海洋構造物等に対して実用に供されている．

9.4.4 軽量骨材コンクリート〔light-weight aggregate concrete〕

1. いわゆる軽量コンクリートには，気泡コンクリート・ALC〔autoclaved

Ⅰ-44 温度が高くなると硬くなりひび割れが入ってしまうため，バス，トラック・航空機等の使用条件の厳しいタイヤに合成ゴムを使うことはできなかったが，特殊な触媒を使い従来の常識を破った$-30 \sim -40$℃の低温で反応させることにより，上記の用途に使える合成ゴムが得られるという方法が我が国で開発された．

light-weight concrete〕（JIS A 5416）・天然軽石コンクリート等もあるが，これらは建築方面で用いられているものであり，土木構造物では高強度の得られる人工軽量骨材を用いた人工軽量骨材コンクリート（以下軽量骨材コンクリートという）しか用いられておらず，細・粗骨材とも JIS A 5002 中のコンクリートの圧縮強度による区分 3 および 4 の使用だけを認めている．

2. 軽量骨材コンクリートの設計施工にあたって特に注意しなければならない点としては，品質の均一性・使用実績等を考えて適当な人工軽量骨材を採用すること，コンクリートの単位容積質量の管理も必要となること，普通骨材との併用の得失につき検討する必要のあること，凍結融解作用を受ける個所に用いる際は特に入念な配慮を必要とすること，骨材自身がくさびとなって破壊の伝達を食い止めるほど強くないので配筋その他によってカバーする必要のあること，骨材の含水量が一定となるよう特に注意しなければならないこと，スランプが 5〜12 cm 程度で普通コンクリートよりも空気量を 1% 程度大きくした AE コンクリートを用いること，耐凍害性が必要な時は空気量を 5〜8% とし水セメント比の上限を表-9.11 より 5% 小さくすること，コンクリートポンプを用いる場合は原則として骨材を十分にプレウェッティングしスランプが 18cm 程度の流動化コンクリートにすること，乾燥収縮ひび割れを生じやすいので養生中湿潤状態の保持に注意する必要のあること，コア強度が小さめに出るので割り増す必要のあること（普通コンクリートに対しても同じことがいえる）などである．

9.4.5 寒中コンクリート〔cold-weather concreting, winter concreting〕・暑中コンクリート〔hot-weather concreting〕

1. 土木では日平均気温が 4℃ 以下になると予想される場合に施工するコンクリートを**寒中コンクリート**，日平均気温が 25℃ を超えると予想される場合に施工するコンクリートを**暑中コンクリート**と称している．

F-63 駅前に建設中の市街地改造地下工事現場に大量の地下水が流入し，そばの国道が約 40m にわたって最大 90cm という大きい沈下を起し通行不能となったほか，商店，住宅に傾斜，ひび割れ等の被害を生じた．止水工事の不完全が原因．責任者は自殺．

9.4 各種コンクリート

2. 寒中コンクリートの施工にあたっては，養生温度が低いとコンクリートの強度，特に初期強度の発現が遅れるし，さらに温度が下がってコンクリートが凍結するとセメントの水和作用がほとんど停止すること，硬化の不十分なコンクリートが凍結融解の繰返しを受けると特に強度低下が著しいことなどに留意し，次のような点に注意する必要がある．

1. セメントはなるべく強度発現の早いものを用いる．必要に応じて耐寒剤（防凍剤）や促進剤を用いる．
2. 材料はなるべく低温とならないよう保管し，必要に応じ加熱して打込み時のコンクリート温度を上げる．ただし，セメントはどんな場合でも直接加熱してはならない．
3. 必ず AE コンクリートとする．特に高性能 AE 減水剤の使用により水セメント比や単位水量を小さくすることは，凍結に対する抵抗性を高めるのに効果的である．
4. 骨材中や型枠内に氷雪が存在しないようにする．
5. 凍結している地盤や旧コンクリートは，溶かしたのちにコンクリートを打ち込む．
6. 型枠は保温性のよいものを用い，支保工の基礎は有害な変位を生じないように処置する．
7. 製造・運搬の際，および打込み後のコンクリートは十分保温し，コンクリートの温度を5℃以上に保つ．必要な場合は給熱するが，その際局部的に熱せられたり乾燥したりしないようにする．
8. 断面の薄い部材・露出面・すみ・へり等は，特に入念に保護する．
9. 部材断面や露出状態に応じて，所定の強度になるまで十分養生する．
10. 養生を終った外気温より高いコンクリートは，急激に外気にさらさない．

Ⅰ-45 ビル工事において，従来の一階分を一度にやるかわりに，小さなブロックに分けて少しずつやるという新しい流れ作業をとると，作業員の数を減らせること，熟練作業員の数を減らせること，型枠の回転率を高め良い型枠の使用が可能になること，プレハブ工法と異なり色々の希望にそえることなどの利点の得られることが判った．

所定強度が得られたのちも2日間は，コンクリート温度を0℃以上に保つ．

11. 凍結によって害を受けたコンクリートは取り除く．

3. 暑中コンクリートの施工にあたっては，打込み時のコンクリート温度が35℃を超えると，所要水量の増加，輸送中のスランプ低下，過早な凝結によるこわばり，コールドジョイントやプラスチック収縮ひび割れの発生，水和熱の上昇，長期材齢における強度低下，過大な蒸発乾燥や夜間の気温低下によるひび割れの発生等の悪影響が顕著になることに留意し，次のような点に注意する必要がある．

1. 混合セメント・中庸熱ポルトランドセメントのような水和熱の発生のゆるやかなセメントを用いる．
2. フライアッシュ・高炉スラグ微粉末等の混和材を用いる．
3. 凝結遅延剤を用いる．
4. セメント・水・骨材等の温度はなるべく低くし，打込み時のコンクリート温度は35℃以下となるようにする．
5. 炎熱にさらされた粗骨材・型枠・旧コンクリート・地盤・基礎等は，十分ぬらすとともに冷やす．
6. 輸送中コンクリートが乾燥したり熱せられたりすることを防ぎ，輸送時間はなるべく短く（一般に1時間以内）する．また，練混ぜから打終りまでの時間は1.5時間以内とする．
7. 打ち込まれたコンクリート面を日光の直射や熱風から防ぐとともに，コンクリートが常に湿潤状態にあるように配慮する．

9.4.6 水中コンクリート
〔under-water concreting, concreting in water〕

1. 水中でコンクリートを移動させると極端な材料分離を生じやすいし，セメントが洗われることもあること，眼で確認できないのでコンクリートの品質につ

F-64 米国で，圧縮空気によって膨張させたフレキシブル型枠の内部あるいは外部にコンクリートを施工して，ドームを造ろうとする試みは度々失敗した．一部の送風機の故障や型枠に生じた穴が原因．

9.4 各種コンクリート

いて不安が残ることなどのように，気中コンクリートと比べて顕著に不利な点がある．そのため，十分注意して施工するとともに，かぶりを 10cm 以上（場所打ち杭等では 15cm 程度）にするといった，安全側の設計としなければならない．

2. 一般の水中コンクリートの施工にあたっては，プレパックドコンクリートを用いるか，水セメント比を 50% 以下，単位セメント量を 370kg/m^3 以上とした，締め固める必要のない程度の軟練りコンクリートを用いる．

3. 流速が 5cm/s 以下でなければコンクリートを打ち込まないこと，筒先は必ずコンクリート中に挿入しておき，たとえ斜め方向でもコンクリートを水中落下させないこと，フレッシュコンクリートをかき乱さないことなどの点に特に注意する．

4. 水中コンクリートは**トレミー**〔tremie〕またはコンクリートポンプを用い，水面に達するまで連続して設計面より高く打ち込み，硬化後余分な部分を除去することを原則とする．小工事では底開き箱・底開き袋を用いてもよいが，均一に行き渡りにくく，材料分離を起して好ましくない．

5. ケーソン据付けの基礎などには一体化という点では劣るが，織目の荒い麻布袋などを用いた袋詰めコンクリートが施工される．

6. 扁平な大きいナイロン袋を型枠とし，この中にモルタルを注入して水路や法面の護岸を形成させるコンクリートマット工法，水圧で容易につぶれるフレキシブルチューブを用いてコンクリートの水中落下を防ぐトレミー工法等も実用化されている．

7. 杭や土止め壁の低公害工法に付随して，場所打ち杭や地下連続壁の施工において，ベントナイト泥水〔mud water〕またはポリマー系安定液中にコンクリートを打ち込むことが広く実施されるようになってきたが，水より泥水の方が鉄筋との付着強度を低下させやすいので注意する必要がある．この場合，水セメント比を 55% 以下，単位セメント量を 350kg/m^3 以上とする．

8. 水中不分離性混和剤と高性能 AE 減水剤等の混和剤を用いた**水中不分離性**

Ⅰ-46 杭を押し込んだコンクリート構造物をこわす際の騒音振動を低減するため，油圧機械が活用されつつある．

コンクリートは，水中でセメントが洗われるのを抑制できるため，静水中であれば，50cm以下の水中落下は許される．耐久性から定まる最大セメント比は，RCで淡水中55%・海水中50%，無筋ではそれぞれに10を加えた値とする．

9.4.7 その他

1. **海水あるいは潮風の作用を受ける構造物に用いられる海洋コンクリート**は，海水の作用に強い水密コンクリートとすること，打継目はできるだけ避けること，材齢5日までは海水に洗われないように保護すること，海水に直接接触する前にできるだけ空気にさらすこと，所要のかぶりを確保すること，必要に応じ適当な材料で表面を保護すること，できるだけプレキャストコンクリートを採用することなどに注意する必要がある．

2. **有害な化学作用を受けるコンクリート**は，材料・配合を耐食的にするとともにかぶりを大にする必要があるが，このことによって得られる耐食性には限界がある．必要に応じて，耐食性のコーティング・ライニング・タイル・れんが等の保護工を，施工しなければならない．

3. **電流の作用を受けるコンクリート**には，塩類を混和してはならない．

4. **火災の作用を受けるおそれのあるコンクリート**部材では，かぶりを2cm程度増加する必要がある．粗骨材として適当なものは，安山岩・玄武岩・石灰岩・硬質砂岩等であり，不適当なものは花崗(こう)岩・片麻岩等である．特に，耐火性の必要な場合は，かぶりのコンクリートがはげ落ちないように，鉄鋼またはエキスパンドメタルをコンクリート表面から2cm位の所に入れたり，断熱材料によって表面を保護する．

5. **放射能遮蔽コンクリート**としては，重量骨材を用い質量を大きくしてγ線やX線を防ぎ，水やほう素で中性子線を防ぐ．

6. **水密（的な）コンクリート**構造物を得ようとする場合は，9.2.2の20を

F-65 セイロンで容積38 000m³のRC製タンクがひび割れにより使用不能となった．タンクの内部をアスファルトライニングするとともに伸縮継目を設けてひび割れ幅を小さくすることにより解決．ひび割れを生じた主原因は温度応力と判明．

参照すればよい．漏水が起ると $Ca(OH)_2$ が溶出して美観を害するが，放置しておいても目瘉(ゆ)作用によって漏水の止まることがある．

7. 透水性をもたせること，軽くすること，熱伝導性を小とすること，植生を可能にすることなどを目的として用いられる**ポーラス**〔porous〕**コンクリート**は，細骨材を用いず，豆砂利と骨材粒を覆うだけの少量の W/C の小さいセメントペーストで造られる．

8. **プレパックドコンクリート**〔prepacked concrete〕は，あらかじめ充填した粗粒（一般に 15mm 以上）の粗骨材間隙に，微粒（一般に 1.2mm 以下）の細骨材を用いた注入モルタルを上方に向って注入して造られる．注入モルタルは減水剤，高速練混ぜ等によってセメント粒子を分散させ，アルミニウム粉末を混和して膨張性をもたせる．プレパックドコンクリートは，水中コンクリート・重量コンクリートの他に，鉄筋その他が入り組んでいる時，旧コンクリートに接して補強用コンクリートを施工する時などに有利に応用される．

9. 我が国の注入工事で用いられている**グラウト**〔grout〕(後で硬化する流動

表-9.14 我が国で主として用いられているグラウト系

注 入 対 象	具 体 例	主として用いられているグラウト系
地盤，地山	岩盤（割れ目）注入 沖積層注入 断層破砕帯注入 境界注入	セメント，セメント薬液 セメント，セメント薬液，薬液 セメント，セメント薬液，薬液 セメント，セメント薬液
構造物周辺	トンネル周辺注入 構造物下や構造物裏込注入 支承下注入 軌道板下注入	セメント セメント セメント，高強度プラスチックス セメントアスファルト
構造物内部	変状構造物補強注入 ダム継目注入	高強度プラスチックス，セメント セメント
調整粒度の粗骨材間	プレパックドコンクリート 填充道床	セメント セメントアスファルト
補強鋼材周辺	PCグラウト，ロックアンカー，アースアンカー	セメント，高強度プラスチックス

Ⅰ-47 鋼の青熱脆性を利用して旋盤くずから高価な鉄粉を造る技術は西独で開発された．

材料)を注入対象別に一覧すると,表-9.14のとおりである.

10. 打ち込んだコンクリート表面に真空ポンプを用いて減圧空間を形成させ,真空マットというフィルターを通してコンクリート中の余分の水を除去する**真空(処理)コンクリート**〔vacuum (-processed) concrete〕は,コンクリート製品や舗装コンクリートに応用される.

11. 吹付け工法には,セメントと骨材をミキサで混ぜガンホースを通してノズルに送り圧力水とともに施工面に吹き付ける乾式工法と,全材料をミキサで練り混ぜたのちガンホース・ノズルを通して施工面に吹き付ける湿式工法とがある.**吹付けコンクリート**〔shotcrete, pneumatically applied concrete〕(ショットクリート,吹付け工法によって吹き付けられたもの)は,法面防護・トンネル一次覆工等によく用いられている.湿式工法と乾式工法の長所を兼ね備えたSEC工法や圧縮空気を用いないロータリーショットクリート工法が,我が国で開発された.

12. メタクリル酸メチルのような樹脂モノマーを,乾燥コンクリートに減圧後加圧含浸させ,加熱によって重合させた**ポリマー含浸コンクリート**(PIC)〔polymer impregnated concrete〕は,強度の耐久性等が顕著に改善されるので,コンクリート製永久型枠や海洋コンクリート製品その他に実用される.

エマルジョンのポリマー(液体エマルジョンの他,練混ぜ水によって再乳化するエマルジョンパウダーと呼ばれる粉末状の樹脂も用いられる)を混和材料として用いた**ポリマーセメントモルタル**とすると,下地コンクリートとの接着強度を2倍程度まで大きくできるため,タイル等の接着用に用いられる.また,エマルジョン中の水分はセメントと水和し,ポリマーがモルタル内部にフィルムを形成し,外部からの劣化因子の侵入を抑制できるため,補修用モルタルにも用いられ

F-66 ポストテンション方式のPC橋梁の建設にあたって,PC鋼より線の緊張定着作業中に雄コーンがめり込むのではつってみたら空洞が発見された.他の例では,I形のポストテンション桁で緊張定着作業中スパン中央付近に桁方向の縦ひび割れを生じたので緊張を解除して調べたところ,スパン中央下部に空洞が発見された.これらの空洞を生じる原因は,種々の原因で締固めを満足に行えないコンシステンシーのコンクリートが現場に供給されることがあること,片押し打設その他のため生じた材料の分離などとされている.

る．

 13. **高流動コンクリート**〔self-compacting concrete〕は，材料分離抵抗性を損なうことなく流動性を著しく高めたコンクリートで，材料分離抵抗性を高める方策として，セメントや混和材等の粉体量を増加する粉体系，増粘剤を添加する増粘剤系，およびそれら両者を併用する併用系に分類されている．いずれも，流動性を高めるために高性能 AE 減水剤が使用される．

 14. **舗装**〔pavement〕**コンクリート**は，曲げ強度が大きくばらつきの小さいこと，表面仕上げが容易であり，すりへり抵抗の大きい平坦でち密な表面とすることができること，気象作用に対する耐久性が大きいこと，温度や水分の変化による体積変化が小さいことなどの条件を満足する必要がある．無筋コンクリート舗装が中心であるが，連続鉄筋コンクリート舗装・膨張コンクリート舗装・PC 舗装等の無継目舗装，転圧コンクリート舗装（RCCP）〔roller compacted concrete pavement〕やプレキャストコンクリート舗装といった特殊な舗装も試みられている．すりへりに対しては粗骨材が主に抵抗すること等から，**単位粗骨材容積**が一般のコンクリートより大きい．舗装コンクリートの配合例を表-9.15にあげる．

 15. **ダムコンクリート**は，耐久性・水密性に優れていること，単位容積質量の大きいこと，体積変化・発熱量・品質のばらつきの小さいこと，所要の強度を

Ⅰ-48　別々に実施されていたセメント注入と薬液注入を，セメント薬液同時注入として同時処理することにより，時間的効率を高めると同時に，グラウトの漏出低減と全量固結により材料的効率を高めながら大空隙を cement‐rich，小空隙を cement‐poor なグラウトで充填する工法は我が国で開発された．

Ⅰ-49　私は化学で ph. D. をとったが，複雑な化学操作を加えたことがない．アイソトープの技術・電子顕微鏡・X 線回折その他もっとわざとらしい新しい器械を用いたことがない．その価値を認めないからではなく，ただ詳しさよりも一般像に関心をもつからである．—— ハンス・セリエ「夢から発見へ」

Ⅰ-50　正月にアメリカである新発見を発表すると，二月にソビエトは「それはソビエトでは 20 年前にすでにわかっていた」と報道する．三月になると日本からそれを製品化してアメリカに売り込んで来る．—— 3M 社の社内報，川上正光著「工学と独創」より

9. コンクリート

有することなどの条件を満足する必要がある．粗骨材の最大寸法を大きくし，単位セメント量を減じ，発熱量を小さくする．ダムコンクリートの配合例を表-9.16にあげる．

表-9.15 舗装コンクリートの例

粗骨材の最大寸法 (mm)	沈下度 (sec)	スランプ (cm)	空気量 (%)	W/C (%)	s/a (%)	単位量 (kg/m³)				混和剤
						W	C	S	G	
40	30	2.5	—	46.5	31.5	136	293	630	1380	なし
40	30	2.5	4	41	31	128	284	598	1350	ポゾリス

表-9.16 ダムコンクリートの配合例

ダム型式	高さ (m)	粗骨材の最大寸法 (mm)	スランプの範囲 (cm)	空気量の範囲 (%)	W/(C+F) (%)	F/(C+F) (%)	s/a (%)	単位量 (kg/m³)						混和剤
								W	C	F	S	G	分級点	
重力 内/表	157	150	2.5±1	3.5±1 / 3.5±0.5	70 / 47	30	24	95	98 / 147	42 / 63	525 / 485	1675 / 1640	80/40/20/5	ヴィンソル
重力 内/表	145	150	3±1	4±1	59 / 41	25 / 0	23 / 20	83 / 89	105 / 220	35 / 0	493 / 399	1719 / 1755	80/40/20/5	ヴィンソル
アーチ	186	180	3±1	3±1	47	—	20	89	190	—	413	1734	80/40/20/5	ポゾリス
中空重力	58	80	5±1	4±1	50	30	27	95	133	57	559	1546	40/20	ポゾリス

F-67 英国のフェリーブリッジ火力発電所で，高さ112mの薄いコンクリートシェル製クーリングタワーが，33.5m/sの強風により3基崩壊，3基ひび割れ，2基だけ無事という大被害を出した．原因は，風荷重の算定が過小で安全率が小さかったこと，有害な強制振動を生じたこと，コンクリートのヤング係数のばらつきを考えなかったことなどであるとされている．

10. 歴　　青〔bitumen〕

10.1 概　　要

1. 歴青　天然人工を問わず炭化水素の混合物，またはこれらの非金属誘導体との混合物で，二硫化炭素（CS_2）に完全に溶解するものを，歴青という．歴青のうち**タール**〔tar〕（石炭を乾留してガス・コークスを造る際に抽出されるコールタール，および重油を熱分解し水性ガスを造る際抽出されるオイルガスタール）は，舗装用タールとして JIS 化されている（JIS K 2439）．タールは，融点が低く施工性がよい，骨材とのぬれ（付着）が優れている，耐油性もよいなどの長所を有している．しかしながら，燃えやすいとか耐候性に劣るという短所があるため，その使用量は少ない．

歴青のうち石油の蒸留残留物として得られるものが**アスファルト**であるが，天然に得られる天然アスファルトと，原油を減圧蒸留する際石油精製の蒸留残留物として得られる**石油アスファルト**〔asphalt〕がある．現在最も広く使用されているのは後者であり，単にアスファルトといえば石油アスファルト（JIS K 2207）をさす．

2.　石油精製の残留物のままのものを**ストレート**〔straight〕**アスファルト**（ゾルゲル型）といい，これを加熱し，十分な空気を吹き込み酸化重合を主とする化学変化を起させたものを**ブローン**〔blown〕**アスファルト**（ゲル型）という．前者は，そのまま用いられるほか，**カットバック**〔cut-back〕アスファルトあ

るいはアスファルト乳剤〔emulsion〕として用いられる．

3. ストレートアスファルトを造る代表的な方法は，**蒸留法**（原油中の低沸点留分を常圧蒸留によって取り除いた後，アスファルト分を含む高沸点留分を変質しないよう減圧下で蒸留する方法）である．このままでは感温性が高く低温脆性のため舗装用として適当でない場合，軟質アスファルトに比較的低い温度で長時間軽度のブローイングを行って改良する方法が**セミブローイング法**，硬軟2種のアスファルトを適当の割合で混合して所要のコンシステンシーをもつアスファルトを造る方法が**ブレンド法**である．

4. ストレートアスファルトを加熱し，空気を下から吹き込んで230～280℃に昇温して**脱水素**（酸素が炭化水素から水素を奪って水となること），**重縮合**（水素を奪われた炭化水素が互いに結合し分子量が大きくなること）等を起させると，硬質の**ブローンアスファルト**が得られる．

5. 製造中あるいは製造後のブローンアスファルトに動・植物油またはその脂肪酸ピッチ等を添加混合すると，作業性・接着性・伸度・耐衝撃性・耐候性等の改善された**アスファルトコンパウンド**が得られる．

6. 加熱溶融したアスファルト中に石油系溶剤を入れて撹拌（かくはん）すると，常温で液体のアスファルトである**カットバックアスファルト**が得られる．

7. アスファルト乳剤は，乳化剤と安定剤とを含む水中に，アスファルトを微粒子にして分散させた褐色の液体である．ストレートアスファルト（JIS K 2207）と乳化液を適温に加熱した後，流量調節バルブを経て乳化機に同時に送り込み，高速回転するローターの遠心力による混合物の壁面への叩付け作用（ハマリング）と，ローター・壁面間の微小間隙（0.08～1.00mm）通過時に受けるローター回転によるせん断作用とによってアスファルトを1～3μm程度に微粒化し乳化すると，**アスファルト乳剤**（JIS K 2208）となる．貯蔵タンクに入れて十分撹拌し，

F-68 吊径間を有するスパン33mのポストテンション方式ゲルバー桁の張出し部で，緊張時桁下面が割裂した．原因は床版中に配置された曲下げPCケーブル緊張時の鉛直方向分力についての配慮が不足でPCケーブルを取り巻く鉛直方向鉄筋が配置されていなかったこと，PCケーブルの曲下げ角が9°と急すぎたこと，鉛直方向分力の働く部分の床版厚さが薄かったことなど．

安定性と均一性を高めたのち放置する.

10.2 性　　質

1. アスファルトは，**アスファルテン**（分子量が最も多く最も不活性で，通常脆い褐色ないし黒色の粉状物質）・**レジン**（100℃程度の融点をもつ赤褐色の固体または半固体）・**オイル**（分子量が最も小さく粘性の高い赤褐色ないし透明なワセリン状物質）の3主成分からなっている．アスファルテンが互いに結合してミセルという粒子を形成し，このミセルがレジンを表面に吸着してオイル中の分散浮遊したコロイド構造となっている．ミセル間の引力が全くないかまたは非常に小さいものを**ゾル型**，ミセル間に引力が働いているものを**ゲル型**，中間的なものを**ゾルゲル型**という.

2. ストレートアスファルトは，ブローンアスファルトと比べて，アスファルテン/(レジン＋オイル)比が小さい．このため両者は表-10.1に示すように異なった特徴を示す．セミブローンアスファルトは，中間的性格を有する．

3. 現在一般に用いられているアスファルト乳剤は，分散媒である連続している水の中に分散相である微粒子のアスファルトが分散しているO/W型（水中油滴型）である．O/W型乳剤は固化する際W/O（油中水滴型）に移行していく．アスファ

表-10.1　ストレートアスファルトとブローンアスファルトの特徴

	ストレート	ブローン
針 入 度	大	小
伸 度 (常温)	大	小
感 温 性	大	小
付 着 力	大	小
凝 集 力	小	大
弾 力 性	小	大
浸 透 性	大	小
乳 化 性	良	不 良

I-51　鋼矢板施工にあたって打込み方法をとると振動騒音公害を生じるので，引張強度が大きいという鋼の特性を生かし，特殊なアースオーガーと係止装置を用いて矢板を地中に引張り込む工法が我が国で開発された．

I-52　泥水工法において場所打ちコンクリートの代りに接合して一体とできるプレキャストコンクリート板を挿入し，周囲の泥水を固化する工法が我が国で実用化された．

ルト粒子表面の荷電状態によって**カチオン**（＋荷電，一般に酸性），**アニオン**（－荷電，一般にアルカリ性），**ノニオン**（荷電せず，一般に弱酸性）の3タイプに分類され，使用されている乳化剤と安定剤の種類がそれぞれ異なっている．現在最も使用されているのは，骨材との付着特性の優れたカチオン系乳剤である．ノニオン系乳剤は，セメントとの混合性に優れ，セメント・アスファルト乳剤安定処理工法に用いられる．

4. カットバックアスファルトには，揮発性の低い**SC**〔slow curing〕（溶剤は重油），中間的な**MC**〔medium curing〕（溶剤はケロシン），揮発性の高い**RC**〔rapid curing〕（溶剤はガソリン，ナフサ）の3種がある．我が国で用いられているのはMCおよびRCであるが，まだ広く普及するという段階には入っていない．

5. 固体あるいは半固体のアスファルトの**コンシステンシー**は，針入度試験器（図-10.1）によって測定した針の貫入程度によって求められる（JIS K 2207）．針入度は，規定の針を規定の温度の荷重・時間の条件下でアスファルトに貫入させた場合の深さを1/10mm単位で表した数であるから，数字が大きいほど，軟質であることを示す．2つのアスファルト間における針入度の大小は，温度により逆転する場合もある．特にことわらないかぎり，温度は25℃，針に作用する荷

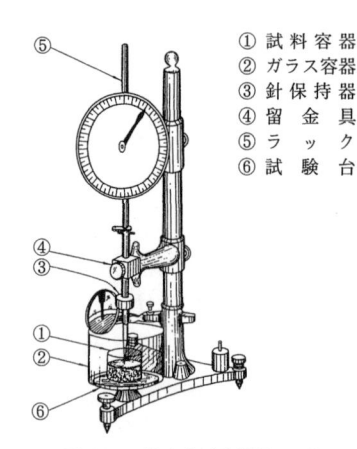

① 試料容器
② ガラス容器
③ 針保持器
④ 留金具
⑤ ラック
⑥ 試験台

図-10.1 針入度試験装置の一例

F-69 米国で，リフトスラブ工法で建設中の8階建の構造物が，床と柱を溶接しない間に16〜22m/sの風が吹いたところ6.5度傾斜．

F-70 アンカープレートがPC鋼棒頭部を傾いて支持したこと，アークストライク（電弧溶接の溶接棒の先端からアークが飛ぶこと）があったこと等が原因でPC鋼棒が破断した事故例がある．

10.2 性質

重はおもり 50g・針とその保持具 50g との合計 100g の自重,時間は 5 秒の場合の針入度が,一般に用いられている.

6. アスファルトは混合物であって一定の融点がないため,加熱して一定の変形を示した時の温度の高低によって,融点の目安となる軟化点を求める(図-10.2, JIS K 2207).所定の環の中に平らに詰めた試料を一定の割合で加熱し,鋼球の重さによって試料が 25mm たれ下った時の温度を測定して**軟化点**〔softening point〕としている.ある任意の針入度〔penetration〕に対し,軟化点の高いほどゲル型であり,次に示す**針入度指数**〔penetration index〕が大きくなる.ブローンアスファルト製造の際,反応の進行状態を監視するのに軟化点が用いられる.

夏季,舗装面でアスファルトが浮き出てくるのは,軟化点が低いせいではなく,

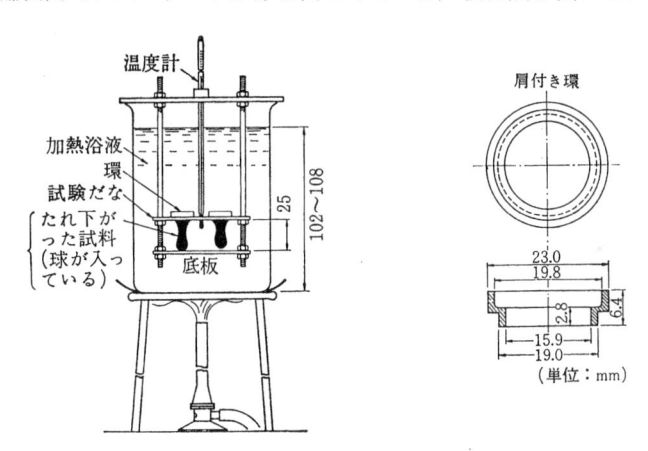

図-10.2 軟化点試験器と環

I-53 水力採炭技術を岩盤切削に応用しようとする試みは実用化していないが,水流をグラウト流に代えて地中壁や地中杭を造る新工法は,我が国で着想され成功を収めている.

I-54 オスボーンはアイデア開発のためのチェックリストとして,ほかの使い道・ほかからのアイデアの借用・変更・拡大・縮小・代用・入替え・逆転・組合せの9つをあげている.またアイデア思考課程を,方向づけ・準備・吟味・アイデア構成・孵(ふ)化・総合・確認の7段階に整理している.

アスファルトの配合量が多すぎることによるブリーディングのせいであり，石の跳ねるのは骨材との付着不良および配合の不良によることが多い．

7. アスファルトは，同一針入度のものを比較しても，軟化点がかなり異なる．これは原料・製造条件等が相違するとゲル構造が異なるからであり，針入度と軟化点を組み合せると実用上便利な感温性（温度変化により硬さまたは粘度などが変化する性質）を示す指数である針入度指数（PI）が求められる．

$$PI = \frac{30}{1+50A} - 10$$

ここに，$A: \dfrac{\log 800 - \log P_{25}}{\text{軟化点} - 25}$（ただし，$P_{25}$：25℃ の針入度，800：軟化点における平均針入度＜仮定＞である）．

8. アスファルトを一定の条件下（水中）で引き伸ばした際，切断するまでに伸びた長さを cm で表したものを**伸度**といい，延性の目安としている（JIS K 2207, JIS K 2208). 普通 15℃ または 25℃ のもとで伸度を求めることとし，この大小によって区分を行っている．なお，引張りの速さは 5cm/分を標準としている．

規定の温度下における低温伸度が良いアスファルトでも，さらに低い温度では逆に不良の結果を示した例もある．

9. アスファルトを加熱して使用する場合には引火する危険性があるが，この限界である**引火点**〔flash point〕を求めるのが引火点試験である（JIS K 2265). 舗装用ストレートアスファルトの引火点は 250～300℃ 程度である．引火点は継続して燃える温度である**燃焼点**より若干低い．

10. 主としてカットバックアスファルトの粘性を求めるために，**セイボルトフロール秒試験**がある（図-10.3, JIS K 2207, JIS K 2208). 加熱アスファルト混合物を施工する際の参考データを求める目的で，100～200℃ の範囲における粘性を求める際にも利用される．管の 3.15mm の流出口から流出した試料が

F-71 線路わきで工事をしていたボーリングマシンの鉄パイプが倒れて架線にふれ，スパークした火が突込んだ電車に引火したため，乗客および作業員 15 人が重軽傷をおったほか，電車 20 本が運休して約 5 千人に影響を及ぼした．

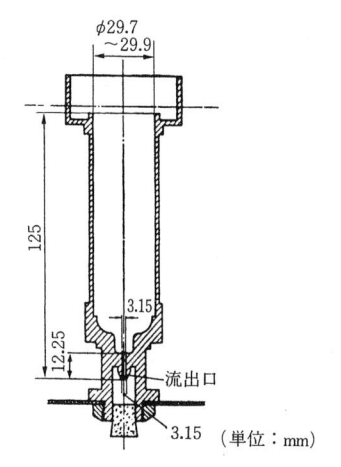

図-10.3 セイボルトフロール計の試料管

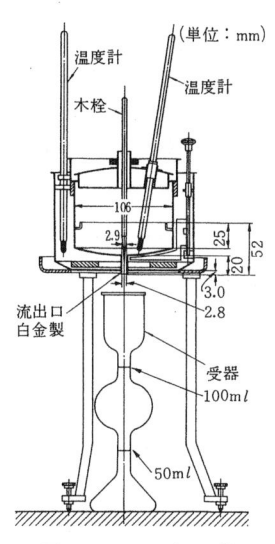

図-10.4 エングラー計

受器に 60ml たまるのに要する時間(秒)を,セイボルトフロール秒という.

11. 主としてアスファルト乳剤の粘性を求めるために,**エングラー度試験**が規定されている(図-10.4, JIS K 2208). 50ml の試料が所定の流出口から流出する時間と蒸留水の流出時間との比を,エングラー度という.エングラー度が 15 を超える場合には,セイボルトフロール秒よりエングラー度に換算する.エングラー度は,アスファルト乳剤を浸透用・表面処理用・混合用等の用途によって区分するのに用いられる.

12. **改質アスファルト**は,ポリマーや天然アスファルト等を加えて石油アスファルトを改質したものであり,一般的に普及してきた.**ゴム入りアスファルト**(2～5% のゴムをアスファルトに混合溶解したもの,**ゴム化アスファルト**ともいう)は,針入度を低くし軟化点を高め感温性を減らすこと,凝集力・付着力を高め弾性・衝撃抵抗を改善すること,耐老化性が高くなること,摩擦係数が大きい

I-55 技術者として,知らないでいいというものは何もない. —— M. ベッセマー(転炉の発明者)

ことなどの長所があるため,粘性が増加して溶解時に高温を要することなどの短所があるにもかかわらず,使用例が増えつつある.高温時の流動性の改善に重点を置いた熱可塑性樹脂入りアスファルトが使用された例もある.主な使用目的は,すべり止め,耐摩耗性,耐流動性である.高粘度改質アスファルトは,排水性・低騒音舗装用に用いられる.**ゴム入りアスファルト乳剤**は,接着性に優れているため,排水性舗装,橋面舗装,すべり止め舗装等のタックコート(下層とアスファルト混合物の上層を結合するために下層表面に歴青材料を散布すること)材として使用される.

この他,エポキシその他の**熱硬化性樹脂を用いたアスファルト**,**触媒アスファルト**(触媒を用いて構造的に改良)等は,感温性の低下や耐候性・低温脆性・付着性・高温安定性の改良を目的として研究されている.

10.3 用 途

1. ストレートアスファルトは,舗装(主に針入度 40~120(一般地域 60~80,交通量が多い場合 40~60,寒冷地域 60~120),特に流動対策に重点を置く場合にはセミブローンアスファルトが用いられる)・塗料・接着剤・ブロック・ルーフィング等に用いられ,ブローンアスファルトは,防水工事(JIS K 2207 には防水工事用として 4 種類規定されている)・目地材・塗料・接着剤・ブロック・ルーフィング・ターポリン紙・金属ライニング等に用いられる.

2. カットバックアスファルトは,舗装・塗料・接着剤・防水剤・シール剤等に用いられる.

3. アスファルト乳剤は,簡易舗装・表面処理・特殊舗装(ゴム入りアスファルト乳剤)・護岸防水・法面保護・接着剤・セメント安定処理層養生・セメントアスファルト乳剤安定処理工法等に用いられる.また,メンテナンスフリー軌道填充剤としてのセメントアスファルト(CA)グラウト用としても使用されるようになってきた.

11. アスファルト混合物
〔asphalt (paving) mixture〕

11.1 概　　要

1. 骨材とアスファルトを混合により一体化したものを，アスファルト混合物という．アスファルトとして，加熱したストレートアスファルトを用いたものを**加熱アスファルト混合物**，カットバックアスファルトやアスファルト乳剤のような常温で液体のアスファルトを用いたものを**常温アスファルト混合物**という．

2. 加熱アスファルト混合物は，粗骨材・細骨材・フィラーによる連続粒度配合の骨材を用いたものを敷きならし，締め固めた**アスファルトコンクリート**〔asphalt concrete〕，加熱混合による流動性混合物を流込み施工する**マスチックアスファルト**〔mastics asphalt〕(グースアスファルトともいう)，現場付近の低品質骨材（切込砂利や山砂）に3～6%程度のアスファルトを混ぜて路盤等に用いる**アスファルト安定処理混合物**から成る．

11.2 性　　質

混合・運搬されたアスファルト混合物は，敷きならし，締固め，あるいは流込みによって施工される際，良好な作業性を有する必要があることは当然である．
施工されたアスファルト混合物に要求される性質は次のとおりである．
1. アスファルトコンクリートは，高温時交通荷重その他によって有害な流動

変形を生じないよう，また水利アスファルト工のような急勾配の斜面舗装の場合は有害な勾配垂下がり〔slope flow〕を生じないよう，十分な**安定性**〔stability〕を有しなければならない．

2. アスファルトコンクリートは，交通荷重，波浪等の繰返し作用，過大でない地盤沈下等のため曲げ破壊を生じないよう，十分な**たわみ性**〔flexibility〕を有しなければならない．

3. アスファルトコンクリートは，交通荷重，砂を含む波浪・流水等に対する十分な**耐摩耗性**（すりへり抵抗）を有しなければならない．

4. 水が侵入してアスファルトと骨材が分離したり，水路，貯水池，ダム等で漏水が起ったりすることのないよう，所要の**水密性**を有しなければならない．マスチックアスファルトが十分水密的であることは確認されている．

5. アスファルトコンクリートは，紫外線，空気中の酸素等によって老化し，有害なたわみ性の低下（脆化）を生じないよう十分な**耐候性**を有しなければならない．

6. アスファルトは，アルカリ・塩類・非酸化性の酸等に対しては60℃程度まで耐えるが，硝酸・濃硫酸・クロム酸・ハロゲン等には弱い．酸性の水に接触する場合には，十分な**耐薬品**（抵抗）**性**を有することを確かめておく必要がある．

7. アスファルト舗装においては，特に路面が濡れた場合十分な**すべり抵抗性**〔skid resistance〕を有しなければならない．

8. アスファルト舗装は，そのほとんどが再資源化されている（舗装再生便覧）．

11.3 配合設計

1. アスファルト・フィラー・細骨材・粗骨材の割合（配合）を適切に定める作業を，アスファルト混合物の**配合設計**という．配合設計は，予定の粒度範囲に入るよう骨材の配合割合を決めること，この骨材を用いた場合の**設計アスファル**

F-72 北アフリカで完成後の6階および7階のバルコニーから各8人が街路上のけんかを見ていたところ，バルコニーが崩落し14人死亡，2人重傷，上側にあるべき鉄筋が下側に誤配置されたため．

11.3 配合設計

表-11.1 マーシャル安定度試験に対する基準値(舗装施工便覧)

混合物の種類	① 粗粒度アスファルト混合物 (20)	② 密粒度アスファルト混合物 (20)	③ 細粒度アスファルト混合物 (13)	④ 密粒度ギャップアスファルト混合物 (13)	⑤ 密粒度アスファルト混合物 (13)	⑥ 密粒度アスファルト混合物 (20F)	⑦ 細粒度アスファルト混合物 (13F)	⑧ 細粒度ギャップアスファルト混合物 (13F)	⑨ 密粒度アスファルト混合物 (13F)	密粒度ギャップアスファルト混合物 (13F)	開粒度アスファルト混合物 (13)
突固め回数 $1000 \leq T$	75					50					75
突固め回数 $T<1000$	50										50
空隙率(%)	3〜7	3〜6		3〜7		3〜5		2〜5	3〜5		—
飽和度(%)	65〜85	70〜85		65〜85		75〜85		75〜90	75〜85		—
安定度(kN)	4.90以上	4.90〔7.35〕以上			4.90以上			3.43以上	4.90以上		3.43以上
フロー値(1/100cm)				20〜40				20〜80	20〜40		

(注)(1) T:舗装計画交通量(台/日・方向)
(2) 積雪寒冷地域の場合や,$1000 \leq T<3000$ であっても流動によるわだち掘れのおそれが少ないところでは突固め回数を 50 回とする.
(3) 〔 〕内は $1000 \leq T$ で突固め回数を 75 回とする場合の基準値を示す.
(4) 水の影響を受けやすいと思われる混合物またはそのような箇所に舗設される混合物は,次式で求めた残留安定度 75% 以上が望ましい.
    残留安定度(%)=(60℃,48時間水浸後の安定度/安定度)×100

ト量をマーシャル安定度試験結果が表-11.1を満たすように決めること,の2段階から成っている.

2. アスファルト混合物の骨材の配合率は,図-11.1に示した手順で決めることもできる.

3. アスファルトコンクリートのアスファルト量は,**マーシャル安定度試験**(図-11.2)を行い,表-11.1に示す基準値に適合するよう定める.

Ⅰ-56 1つのものをとことんまで掘下げてゆくには,人生はあまりにも短すぎる.そして知らねばならぬことが多すぎる.——日置昌一(物知り博士)

Ⅰ-57 セメントとアスファルトの中間領域に位置する粘弾性体の開発利用において,我が国は世界をリードしている.

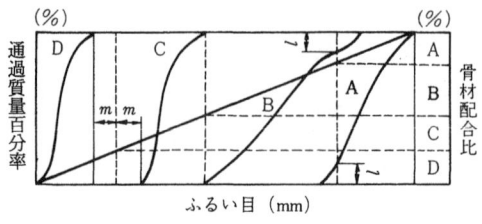

1. 普通方眼紙に図のような枠を造り，縦軸に通過質量百分率を目盛り，対角線を引く．
2. 予定粒度（一般には粒度範囲の中央）のふるいの大きさと通過率から，対角線を予定粒度に見たてて横軸にふるいの大きさの位置を定める．
3. 使用する骨材の各粒度曲線を書く．
4. 相隣る曲線の関係から，Aの下点とBの上点のように互いに重なっているときは2つの粒度曲線を上または下の横軸との距離 l が等しくなるように，Bの下点とCの上点のように互いに相対しているときは2つの粒度曲線の上または下の横軸の交点を通るように，またCの下点とDの上点のように互いに離れているときは2つの粒度曲線の上または下の横軸の交点から水平に等距離の点（$m=m$）を通るように，垂直線を引く．
5. 垂直線と対角線の交点を水平に延ばして，骨材の配合比を求める．

図-11.1 骨材の配合率を定める作図表
（舗装施工便覧）

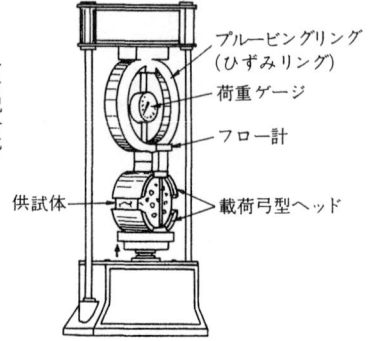

60 ± 1℃の供試体を毎分 50 ± 5mm の速度で載荷し，プルービングリングのゲージの針が最大点に達したときのフロー計の値を読み取り，荷重最大値とフロー値とを記録する．

図-11.2 マーシャル安定度試験装置

アスファルト乳剤およびカットバックアスファルトを用いる場合は，

$$\text{アスファルト乳剤量 } P(\%) = 0.06a + 0.12b + 0.2c$$

$$\text{カットバックアスファルト量 } P(\%) = 0.02a + 0.09b + 0.22c$$

によって，使用量を定めることもできる．ここに，P：混合物全質量に対する百分率，a, b, c：それぞれ 2.36mm ふるいに留まる骨材，2.36mm ふるいを通り 75μm ふるいに留まる骨材，75μm ふるいを通る骨材の質量百分率を示す．

F-73 保温材として石油タンク壁に吹付けたウレタン樹脂中のハロゲン化物が水分と反応して酸を生じたため，タンク壁が腐食し溶出の恐れを生じた．材料の事前評価の重要なことを再確認．

12. 合成高分子
〔synthetic high poiymer, synthetic high polymerized compound〕

12.1 概　　要

1. **高分子材料**とは，分子量の大きい材料（一般に，分子量が約1万を超えるが物性に対する分子量の影響が比較的小さい化合物）をいう．天然および合成のものがあり，おのおの無機系および有機系に分類されるが，本章で取り扱う対象は，合成有機高分子（合成樹脂〔synthetic resin〕・合成ゴム〔synthetic rubber〕・合成繊維〔synthetic fiber〕）に限っている．

2. **合成有機高分子材料**は，自然界に存在しないものを人類が創造したものである．弾塑性・強度・耐久性・耐水性・電気絶縁性等の点で従来の材料には期待できなかった優れた性質をもたせることが可能であるため，その使用は各分野にまたがっている．

3. 合成有機高分子材料の土木界への応用は，塩化ビニル〔vinyl〕成形品による水道パイプのように，軽量で施工および補修が容易という点を買われて，小径の寸法範囲においては他の競合材料を押え大量に使用されている場合もある．また，従来の材料にない特性を利用して，特殊の場合に応用されることが多い．

4. **合成樹脂**は，**モノマー**〔monomer〕（単量体，合成する場合の基本単位である低分子量化合物）のように比較的簡単な化合物から**重合反応**〔polymerization〕（合成高分子化合物をつくる反応，加熱重合と放射線重合がある）によって合成された**ポリマー**〔polymer〕（重合体，特定の化学構造単位の繰返しによってで

きる高分子化合物）の総称である．プラスチックまたは**プラスチックス**ともよばれ，各種成形品・塗料・接着剤の原料となっている．

5. 合成樹脂は熱に対する性状から，**熱可塑性樹脂**〔thermoplastic resin〕と**熱硬化性樹脂**〔thermosetting resin〕とに分類される．熱可塑性樹脂は，一般に，粉・ペレット〔pellet〕（丸めた球）・板・塊状の固体であり，分解点（これを超えると化学変化が起る）以下の温度で溶解し，冷却すれば固化するという可逆変化を示す．引火すると徐々に燃焼するものが多い．熱硬化性樹脂は，一般

表-12.1 主要な合成樹脂の名称とその利用形態

種別	樹脂名	略号	主な利用形態									
			成形品	シート(板)	フィルム	パイプ	塗料	接着剤	注形品	積層品	繊維処理	発泡品
熱可塑性樹脂	ポリエチレン	PE	○	○	○	○					○	○
	ポリプロピレン	PP	○	○	○	○					○	○
	ポリスチレン	PS	○	○	○	○						○
	アクリロニトリル・ブタジエン・スチレン	ABS	○	○	○	○					○	
	ポリアセタール	POM	○									
	メタクリル*	PMMA	○	○			○		○			
	ポリカーボネート	PC	○	○	○							
	ポリアミド	PA	○		○	○					○	○
	ポリ塩化ビニル	PVC	○	○	○	○		○			○	
	フッ素		○		○		○					
	ポリ塩化ビニリデン	PVDC			○						○	
	ポリ酢酸ビニル	PVAC	○				○	○				
熱硬化性樹脂	フェノール	PF	○				○	○	○	○	○	
	エポキシ	EP	○				○	○	○	○	○	
	不飽和ポリエステル	UP	○	○	○		○	○		○	○	
	フラン						○	○				
	ユリア	UF	○				○	○			○	
	メラミン	MF	○				○	○		○		
	ポリウレタン	PUR					○	○				○
	シリコーン	SI					○		○	○		
	ポリイミド	PI	○							○		

＊メタクリル樹脂（ポリメタクリル酸メチル）

F-74 米国で，材齢20日の3階のコンクリートの型枠をはずして2階に支持させ，4階の型枠支保工を3階に支持させるようにして4階の床コンクリートを打ちはじめて間もなく，25 cm厚のフラットスラブのコンクリートが地階まで崩落した．原因は柱の周囲で鉄筋を切断し不連続としたため，押抜きせん断に対する抵抗が不足したため．

12.1 概要

に主剤と硬化剤から成っており，混合時は粘性の高い液体であるが，時間の経過とともに分子間に**架橋**〔cross linking〕(橋架け，線状高分子が分子構造の末端以外の所で化学反応を起し結合すること) が起り，分子量の非常に大きい網状の三次元構造となる．熱による変形は非可逆的であり，硬化後は，加熱しても流動性・可塑性をもつといった元の状態に戻ることはない．引火点・燃焼点等の高いものが多く，**自消性**（引火しても加熱をやめれば自然に消火する）を有する．主な合成樹脂を示すと，表-12.1のとおりである．

6. **合成ゴム** (SR) は，化学的に合成樹脂と区別することは困難であるが，常温において小さい応力下で大きい変形を起こし，応力を解放すると急速に元の形に向って戻ろうとする，いわゆる**ゴム弾性**を示す点に特色がある．この原因は，合成ゴムの微細構造が合成樹脂や合成繊維のように配向されておらず，無秩序な状態にあることと，高分子間の交点が架橋により結合されており全体的に巨大な網目構造を形成している点にある．このゴム高分子間の架橋は，原料のゴムに硫黄（いおう）その他を加えて，加熱することによって実現できるので，**加硫**といわれる．

主な合成ゴムを示すと，表-12.2のようである．

7. 一般に合成高分子材料を利用するにあたっては，力学的性質の改善の耐久

表-12.2 合成ゴムの種類とその利用形態

種類	略号	主な利用形態					
		成形品	接着剤	塗料	添加剤	シーリング材	被覆材
スチレンブタジエンゴム	SBR	○	○	○	○		○
アクリロニトリルブタジエンゴム	NBR	○	○		○		○
ブタジエンゴム	BR	○			○		
イソプレンゴム	IR	○					
クロロプレンゴム	CR	○	○	○		○	○
エチレンプロピレンゴム	EPM, EPDM	○					○
ブチルゴム	IIR	○	○	○		○	○
ポリサルファイドゴム		○	○	○		○	○
フッ素ゴム	FKM						
ウレタンゴム	U					○	
アクリルゴム	ACM, ANM						
シリコーンゴム	Q	○	○	○	○		○
ポリイソブチレン			○		○		○
クロロスルホン化ポリエチレン	CSM						

性の向上・経済性等を目的として，添加剤・充填材の補強材等の**添加材料**が加えられる．

添加剤は，比較的少量使用するものである．合成樹脂に対しては，可塑剤（高分子間隙に入って分子相互の動きを活発にし，成形を容易にするとともに，硬化樹脂に可撓性・柔軟性等を付与するもの．フタル酸エステル・脂肪酸エステル・リン酸エステル等），熱安定剤（熱に対する安定性を増すもの．金属石けん，有機すず化合物等），光安定剤（紫外線に対する安定性を増すもの．ハイドロキシベンゾフェノン等），酸化防止剤，難燃剤，発泡剤，着色剤，希釈剤等がある．合成ゴムに対しては，加硫促進剤（有機塩基性化合物＋亜鉛華＋ステアリン酸），老化防止剤（芳香族アミン等）等がある．

充填材，補強材は，比較的大量使用するものであり，繊維状・布状のものと粒子状のものが用いられる．力学的性質の改善が主目的とされているが，粒子状のものは増量効果あるいは耐久性の向上を目的とすることも多い．**繊維材料**としては，ガラス繊維・ビニロン繊維・ナイロン繊維・木繊維・綿繊維・石綿繊維・炭素繊維・パルプ等，**粒子材料**としては，合成樹脂用として木粉・シリカ粉・タルク・炭酸カルシウム・黒鉛・雲母・ガラス球・バルーン等が，合成ゴム用とし

表-12.3 主要な合成樹脂

合成樹脂		密度 (g/cm³)	強度	
			引張	曲げ
熱可塑性樹脂	ポリエチレン（高密度）	0.94～0.97	20～ 40	40～ 70
	ポリプロピレン	0.90～0.91	30～ 40	42～ 56
	ポリスチレン	1.04～1.10	35～ 84	60～100
	ポリアセタール	1.41～1.42	60～ 70	85～100
	アクリロニトリル・ブタジエン・スチレン	1.03～1.06	45～ 55	77～ 90
	ポリカーボネート	1.13～1.24	55～110	80～ 95
	ポリアミド（ナイロン66）	1.04～1.24	35～ 90	30～100
	ポリ塩化ビニル（硬質）	1.34～1.45	35～ 63	70～100
	フッ素	2.14～2.20	14～ 60	13～ 18
熱硬化性樹脂	フェノール	1.25～1.30	42～ 63	63～ 77
	エポキシ	1.11～2.00	36～ 85	155～150
	不飽和ポリエステル	1.10～1.46	42～ 80	60～130
	ポリウレタン	1.10～1.50	1～ 70	5～ 30
	ユリア（セルロース）	1.47～1.52	40～ 90	70～110
	メラミン（セルロース）	1.42～2.00	50～ 90	45～170

てカーボンブラック・珪酸カルシウム・粘土・炭酸マグネシウム等がある.

8. 硬化したコンクリートの空隙に合成樹脂を填充したポリマー含浸コンクリートについては9章において,またレジンコンクリートについては13章において述べる.

12.2 性　　質

1. **合成樹脂**は,軽量・高強度・耐食性・耐水性・耐摩耗性・成形性・加工性・吸音性・吸振性・電気絶縁性・耐衝撃性・大量生産可能等の点で,他の材料には期待できない要求に応えることが可能であるという大きい**長所**を有している.その反面,引張強度がやや小さいこと,ヤング係数が小さく変形が大きいこと,熱膨張係数が大きいので熱変形が大きいこと,温度変化に対応する力学的諸性質の変化が大きいこと,耐火性が劣るに加えて燃焼に際して有害なガスを発生しやすいこと,耐候性についての保証が十分でないこと,一般に高価であることなどの**短所**を有する.主な合成樹脂の諸性質は,表-12.3に示すとおりである.

2. **合成ゴムの性質**は,ゴム弾性が特異である点を除いて,他の点では合成樹脂の物理的性質

(N/mm^2) 圧　縮	ヤング係数 $(10^3 N/mm^2)$	伸　び (%)	比　熱 $(kJ/kg℃)$	熱膨張係数 $(10^{-5}/℃)$	熱変形温度 (℃)	耐熱温度 (℃)
19〜 25	0.4〜1.3	20〜1 000	23	11〜18	60〜83	80〜124
40〜 70	1.1〜1.6	200〜700	1.9	6.0〜8.5	100〜116	110〜160
80〜110	2.8〜4.2	1.0〜6.0	0.96〜1.1	6〜8	〜96	60〜80
120〜130	2.8〜3.5	15〜75	1.5	8	124	91
80〜100	2.1〜3.2	5〜25	1.5	5〜9	70〜100	66〜110
13〜 90	1.9〜2.5	100〜130	1.3	7	130〜140	122〜133
30〜 90	1.8〜2.8	10〜500	1.6	8〜13	150〜180	130〜150
56〜 91	2.5〜4.2	—	0.92〜1.2	5〜18	55〜75	66〜105
5〜 15	0.4	200〜400	1.0	10	72〜122	205〜288
180〜210	8.4〜15	1.5〜2.0	1.3〜1.7	2.5〜6.8	75〜80	70
110〜200	3.2	1〜6	1.0	4.5〜6.5	55〜85	150
90〜160	2.1〜4.5	1〜5		5.5〜10	60〜200	120
140	0.7〜7	100〜1 000	1.8	10〜20		
180〜250	7〜10	0.5〜1.0	1.7	2.7	127〜143	77
180〜300	9〜14	0.6〜0.9	1.7	4.0	204	99

12. 合成高分子

表-12.4 主要な合成ゴムの一般的性質

性質＼種別	IR	SBR	BR	IIR	CR	EPM
密度 (g/cm³)	0.93	0.94	0.91	0.92	1.23	0.87
引張強度 (N/mm²)	3～30	2.5～30	2.5～20	5～20	5～25	5～20
耐候性	▲	▲	×	●	●	○
耐オゾン性	×	×	×	●	●	○
耐熱性	▲	●～▲	●	○	●	○
耐低温性	●	●～▲	○	▲	▲	●
耐酸性	●	●	●	○	▲	○
耐アルカリ性	●	●	●	○	▲	○
耐油性	×	×	×	×	●	×
耐摩耗性	●	●	○	▲	●	●
圧縮永久ひずみ	○	○	●	▲	●	●
耐炎性	×	×	×	×	●	×
動的特性	○	●	○	×	▲	●
電気的特性	●	●	●	○	▲～×	○

(注) ○ 優, ● 良, ▲ 可, × 不可

脂に類似している．表-12.4には主要な合成ゴムの一般的性質を示した．

3. 接着剤の可使時間（ポットライフ，主剤と硬化剤を混合してから容易に塗布できなくなったり，十分な接着性能を発揮しなくなるまでの時間）や曲げ強度・圧縮強度・引張強度・衝撃強度・接着強度等の各種強度を求めるための試験方法が，JISに規定されている．その代表例を図-12.1に示す．

F-75 生コンの強度発現が相当遅延したので型枠の取りはずし時期をずらす必要があった．原因は混和剤計量器の洩れと判明．

F-76 跨座式モノレールのPC桁や橋脚にひび割れを生じたため調査したところ，車両重量が設計重量の1.5倍であることが判明したので運行中止．車両重量の軽減を要求されたことは当然であるが，補修計画には，エポキシ注入および塗布によるPC桁や橋脚修理，錆落しやグリース塗装によるシューの滑動抵抗減少等が要請された．

12.2 性質

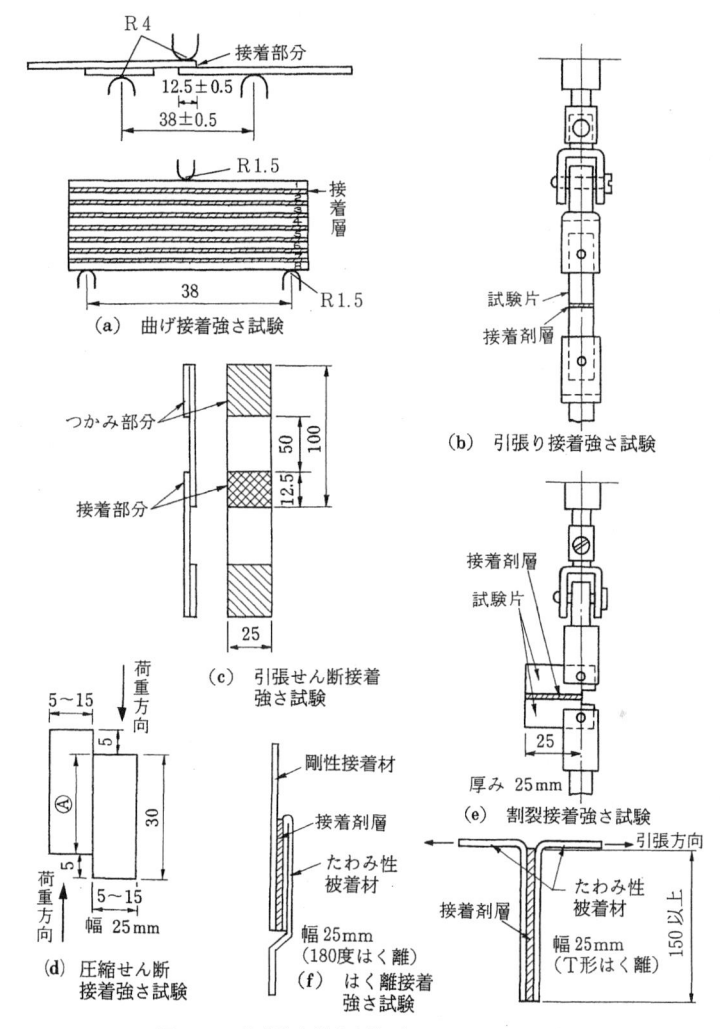

図-12.1 接着強さ試験方法（JIS K 6848～6856）

(a) 曲げ接着強さ試験
(b) 引張り接着強さ試験
(c) 引張せん断接着強さ試験
(d) 圧縮せん断接着強さ試験
(e) 割裂接着強さ試験
(f) はく離接着強さ試験

Ⅰ-58 注入工法や圧気工法に代って鋼円筒の先端に回転刃をつけた掘削装置を用い，加圧泥水を掘削する所に送ることにより，地下水の汚染・枯渇・酸欠空気・地盤沈下等を起さないようにする泥水加圧シールド工法が我が国で実用化されつつある．

12.3 用　　途

1. 土木分野における合成高分子材料の応用方面を，表-12.5 に示す．
2. **管**　JIS K 6741・6742・6743 には，それぞれ硬質塩化ビニル管（VP, VM, VU の使用圧力および呼び寸法はそれぞれ 1.0, 0.8, 0.6MPa および 300, 500, 700mm まで，建物内排水用 IDVP, 埋設排下水用 ISVP, 水輸送用 IWVP の使用圧力および公称外径はそれぞれ無圧，無圧，1.0MPa および 315, 710, 710mm まで）・水道用硬質塩化ビニル管（水道管，呼び径 150mm まで）・水道用硬質塩化ビニル管継手が，JIS K 6761・6762 には，それぞれ一般用ポリエチレン管・水道用ポリエチレン二層管規格が制定されている．良好な耐食性・流体抵

表-12.5　土木における合成高分子材料の使用方面

水　道	管，コンクリート管のジョイントコーキング，管のゴムリング接着，管や貯水池の漏水防止，PC管の端末成形や端末防錆塗装，ライニング
港　湾	防潮堤目地，浮桟橋や鉄製ブイの塗装，防弦ローラ，しゅんせつ用フロートパイプ，細粒沈殿剤
河　川	コンクリート構造物の目地，水路の漏水防止
道　路	ブロック式コンクリート橋梁の目地，スリップ防止，道路・橋梁の伸縮目地，橋梁防水層，トンネルの防水工，鉄鋼部材の接着，ペイント，標識，橋梁支承パッド
鉄道・地下鉄	ブロック式コンクリート橋梁の目地，セグメントのシールおよびコンパウンド，打継ぎ部の目地，外防水および内防水，漏水防止，ホームの滑止め，まくら木埋込み栓，タイパッド，レールパッド，タイプレート，橋梁支承パッド
コンクリート	養生剤，型枠代用袋，混和剤，ひび割れの注入補強，パッチング
アスファルト	補強網，粉末混和材，乳剤用混和剤
地　盤	地盤注入用グラウト，防水膜
塗　料	トラフィックペイント，鋼材塗装用ペイント

> F-77　一般家庭からの汚水を集めた大沈殿池から汚水浄化槽に送る深さ 3.6m，幅 1.5m の RC 製 U 字溝が破壊し，28 世帯が汚水で浸水．2.4m の水圧に対して設計するよう変更されたのに，当初定めた 1.8m の水圧で底部が設計されたため，鉄筋量が大幅に不足したことが原因．

12.3 用途

抗が小・施工が容易（軽量でたわみ性が大きく継ぐのが容易）等の長所が買われて，送水管・排水管・ケーシング管・送泥管・有孔管等に広く用いられている．なお JIS C 8430 には硬質ビニル電線管の規格が制定されており，ケーブル管，電線管としての使用も多い．

3. 現在用いられている**工業用接着剤**は，ほとんどすべて合成高分子材料を用いている．熱硬化性樹脂は，強度・耐久性・耐水性・耐薬品性に優れているので，一般に構造用接着剤として用いられる．また熱可塑性樹脂は，強度・耐久性がやや劣り変形も大きいので一般に非構造用接着剤として用いられる．我が国で用いられている主な接着剤を，表-12.6 に示した．これらのうち最も優れていてよく用いられているのは**エポキシ樹脂**であり，これより安価であるため品質はやや劣

表-12.6 土木・建築に用いられる接着剤用の合成樹脂（西沢紀昭）

	樹　脂	密度 (g/cm³)	強　度 (N/mm²)				特　色	用　途
			引張	圧縮	曲げ	せん断		
熱硬化性樹脂	フェノール樹脂	1.25〜1.45	25〜65	80〜250	50〜110	7.0〜15	耐水性，耐熱(-50〜150℃)性，安価	合板，集成材などの接着，シール材，コーキング材，構造用
	レゾルシノール樹脂	1.25〜1.45	25〜65	80〜250	50〜110	7.0〜15	耐水性，耐久性大	屋外用合板，耐水合板の接着，構造用
	ユリア樹脂	1.4〜1.52	40〜90	175〜280	70〜110	8.0〜11	耐水性，耐熱性大	一般用合板，サンドイッチ板
	エポキシ樹脂	1.88	70	90〜140	90〜120	15〜30	耐水性，耐薬品性，強度大，高価	構造用接着，コーキング材，ライニング材，シーリング材
	不飽和ポリエステル樹脂	1.10〜1.65	30〜70	90〜250	55〜130	5.0〜20	常温硬化，耐薬品性やや小	同　　上
	フラン樹脂	1.75	20〜30	70〜90	40〜60	—	耐薬品性大	コーキング材，ライニング材
	ポリウレタン樹脂	—	1.0〜1.5	—	—	15〜20	耐熱性，耐薬品性大	シーリング材
熱可塑性樹脂	酢酸ビニル樹脂（PVA）	1.18〜1.20	35	—	—	—	膨潤性，耐熱性小	タイルなどの接着，サンドイッチ板，非構造用
	ポリビニルアルコール	—	—	—	—	—	水溶性	左官用モルタル添加剤，土壌安定剤
	ブチラール樹脂	1.05〜	3.5〜21	—	—	—	耐水性	フェノール樹脂と混用して構造用

> I-59　大量混和が可能な減水剤の開発と，これを活用した高強度コンクリートその他の関連技術開発において，我が国は世界をリードしている．

るがよく用いられているものは、不飽和ポリエステル樹脂である.

熱硬化性樹脂は高強度であるが脆いため、衝撃によって容易に破壊するという欠点を有する。この短所を救うため、熱可塑性樹脂あるいは合成ゴムを混合して適切な接着剤を得ることが可能である．これらを混合型接着剤というが、例えば、レドルシン樹脂とスチレンブタジエンゴムを混合すると、安価で脆くない接着剤が得られるし、フェノール樹脂とアクリルニトリルブタジエンゴムを混合すると、耐熱性・耐油性に優れた脆くない接着剤が得られる.

接着剤は広範に用いられている．例を示すと、プレキャストコンクリートブロックを接着剤と橋軸方向のプレストレスによって一体化するPCプレキャストセグメント工法、鋼桁とプレキャストコンクリート床板を接着剤と高力ボルトにより一体化するプレキャスト合成桁などをあげることができる.

床面に接着剤を薄く塗って耐摩耗性・耐食性・水密性等を改良したり、さらに珪砂・金剛砂等を散布してすべり抵抗を増大する工法は、有効な応用といえる．また我が国でも広く実施されるようになった、構造物に損傷を与えないひび割れ補修方法としての**エポキシ注入法**（図-12.2）が、コンクリート界に与えた恩恵は極めて大きかったといわなければならない.

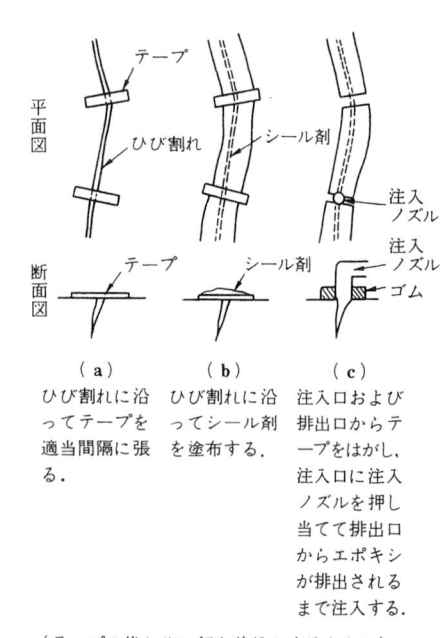

（a）ひび割れに沿ってテープを適当間隔に張る.
（b）ひび割れに沿ってシール剤を塗布する.
（c）注入口および排出口からテープをはがし、注入口に注入ノズルを押し当てて排出口からエポキシが排出されるまで注入する.

（テープの代わりに釘を差込む方法もある）

図-12.2　エポキシ注入作業の順序

4. 塗料としても、最近は合成高分子材料の占める割合が圧倒的に大

F-78 橋長45m（支間44m）の合成箱形桁橋を架設しようとしてI形桁3本を約25m引出したところ、突然桁が横倒しになり大きくねじれてしまった．不安定なI形桁を引出すのに横方向から十分支えなかったことが原因.

12.3 用途

きく，薄いコーティング（0.2～0.3mm 以下）から厚いライニング（1mm 以上）に到るまで，エポキシ・アルキド・ポリウレタン・フラン等各種の樹脂が用いられている．

5. **レジンコンクリート**を用いて，地下ケーブル線埋設用マンホールや FRP の複合管が量産されており，パイル・セグメント・透水性舗装・小径トンネルのライニング等に応用されている（13 章）．

6. **止水板・目地材**としては，アスファルト系より品質が優れているため，広く用いられるようになってきた．コンクリート構造物の打継目に使用される塩化ビニル製止水板（図-12.3），PVC・PB・PS・PVR 製の目地板，SBR・IIR・CR・EPM・NR・PVC 系のガスケット（接合部に圧縮された状態で設置され水密性・気密性を保つもの），ポリブテン・IIR・PP 系のひも状目地材等があり，道路・管路・シールドセグメント等に用いられている．

種類	記号
フラット形フラット	FF
フラット形コルゲート	FC
センターバルブ形フラット	CF
センターバルブ形コルゲート	CC
アンカット形コルゲート	UC
特殊形	S

参考図（例）

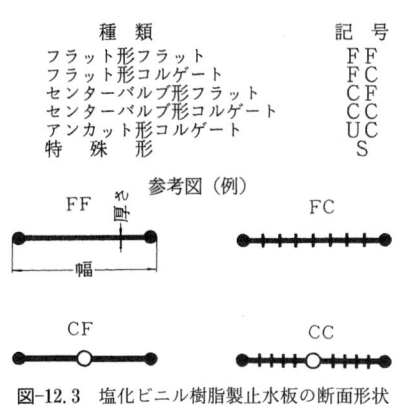

図-12.3 塩化ビニル樹脂製止水板の断面形状
（JIS K 6773）

7. ダム，その他において用いられる**遮水膜**は一般に 0.5～1.0mm，**防砂膜**は 1.0～2.0mm のものが用いられるが，重要な個所ではこの厚さを増す．PE・PVC・PP・PVDC・

Ⅰ-60 この発明は設定された課題を解決しようとする試みの直接的産物ではなく，幸運な偶然といったものによって産まれたといえる．── K.チーグラー（触媒の世界的学者）

Ⅰ-61 アイデア開発のためのチェックリストとして GM 社は，能率改善のための機械の利用，今使っている設備の改良，コンベアその他の位置や順序の変更，作業同時化のための特別の工具冶具の開発，作業順序の変更による部品品質の改良，より経済的な材料による代用の可能性，切断や切削方法の変更によるもっと経済的な材料の活用，より安全な作業，むだな形式の排除，作業工程の簡単化の 10 をあげている．

PA 等が用いられている．トンネル工事その他での湧水処理には，支保工フランジ間に厚さ 0.3～0.5mm の塩化ビニルまたはポリエチレンの**フィルム**を取り付けている．

8. **地盤注入用グラウト**としては，アクリルアミド系・ユリア系等のものが大量に用いられていたが，公害問題で一時中止されている．

9. **橋梁支承**としても，すべり支承（フッ素樹脂薄板 CR の組合せ）やせん断変形支承（CR とビニロンその他の合成繊維・鋼板等の積層成形）も実施されている．

10. **軌道用**としては，図-12.4 に示すようにクッション用・絶縁用等を目的として，各種の合成高分子材料が利用されている．

11. コンクリートの**膜養生剤**としては，塩化ビニルと塩化ビニリデンの共重合乳剤等が用いられている．

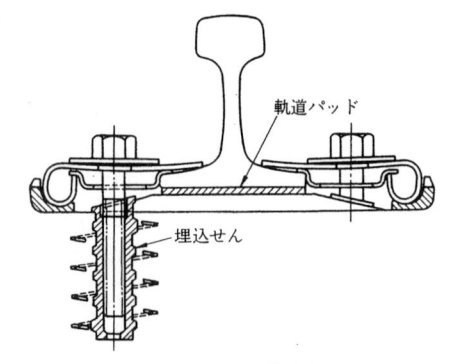

図-12.4　レール締結装置

12. FRP・PVC・ABS 等は，コンクリート用**型枠**に用いられている．

13. 軟弱地盤上あるいは急傾斜地上の超軽量な盛土材として，大型の発泡スチロール〔Expanded Poly-Styrol〕のブロックが用いられている．密度が土砂やコンクリートの約 1/100 で，水と結合しないはっ水性である特徴を生かして，**EPS 工法**として普及している．

F-79　米国で架設中のバックマン橋において，32 本の中空コンクリート杭が破壊．直接原因はキャップを取り付ける前に頂部から杭内に侵入した水中のバクテリアが，杭内部の型枠用ボール紙と作用してメタンガスを発生したため．水や圧力を抜くための孔をあけておくべきであった．

F-80　15/1 000 勾配区間に架設する PC 桁を支えるのにゴム支承を用いたところ，勾配下端の圧縮変形が大きくなりゴムが剥離（はくり）したりはみ出したりした．桁座面を水平でなく勾配をつけて打ち込むことにより解決．

13. レジンコンクリート〔resin concrete〕

13.1 概　　要

1.　従来のセメントの代わりに合成高分子材料を結合材として用い，骨材，フィラーおよび合成高分子材料を混合により一体化したものを，**レジンコンクリート**という．結合材の合成高分子材料としては，熱硬化性樹脂である不飽和ポリエステル・エポキシ・ポリウレタン・フラン・フェノール等が一般に用いられる．

　フィラーとしては，重質の炭酸カルシウム粉末，シリカ質粉末およびフライアッシュ等が用いられる．細・粗骨材は，清浄，堅硬，健全なもので，含水量の小さいものが望ましい．

2.　レジンコンクリートの**長所**は，強度が大きいこと（引張および曲げは圧縮の場合より小さいが，セメントを結合材としたコンクリートと比べて大きい），防水性・耐薬品性・耐凍害性・耐摩耗性等が優れていること，硬化時間の調節が

Ⅰ-62　2 000℃ までの高温に耐える新しい高強度炭化珪素繊維が，我が国で開発され世界の注目を集めている．無機繊維を造るのに有機物を利用するという飛躍的な発想と夢が，この成功を産んだという．

Ⅰ-63　エンジンの振動騒音を低減するのに，2本のサイレントシャフトをエンジン回転数の2倍の速さで，上下異なった位置においてまわすという方法が我が国で開発された．

容易であり所定の強度を短期間に発現させることが容易であること，ガラス繊維その他により容易に補強できること，良好な電気絶縁性をもつこと，完全な人工材料である合成高分子材料を結合材としているため品質の飛躍的な改善を行える可能性を有していることなどである．**短所**は，粘性・可使時間〔pot life〕・発熱等の関係で作業性は必ずしも良くないこと，耐火性・耐熱性等が良くないこと，硬化収縮の大きい場合があること（例えば不飽和ポリエステル樹脂），高価であることなどである．

13.2 性　　質

1.　レジンコンクリートの性質は，使用する合成高分子材料の結合材の種類と性質および骨材の性質に大きく依存する．その物理的性質を（セメント）コンク

表-13.1　各種コンクリートの物理的性質（大浜嘉彦）

特性値		レジンコンクリート			アスファルトコンクリート	普通セメントコンクリート
		フルフラールアセトン樹脂	ポリエステル樹脂	エポキシ樹脂		
密度	(kg/m^3)	2 100	2 200〜2 300	2 000〜2 100	2 100〜2 400	2 300〜2 400
空隙率	(％)	—	—	6	3〜5	9〜10
強度 (N/mm^2)	圧縮	70〜80	110〜125	60〜120	2.0〜15	40〜60
	曲げ	16〜20	35〜40	20〜50	2.0〜15	5.0〜10
	引張	6.5〜7.0	12〜14	5.0〜20	—	2.5〜3.0
比衝撃強度 (N・cm/cm^2)		20〜30	180	—	—	—
弾性係数(10^4) (N/mm^2)		2.0〜3.0	3.0〜3.5	2.5〜3.5	—	3〜4
吸水率	(％)	0.01	0.1〜1	1.0	1〜3	4〜6

　　F-81　スパン 20 m の I 形断面 PC 桁をゴム支承の上に下ろしたところ，ゴム支承の変形量が下突縁の内側と外側で著しく異なったため変形量の大きい側のゴムがはみ出してまくれ上り，他の側は密着せず開いたままであった．桁座面が正しく水平でなかったことと，PC 桁のねじれていたことが原因．

　　F-82　PC 斜角橋で，すべり支承の可動方向を斜め橋軸方向とし，橋台前面と垂直方向に配置した PC 鋼棒を緊張したところ，PC 鋼材と直角方向にひび割れが入った．

13.2 性質

リートやアスファルトコンクリートと比較した例を，表-13.1 に示す．

2. ポリエステルレジンコンクリートの強度が，材齢とともに伸びること，温度上昇とともに低下することなどを示す実験例を，図-13.1，図-13.2 に示す．

3. レジンモルタルの曲げ強度が，砂の含水率とともに低下することを示す実験例を，図-13.3 に示す．したがって，骨材の含水率は 0.5% 以下のものが望ましい．

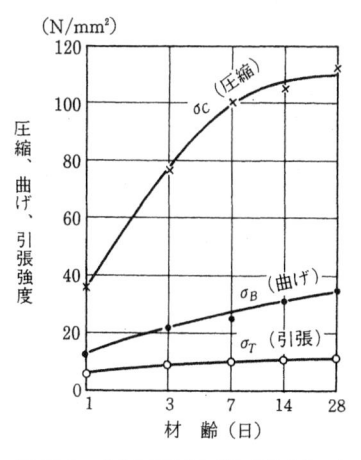

図-13.1 ポリエステルレジンコンクリートの強度と材齢（住友電気誌）

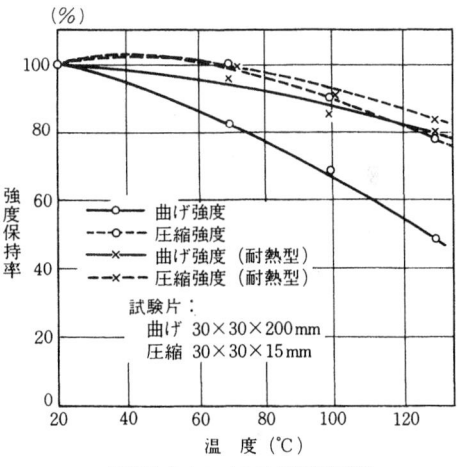

図-13.2 ポリエステルレジンコンクリートの熱間強度
（岡田清・坂村杲・矢村潔・佐藤泰敏）
試料はオイルバスで40分間加熱し，取り出して直ちに試験．

I-64 騒音を遮断することは極めて困難であるが，これを逆に利用して故障や欠陥を発見するのに音を利用する研究が盛んである．

I-65 メッキ廃液から有害なシアンを除去あるいは回収する経済的な方法が我が国で開発され，世界各国に特許出願がなされた．廃液を板の上に繰返して落下させると，150 ppm あったシアンが 50 分後には 1.05 ppm になるという．水道の蛇口から水を激しく流出させたり，バケツの水を棒で激しく攪拌すると，塩素分の脱けることから連想された．

13. レジンコンクリート

4. レジンコンクリートの戸外曝露試験を行った結果例を，図-13.4 に示す．

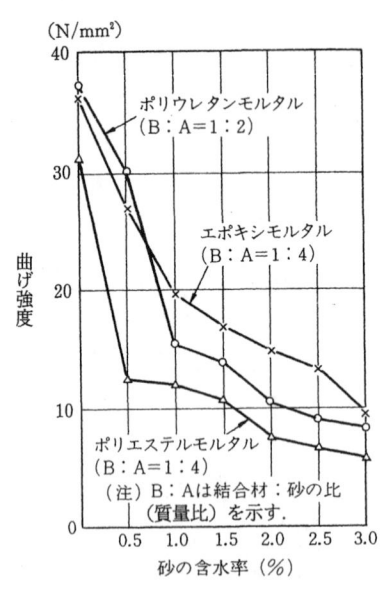

図-13.3 各種レジンモルタルの曲げ強度と砂の含水率の関係（大浜嘉彦）

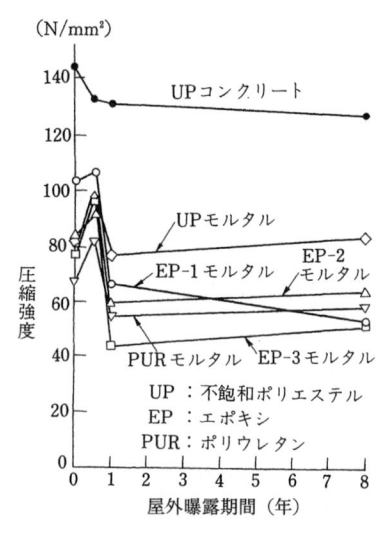

図-13.4 各種レジンモルタルの圧縮強度と屋外曝露期間（大浜嘉彦）

14. 複合グラウト〔composite grout〕

14.1 概　　要

注入や流込みによって施工できる流動性材料であるグラウトは，施工の容易な点を買われて各種の建設工事に応用されている．これらのうち，我が国で開発され大規模に実用された実績を有する2つの複合グラウトについて述べる．

14.2 セメント薬液（ケミカル）同時注入用グラウト〔grout for simultaneous cement-chemical grouting〕

1. 大小の空隙が混在する複雑な地盤の空隙に注入して，止水あるいは強化という効果を得ようとする場合，大空隙の充填は高強度で安価な**セメント注入**と，小空隙の充填は浸透性に優れた**薬液注入**と，2工程に分けて施工されていたが，両注入を同時に実施するという1工程工法で十分である場合の極めて多いことが確かめられた．この場合用いられる複合グラウトが，**セメント薬液同時注入用グラウト**である．

Ⅰ-66　汚泥処理のため凍結融解法を用いようという新しい方法が我が国で開発され実用されつつある．汚泥を冷凍し融解すると土と水に分解する現象を利用.

2. セメント薬液同時注入の場合，薬液は一種の潤滑作用によってセメント粒子の小空隙への浸透を容易にならしめること，薬液は液体であるため見掛けの水セメント比を増すことによりさらにセメント粒子の浸透を容易にならしめること（表-14.1），単なるセメント注入の場合大空隙周辺に追放される大量の水はなんらの固結能力も有しないがセメント薬液同時注入の場合は固結能力を有する薬液が小空隙を充填すること，この周辺に追放される薬液中にセメント中の微粒子が同行し薬液の強度増進に貢献すること，結局グラウト全体積が固化するため固化グラウトの単価は高くないこと，セメントが自動的に大空隙を充填することにより弱い薬液層により危険なすべり面を形成するようなことが防げること，セメント注入の場合漏出ないし逸出することが多いが薬液のゲル化を利用することにより低減することが可能であること，などの利点が得られて有利である．

3. セメント薬液同時注入用ゲラウトとして用いられる薬液としては，セメントと一時的でも共存することにより硬化能力を有するようになる珪酸ナトリウム〔sodium-silicate〕（水ガラス〔water-glass〕）を用いるのが最も経済的であるため，**セメント水ガラスグラウト**（LW と略記する）が一般に用いられている．LW の配合とゲルタイムの関係を求めた試験例を，図-14.1 に示す．

表-14.1 純セメントグラウトのブリーディングと浸透比（J. King・Bush）

水セメント比	ブリーディング率	浸 透 比	水セメント比	ブリーディング率	浸 透 比
0.40	0	0.4	1.50	40	30.0
0.55	2	1.0	1.85	50	65.0
0.65	10	4.0	2.25	60	90.0
0.75	12.5	5.8	2.70	70	160.0
0.90	20	9.0	3.12	80	270.0
1.00	25	11.5	3.36	90	480.0
1.15	30	16.0	(4.0) 外挿	(99)	(720.0)

F-83 場所打ち PC 橋を支えるのに鋳鋼すべり支承を用いたところ，ソールプレート（支承板）が傾いた状態でコンクリートが打設されたため，可動支承として考えていた摩擦抵抗力よりずっと大きい水平力が働くこととなり，支承部アンカーボルト付近から橋脚にひび割れを生じた．ソールプレートが傾かないよう仮溶接・発泡スチロール充填・木くさび支持等の手段を取る必要がある．

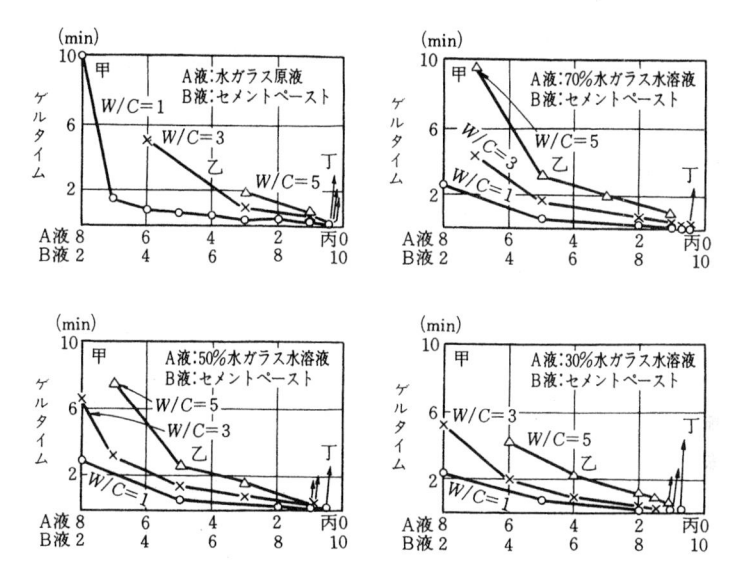

14.2 セメント薬液（ケミカル）同時注入用グラウト

図-14.1 セメント水ガラスグラウトの配合とゲルタイムの関係
（約20℃，3号水ガラス使用）（樋口芳朗・杉山道行）

4. 高炉スラグ微粉末をLWに混和すると，ゲルタイムの延伸・強度の増進・耐久性の改善等に効果のあることが確かめられている（表-14.2）．

5. 地盤注入におけるグラウトの大体の適用範囲として図-14.2が得られており，セメント薬液同時注入用ゲラウトの適用範囲の広いことが確認されている．

I-67 特性の異なる多種類のプラスチック廃棄物を処理することは極めて困難とされてきたが，燃焼させないで溶融し，杭・管・柵（さく）・電線ドラム等を造る新技術が我が国で開発されて，世界各国に技術輸出されつつある．破砕したのち混合し，摩擦熱によって溶融させているため，個々のプラスチック粒が有毒ガスを発生する温度まで熱せられることが自動的に防がれている．

I-68 日本の未来には大変お金のかかる中高年齢社会が待っている．これに備えるために壮年期のわが国がなすべき最善のことは，公共投資によって効率のよい日本社会を作っておくこと，すなわち効率的に日本列島を改造しておくことである．── 堺屋太一「近未来随想」

14. 複合グラウト

表-14.2 高炉スラグ微粉末を混和したLWのゲルタイムと強度
(樋口芳朗・堺　毅・杉山道行, 上野秋朗)

	水ガラス液:セメント液	水ガラス液の濃度 (%)	セメント液の濃度 W/(C+Sl) (%)	スラグの比表面積 (cm²/g)												
				3 350								5 040				
				スラグ置換率 (%)												
				0		40		60		80		40		60		80	
				材齢 7(日)	28	7	28	7	28	7	28	7	28	7	28	7	28
圧縮強度 (N/mm²)	8:2	70	100	0.5	0.6	0.9	0.9	0.5	0.6	0.05	0.2	0.5	0.7	0.4	0.7	0.1	0.1
			300	0.4	0.6	0.04	—	—	—	—	—	—	—	—	0.04	—	—
	5:5	100	100	0.3	0.4	2.9	3.4	3.8	3.9	4.9	5.0	6.3	3.1	4.2	6.8	6.0	4.5
			300	0.5	0.8	0.6	1.1	0.5	1.3	0.2	0.4	0.5	0.9	0.6	1.2	0.3	0.8
		70	100	0.5	0.6	5.7	5.4	3.6	4.6	3.4	3.5	6.5	3.4	5.4	3.4	5.7	3.6
			300	0.6	1.3	0.4	1.2	0.4	0.9	0.1	0.4	0.5	0.9	0.6	0.5	0.3	0.3
		50	100	2.5	3.3	3.7	5.4	4.9	5.6	1.6	3.9	6.6	3.2	5.1	4.5	5.5	4.8
			300	0.6	1.4	0.8	1.7	0.8	0.8	0.1	0.2	0.1	0.5	0.1	0.7	0.05	0.06
	2:8	70	100	6.2	9.3	7.5	11.0	10.8	12.1	8.8	12.0	9.5	6.8	13.9	9.1	12.7	8.3
			300	1.1	1.3	1.0	2.4	0.8	1.2	0.7	2.0	2.2	1.0	2.1	0.8	1.3	2.0
ゲルタイム	8:2	70	100	8'20″		26′	—	47′ —		3°28′ —		24′30″		28′ —		1°30′	
			300	24'20″		6°60′	—	11°00′ —		66°00′ —		3°41′		4°30′		5°以上	
	5:5	100	100	2'25″		3'30″		6'40″		18'30″		5'00″		7'00″		10'30″	
			300	7'05″		14'40″		16'40″		58'00″		14'30″		29'00″		1'00″ —	
		70	100	1'30″		2'35″		3'35″		10'30″		2'35″		3'50″		5'20″	
			300	3'30″		6'30″		8'25″		21'40″		8'00″		11'00″		24'40″	
		50	100	1'07″		1'40″		2'40″		3'35″		1'30″		2'30″		3'30″	
			300	2'35″		3'30″		6'25″		15'30″		4'40″		4'30″		15'00″	
	2:8	70	100	24″		37″		51″		1'14″		35″		57″		1'15″	
			300	1'10″		1'24″		2'21″		4'32″		1'38″		2'18″		4'53″	

(注)　水ガラスのモル比 2.1〜2.3

F-84　4.26%の勾配区間の箱形断面PC橋工事において, 2週間前に底部および腹部コンクリートの打設を終り, 床版コンクリートを打設中, スパン中央部まで打終った時, 支保工が倒れて崩壊. 水平方向の安定不足が原因.

F-85　スパン30mのI型断面PC桁を抱込式エレクションガーダーで架設中, 左右のバランスが崩れて主桁が傾き, スパン中央の上突縁から腹部にかけて大きいひび割れを生じた. 桁高に比べて桁幅が小さく, しかもスパンが大きい場合はPC桁の横方向の安定性が悪いので注意する必要がある.

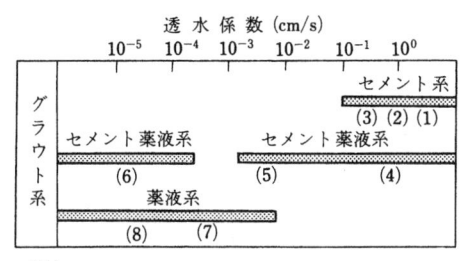

14.3 セメントアスファルト (CA) グラウト

透水係数 (cm/s)
10^{-5} 10^{-4} 10^{-3} 10^{-2} 10^{-1} 10^{0}

グラウト系

　　　　　　　　　　　　　　　　　セメント系
　　　　　　　　　　　　　　　　　(3) (2) (1)
　　　セメント薬液系　　　セメント薬液系
　　　　　(6)　　　　　　　　(5)　　　　　(4)
　　　　　薬液系
　　　　　(8)　　　(7)

(注)
(1)はモルタルとするのが適当.
(2)は分離防止, 増量を考えたグラウト (例えばセメントベントナイトグラウト) が常用される.
(3)(5)(6)はなるべく微粉とした微粉末セメントの使用が適当.
(4)はグラウトの逸出防止が主眼.
(6)(8)は脈状または層状注入となる. (8)で用いる薬液はそれ自体の強度が大きいものに限る.
(7)は一様な充填が期待できる.

図-14.2　グラウトの大体の適用範囲
　　　　　（樋口芳朗）

14.3 セメントアスファルト (CA) グラウト〔cement-asphalt grout〕

1. セメント, アスファルトという主要な2建設材料は, 例えば舗装では「白か黒か」と対立的にとらえられていたが, 強度を要しない粘弾性グラウトとして, 両者の中間領域に属する**セメントアスファルト (CA) グラウト**が開発され, メンテナンスフリー軌道や道路補修工事に応用されている.

Ⅰ-69　発明発見・創意工夫の世界は, あくまでも宏大無辺で, 今まで人間の踏み込んだ地域は九牛の一毛にも達していない. その大きな未開の宝庫は, 早く扉を開けて呉れと中から叩いて呼びかけている. しかもその扉の鍵は誰の足下にもころがっているのである.　　——豊田佐吉

Ⅰ-70　鉄筋継手が RC 構造物の設計施工において重要な問題点となりつつあるが, 現場において主流となっている重ね継手の信頼性を高めようという種々の研究が我が国で行われている.

14. 複合グラウト

2. CAグラウトを造るのに用いられるアスファルトは，特殊なアスファルト乳剤である．

3. CAグラウトの配合例を，表-14.3，表-14.4に示す．

表-14.3 スラグ軌道用セメントアスファルトグラウト[5]（樋口芳朗・杉山道行）

アスファルト乳剤[1]	配合						流下時間[4] (sec)	可使時間 (min)	ブリーディング率 (%)	膨張率 (%)	圧縮強度[5] (N/mm²)				静的弾性係数[6] (N/mm²)
	早強ポルト kg/m³	乳剤 (l/m³)	砂 kg/m³	W (%)	混和材[2] kg/m³	アルミ粉 (g/m³)					1日	3日	7日	28日	
N	270	540	540	25	0	40	20	30	0	0.9	0.13	0.34	0.59	1.4	約300
T	270	540	540	30	0	40	23	40	0	2.3	0.22	0.53	0.78	1.8	
N	250	470	590	35	44	40	23	40	0	0.4	0.15	0.38	0.59	1.3	
T	250	470	590	40	44	40	20	80	0	2.2	0.31	0.68	0.98	2.0	

(注) [1] N：日瀝化学社製，T：東亜道路社製，　　[2] 電気化学社製ワーカビリティー材
　　[3] 練上りおよび養生温度 20±2℃，　　　　[4] J漏斗使用
　　[5] φ5×5cm供試体，0.5mm/minの載荷速度，変位はダイヤルゲージで測定
　　[6] 全般的に土木学会のグラウト試験方法に準じた

表-14.4 填充道床用セメントアスファルトグラウト（樋口芳朗・原田豊）

配合比			セッター量(C+QT)×%	流下時間 (sec)	可使時間 (min)	ブリーディング率 (%)	膨張率 (%)	強度 (N/mm²)						ヤング係数 (N/mm²)	長さ変化率 (%) 300日
(C+QT)	: A	: S						圧縮		曲げ		引張	せん断		
								1.5(h)	28(日)	1.5(h)	28(日)	28(日)	28(日)		
(0.75+0.25)	: 1	: 1	1.2	6.3	22	0	1.0	0.72	6.9	0.29	3.35	1.04	1.60	6.8×10²	−0.010
(0.75+0.25)	: 1.5	: 1	1.2	6.2	25	0	0.5	0.45	3.6	0.19	1.78	0.76	1.24	3.5×10²	−0.014
(0.75+0.25)	: 2	: 1	1.0	6.4	27	0	0.3	0.23	1.9	0.12	1.09	0.45	0.79	2.3×10²	−0.016

(注) 1. C：普通ポルトランドセメント，QT：電気化学社製超速硬性混和材，A：東亜道路社製特殊ノニオンアスファルト乳剤，セッター：電気化学社製特殊凝結調節剤，S：2.5mm以下の川砂，$F.M.=1.82$
　2. $W/(C+QT)=0.35$，アルミニウム粉末$=(C+QT)\times0.01\%$
　3. ヤング係数は応力 0〜4kgf/cm² の範囲
　4. 長さ変化率はコンパレーター方法
　5. 養生，20℃，75% R.H.
　6. この表示に示したもののほかに，ポンプの打込みに適した1.5ショット方式用グラウトも開発されている．

F-86 橋脚に埋め込んだ古レール上に鋼製枕Iビームを軽く溶接しながら取付け，その上に型枠支持用鋼製Iビームを置くという支保工方式でPC桁の約半分を打ち込んだ時，古レールが折損し支保ビームが落下して大きい被害を生じた．古レールを埋め込む際橋脚本体の鉄筋があったためレール底部の半分を溶断したこと，高炭素鋼の古レールを溶接して弱点を形成したこと，枕ビームと橋脚側面からの距離が設計より大きかったことなどの悪条件が競合．

Ⅰ-71 英国ピルキントン社では，溶融金属の上に溶けたガラスを流して極めて平滑な板ガラスを造るフロートガラス製造法を完成し，世界各国へ技術輸出することに成功した．この方法は20世紀最大の工業的発明ともいわれるが，電気を伝えるガラスを造ろうとして偶然発明されたとも伝えられる．この重力の法則を利用した一見革命的な製造法もよく調べてみると，その基本的な考え方は20世紀初めの米国特許公報に詳しく述べられているという．

Ⅰ-72 フロートガラス製造法は英国に技術輸出による貴重な外貨をもたらしたが，余り大きくない板ガラス製造においては我が国で開発された溶融ガラスの表面からガラスの帯を引上げる小回りのきく方式が，世界各国へ技術輸出されている．この方式は20世紀の初め欧州で開発され実施されていたが，筋や泡が入りやすいこと，定期的に機械を止めて掃除しなければならないことなどの欠点があったので，引上げるガラスの帯の両側を耐火レンガ性ローラーで仕上げることにより改良して成功した．

Ⅰ-73 硬化後膨張するということで嫌われていたコンクリート界の三悪は，セメントバチルス・フリーライム・マグネシアであったが，毒を薬として善用する方法も順次開発されてきた．我が国の果した功績は極めて大きかった．

参 考 文 献

本書を執筆するに当たり，特に参考とさせて頂いた我が国の出版物〔これらの中には外国文献も含めて多数の参考文献が示されている〕

〔**1.**～**14**. の全般〕
  1) 土木学会編：土木工学ハンドブック（第四版），技報堂出版，1989
  2) 国分正胤編：土木材料実験，技報堂出版，1969，1976，1983
〔**1**. 建設材料概論〕
  JIS 総目録，日本規格協会
〔**2**. 新技術の創造〕〔アイディア例，I シリーズ〕
  1) ヴァンファンジェ著（1959），加藤八千代・岡村和子訳：創造性の開発，岩波書店，1963
  2) 川口寅之輔：発明学，講談社ブルーバックス
  3) 科学技術庁編：科学技術白書
  4) J. ジェークス，D. サワーズ，R. スティラーマン著，星野芳郎，大谷良一，神戸鉄夫訳：発明の源泉（第 2 版），岩波書店
〔**3**. 事故防止〕〔事故例，F シリーズ〕
  1) PC 桁の事故とその対策(1)～(4)，プレストレストコンクリート，第 6 巻，第 3 ～ 6 号，1964
  2) J. Feld 著（1964），樋口芳朗，宮本征夫，岡田勝也訳：コンクリート構造物の破壊事故は教える，日本コンクリート工学協会（旧日本コンクリート会議），1975
  3) 村上永一編：土・基礎・構造物の設計・施工上の失敗例と解決方法，近代図書，1965
  4) 橋梁と基礎，建設図書，1967.10，1974.10
〔**6**. 鉄　鋼〕
  1) 鉄ができるまで，日本鉄鋼連盟
  2) 鋼材倶楽部編：土木技術者のための鋼材知識，技報堂出版
  3) 堀川浩甫：土木材料 I ＜鋼材＞，共立出版，1965
〔**7**. セメント，**8**. 混和材料，**9**. コンクリート〕
  1) United States, Department of the Interior, Bureau of Reclamation 編：Concrete Manual, Seventh Edition, 1963, 近藤泰夫訳：コンクリートマニュアル，国民科学社，1966（第 8 版が 1975 年に出版された）
  2) コンクリート専門委員会報告，セメント協会
  3) コンクリート標準示方書〔2007 年制定〕，土木学会，2008.3
  4) セメントの常識，セメント協会
  5) 日本コンクリート工学協会編：コンクリート便覧〔第二版〕，技報堂出版，1996
〔**10**. 歴青，**11**. アスファルト混合物〕
  1) アスファルト及びその応用，アスファルト同業会
  2) 管原照雄・工藤忠夫・有福武治：土木材料Ⅲ＜アスファルト＞，共立出版，1974

［付　　録］

[付 録 1]

SI 単位について

　国際単位系に属する SI 単位は，国際標準化機構（ISO）がこの採用を決め，我が国でも 1972 年に JIS に採用してゆくことが決定された．この方針のもとに 1974 年 4 月 1 日以降制定あるいは改正される JIS においては，SI でない単位を使用する場合は必ず SI 単位を（　）付きで併記することから始まり，その後 SI 単位を主体的に使用することとなり，平成 7 年 4 月 1 日からは全面的に SI 単位を使用することとなった．ここに，力関係の換算表を示す．

力関係の換算表

(a) 力

N	dyn	kgf	lbf
1	1×10^5	$1.019\,72 \times 10^{-1}$	$2.248\,1 \times 10^{-1}$
1×10^{-5}	1	$1.019\,72 \times 10^{-6}$	$2.248\,1 \times 10^{-6}$
9.806 65	$9.806\,65 \times 10^5$	1	2.204 62
4.448 22	$4.448\,22 \times 10^5$	$4.535\,9 \times 10^{-1}$	1

(b) 圧 力

Pa	bar	kgf/cm²	atm	lbf/in²
1	1×10^{-5}	$1.019\,72 \times 10^{-5}$	$9.869\,23 \times 10^{-6}$	$1.450\,4 \times 10^{-4}$
1×10^5	1	1.019 72	$9.869\,23 \times 10^{-1}$	$1.450\,4 \times 10$
$9.806\,65 \times 10^4$	$9.806\,65 \times 10^{-1}$	1	$9.678\,41 \times 10^{-1}$	$1.422\,3 \times 10$
$1.013\,25 \times 10^5$	1.013 25	1.033 23	1	1.470×10
$6.894\,76 \times 10^3$	$6.894\,76 \times 10^{-2}$	7.031×10^{-2}	6.804×10^{-2}	1

（c）応 力

kPa(SI)	MPa または N/mm^2(SI)	kgf/mm^2	kgf/cm^2	lbf/in^2
1	1×10^{-3}	1.01972×10^{-4}	1.01972×10^{-2}	1.4504×10^{-1}
1×10^3	1	1.01972×10^{-1}	1.01972×10	1.4504×10^2
9.80665×10^3	9.80665	1	1×10^2	1.4223×10^3
9.80665×10	9.80665×10^{-2}	1×10^{-2}	1	1.4223×10
6.89476	6.89476×10^{-3}	7.031×10^{-4}	7.031×10^{-2}	1

（d） SI 接頭語

倍 数	接頭語	記 号	倍 数	接頭語	記 号
10^{12}	テ ラ	T	10^{-1}	デ シ	d
10^9	ギ ガ	G	10^{-2}	センチ	c
10^6	メ ガ	M	10^{-3}	ミ リ	m
10^3	キ ロ	k	10^{-6}	マイクロ	μ
10^2	ヘクト	h	10^{-9}	ナ ノ	n
10^1	デ カ	da	10^{-12}	ピ コ	p

（e） その他

J：ジュール（1N×1m，温度によって異なるが cal≒4.186J）

K：ケルビン（絶対温度：K＝273.16＋℃）

W：ワット（1ボルト×1アンペア，1J/秒）

165

[付 録 2]

有用なデータを多数積み残したことは最大の心残りでしたが，本書が予想外にコンパクトに仕上がったため，図表を中心として補足することが可能となりました．現在建設材料の講義ではコンクリートにウエイトの置かれることが一般的であること，建設技術者による論文発表もコンクリート方面が最も多いこと，それに勝手な言い分で恐縮ですが筆者の専門はコンクリートの方に偏っていること等の事情を考え，**7. セメント**，**8. 混和材料**，**9. コンクリート** に関連する資料を，主として補足させて頂きました（本文との関連を明瞭にするため，最初に**関連する本文のページを太字**で示しました）．著者名は明記いたしましたが，原典を読まれた方が望ましいと判断したものには，文献名も示しました（一般に入手困難と思われる外国文献などは極力避けました）．紹介させて頂いた著者の方々に深謝いたします．

(**p. 5**)

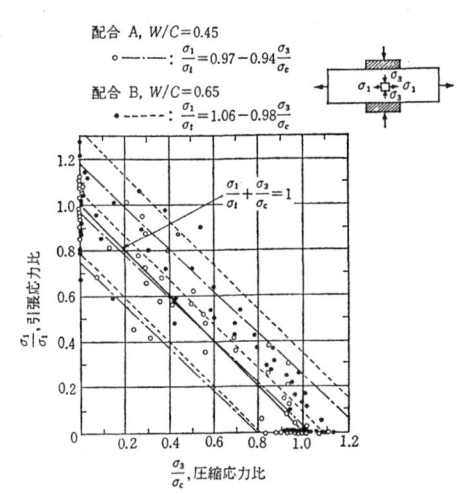

付図-1 破壊時の主応力比間の関係例
(西沢紀昭)

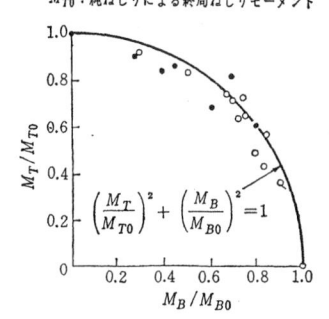

付図-2 破壊時の曲げモーメントとねじりモーメントとの関係の一例
(坪井，狩野，中山)

(1) 2軸強度，3軸強度は1軸強度と異なる．
(2) 無次元化すると図示に便利．
(3) 応力算定の困難な時は，荷重で表示すると便利．

(p. 14)　　　　　　　　　　付表-1　建設材料に関連する団体

団　体　名	所　在　地	電　話
(財)国土技術研究センター	港区虎ノ門3-12-1	03-4519-5000
(財)土木研究センター	台東区台東1-6-4	03-3835-3609
(財)ダム技術センター	港区麻布台2-4-5 メソニック39森ビル	03-3433-7811
(社)日本建設機械化協会	富士市大淵3154	0545-35-0212
(財)日本建築総合試験所	吹田市藤白台5-8-1	06-6872-0391
(財)日本建築センター	港区虎ノ門3-2-2	03-3434-7164
(財)建築保全センター	千代田区平河町2-6-1 平河町ビル	03-3263-0080
(財)日本住宅木材技術センター	港区赤坂2-2-19	03-3589-1788
(財)日本海事協会	千代田区紀尾井町4-7	03-3230-1201
(財)日本建設技術情報総合センター	港区赤坂7-10-20	03-3505-2981
(財)砂防・地すべり技術センター	千代田区九段南4-8-21 山脇ビル	03-5276-3271
(財)道路保全技術センター	文京区後楽2-3-21	03-3263-0080
(財)先端建設技術センター	文京区大塚2-15-6	03-3942-3992
(財)都市緑化技術開発機構	港区虎ノ門1-21-8	03-3593-9351
(財)ベターリビング	千代田区二番町4-5	03-5221-0556
(社)コンクリートポール・パイル協会	港区浜松町2-7-15 日本工築2号館	03-5733-7091
コンクリート用化学混和剤協会	中央区日本橋小網町7-8 青葉ビル	03-3663-6700
全国生コンクリート工業組合連合会	中央区八丁堀1-6-1	03-3553-6248
全国コンクリートブロック工業組合連合会	千代田区岩本町2-17-4	03-3851-1076
全国ヒューム管協会	中央区銀座7-14-3	03-3543-1441
(社)プレストレスト・コンクリート建設業協会	新宿区津久井町4-6 第3都ビル	03-3260-2535
PC管協会	新宿区新宿2-3-10 三菱マテリアル建材内	03-5269-7829
(社)石膏ボード工業会	港区西新橋2-13-10	03-3591-6774
人工軽量骨材協会	台東区上野1-12-2	03-3837-0445
スレート協会	中央区銀座7-10-8	03-3571-1359
全国木質セメント板工業組合	文京区水道2-16-11	03-3945-9047
(社)日本住宅協会	千代田区麹町3-2 麹町共同ビル	03-3265-8201
(社)プレハブ建築協会	千代田区霞ヶ関3-2-6	03-3502-9451
(社)日本水道協会	千代田区九段南4-8-9	03-3264-2359
日本水道鋼管協会	千代田区九段南4-8-9	03-3264-1855
日本ダクタイル鉄管協会	千代田区九段南4-8-9	03-3264-6654
(財)下水道新技術推進機構	豊島区西池袋1-22-8	03-5951-1331
(社)日本測量協会	板橋区板橋1-48-12	03-3579-6811
(財)日本地図センター	目黒区青葉台4-9-6	03-3458-5418
鉄鋼スラグ協会	中央区日本橋茅場町2-12-5	03-5643-6016
(社)日本圧接協会	千代田区平河町1-3-14	03-3230-0981
(社)日本鉄リサイクル工業会	中央区日本橋茅場町3-2-10 鉄鋼会館5階	03-5695-1541
(社)日本鋳造工学会	中央区銀座8-12-13	03-3541-2758
(社)日本銅センター	台東区上野1-10-10	03-3826-8821
(社)日本非鉄金属鋳物協会	中央区築地1-12-22	03-3542-4600
(社)日本アルミニウム合金協会	台東区台東1-14-11	03-3835-9504
(社)日本アルミニウム協会	中央区銀座4-2-15	03-3583-0221
日本合板工業組合連合会	港区虎ノ門1-17-3	03-3591-9246
(社)日本ゴム協会	港区元赤坂1-5-26	03-3401-2957
強化プラスチック複合管協会	中央区日本橋宝町1-12-13	03-3264-0381
(社)日本アスファルト同業会	中央区八重洲1-2-1	03-3271-2208
(社)日本アスファルト乳剤協会	中央区八重洲1-3-8	03-3271-8079
(社)日本セラミックス協会	新宿区百人町2-22-17	03-3362-5231
無機マテリアル学会	新宿区新宿7-13-5-201	03-3363-6445
(社)農業土木学会	港区新橋5-34-4	03-3436-3418
(社)日本建材産業協会	中央区日本橋浜町2-17-8	03-5640-0901
(独)日本学術振興会	千代田区麹町5-3-1	03-3263-1721

(p. 5)

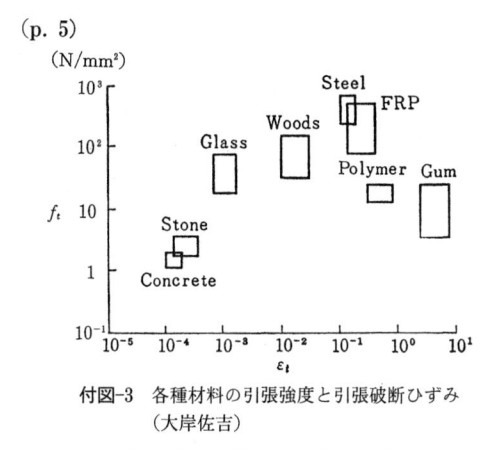

付図-3 各種材料の引張強度と引張破断ひずみ
（大岸佐吉）

（注）FRP＝Fiber Reinforced Plastics

(p. 6) クリープに影響する要因 載荷材齢が若い程，載荷期間が長い程，作用応力が大きい程，水セメント比が大きい程，部材寸法が小さい程，ペースト量が多い程，またコンクリートの温度が高い程，コンクリートのクリープは大きい．

(p. 9) ＊印の脚注；JISでは重量を質量と書き改めらたが，空中重量・水中重量という用語に突きあたってとまどいを覚えている．質量は空中でも水中でも変わらないから，水中質量などと書き直すのは明らかに誤りである．

(p. 11) 押込み硬さ試験方法の例

・ブリネル硬さ（直径1，2.5，5，10 mmの鋼球または超硬合金球を9.807Nから29.42 kNの荷重で試料に押し込み，荷重（kgfまたは1/9.807N単位）とくぼみの表面積の比で示す）（JIS Z 2243）

・ビッカース硬さ（対面角136°の正四角錐ダイヤモンド圧子を98.07 mN〜980.7Nの荷重で押し込み，荷重（kgfまたは1/9.807N単位）とくぼみの表面積の比で示す）（JIS Z 2244）

(p. 24) 木材の防腐処理方法，防腐処理木材，防腐剤に関しては，JIS A 9002・9104・9108が定められている．

(p. 26) 日本建築学会「木質構造設計規準」が制定されている．

(p. 31) ふるいの呼び寸法とふるいの目開き（隣接する針金間の純間隔）とは，次に示すように少し違っている．

付表-2

ふるいの呼び寸法 (mm)	ふるいの目開き (mm)
10	9.50
5	4.75
2.5	2.36
1.2	1.18
0.6	0.600
0.3	0.300
0.15	0.150

(p. 35) 密度・吸水率・安定性・すりへりの諸性質の間には，ある程度の関係がある．密度および吸水率の試験は，はかり・乾燥器・表乾状態判定用コーンなどの比較的簡単な器具だけで行えること，2，3日で完了できること，同じ試料で同時に実施できること等の利点があり，1日1回サイクルで5日繰り返すため7～10日かかる面倒な安定性試験や，特殊な機械を用いて3～5日試験しなければならないロサンゼルス試験より，実用上はるかに便利であるから多用されている．

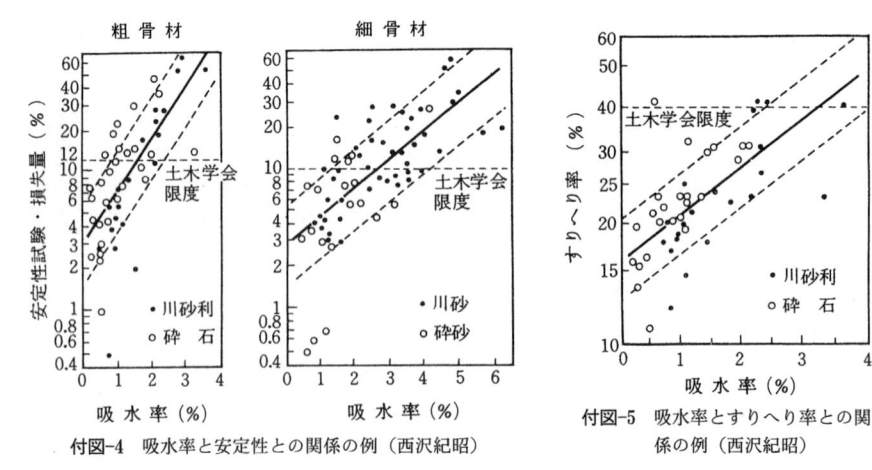

付図-4 吸水率と安定性との関係の例（西沢紀昭）

付図-5 吸水率とすりへり率との関係の例（西沢紀昭）

(p. 36, 101) 骨材は，アルカリシリカ反応性によってA（無害と判定されたもの）およびB（無害でないと判定されたもの，または試験を行っていないもの）の2種類に区分されている．

(p. 36)　　　　　　　　付表-3　コンクリート用スラグ骨材の品質

品　　質			高炉スラグ骨材		高炉スラグ細骨材	フェロニッケルスラグ骨材
			高炉スラグ粗骨材			フェロニッケルスラグ細骨材
			A	B		
化学成分	酸化カルシウム(CaOとして)	%	45.0 以下		45.0 以下	15.0 以下
	全硫黄(Sとして)	%	2.0 以下		2.0 以下	0.5 以下
	三酸化硫黄(SO₃として)	%	0.5 以下		0.3 以下	—
	全鉄(FeOとして)	%	3.0 以下		3.0 以下	13.0 以下
	酸化マグネシウム(MgOとして)	%	—		—	40.0 以下
	金属鉄(Feとして)	%	—		—	1.0 以下
絶乾密度		g/cm³	2.2 以上	2.4 以上	2.5 以上	2.7 以上
吸　水　率		%	6.0 以下	4.0 以下	3.5 以下	3.0 以下
単位容積質量		kg/l	1.25以上	1.35以上	1.45以上	1.50以上
水中浸せき			き裂，分解，泥状化，粉化などの現象がないこと		—	—
紫外線(360.0nm)照射			発光しないか，又は一様な紫色に輝いていること		—	—

(p. 36) 付表-4 JIS A 5015*「道路用鉄鋼スラグ」の粒度範囲

種類	呼び名	ふるいの呼び寸法(mm) 粒の大きさの範囲(mm)	ふるいを通るものの質量百分率（%）								
			53	37.5	31.5	26.5	19	13.2	4.75	2.36	0.425	0.075
水硬性粒度調整鉄鋼スラグ	HMS-25	25—0	—	—	100	95〜100	—	60〜80	35〜60	25〜45	10〜25	3〜10
粒度調整鉄鋼スラグ	MS-25	25—0	—	—	100	95〜100	—	55〜85	30〜65	20〜50	10〜30	2〜10
クラッシャラン鉄鋼スラグ	CS-40	40—0	100	95〜100	—	—	50〜80	—	15〜40	5〜25	—	—
	CS-30	30—0	—	100	95〜100	—	55〜85	—	15〜45	5〜30	—	—
	CS-20	20—0	—	—	—	100	95〜100	60〜90	20〜50	10〜35	—	—

*JIS A 5015 では，JIS Z 8801 の呼び寸法に改定されている．その他，加熱アスファルト混合物用の単粒度製鋼スラグ，歴青安定処理用のクラッシャラン製鋼スラグも規定されている．

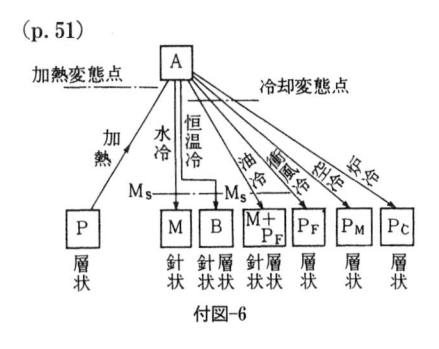

(p. 51)

刃金の冷却による組織の変化：冷却の早い，遅いによって，得られる組織が違ってくる．

付図-6

(p. 52) 表-6.3；α 鉄では鉄原子が体心立方型に配置されており，γ 鉄では鉄原子が面心立方型に配置されている．単位格子を構成する原子の数は，前者の場合 $[8 \times (1/8)] + 1 = 2$ であり，後者の場合 $[8 \times (1/8)] + [6 \times (1/2)] = 4$ であるから，α 鉄から γ 鉄に変態する際急激な収縮が起ると記している本もあるが，α 鉄単位格子の 1 辺は 2.86Å であり，γ 鉄単位格子の 1 辺は 3.56Å であるから，変態にあたって体積の変化はほとんどないといってよい（β 鉄の格子は α 鉄と同じ）．

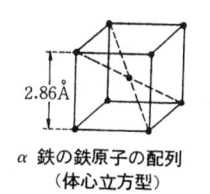

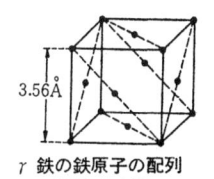

α 鉄の鉄原子の配列（体心立方型）　　γ 鉄の鉄原子の配列（面心立方型）

付図-7

(p. 52) ブリネル硬度で示すと，セメンタイトは最硬で 820，マルテンサイトは 400～700，パーライトは 200～450 の値を示す．0.8%C 鋼を焼入れしたのち速度を変えて冷却した場合のブリネル硬度測定例を示すと，次のとおりである．

オーステナイト	↓	155	柔軟
マルテンサイト	↓	720	甚だ硬脆
トルースタイト	↓	400	硬やや粘
ソルバイト	↓	270	やや硬，粘
パーライト	↓	225	柔軟，粘

ここで，トルースタイト：マルテンサイトを焼戻ししたとき生じる組織で，光学顕微鏡で識別できないほどの微細なフェライトと炭化物からなる極めて腐食されやすい組織〔troostite〕

ソルバイト：マルテンサイトをやや高い温度に焼戻しして粒状に析出成長した炭化物とフェライトの混合物〔sorbite〕

付図-8

(p. 53) 表-6.4 JIS の記号例

付表-5

種別	記号	意味		
一般構造用圧延鋼材	(SBPD)	S : Steel	S : Structure	
一般構造用軽量形鋼 (建築構造用)	SSC	S : Steel	S : Structure	C : Cold forming
鉄筋コンクリート用棒鋼	SR SD	S : Steel S : Steel	R : Round D : Deformed	
鉄筋コンクリート用再生棒鋼	SRR SDR	S : Steel S : Steel	R : Round D : Deformed	R : Reroll R : Reroll
デッキプレート	SDP	S : Steel	D : Deck	P : Plate
チエン用丸鋼	SBC	S : Steel	B : Sar	C : Chain
PC 鋼棒	SBPR (SBPD)	S : Steel S : Steel	B : Bar P : Prestressed B : Bar P : Prestressed	R : Round D : Deformed
溶接構造用圧延鋼材	SM	S : Steel	M : Marine	
溶接構造用耐候性熱間圧延鋼材	SMA	S : Steel	P : Marine	A : Atmospheric
高耐候圧延鋼材	SPA-H SPA-C	S : Steel S : Steel	P : Plate A : Atmospheric P : Plate A : Atmospheric	H : Hot C : Cold
自動車構造用熱間圧延鋼板および鋼帯	SAPH	S : Steel P : Press	A : Automobile H : Hot	
高圧ガス容器用鋼板および鋼帯	SG	S : Steel	G : Gas Cylinder	
中・常温圧力容器用炭素鋼鋼板	SGV	S : Steel	G : General	V : Vessel
圧力容器用鋼板	SPV	S : Steel	P : Pressure	V : Vessel
低温圧力容器用炭素鋼鋼板	SLA	S : Steel	L : Low Temperature	A : Al killed
再生鋼材	SRB	S : Steel	R : Rerolled	B : Bar
みがき棒鋼用一般鋼材	SGD	S : Steel	G : General	D : Drawn

付　録

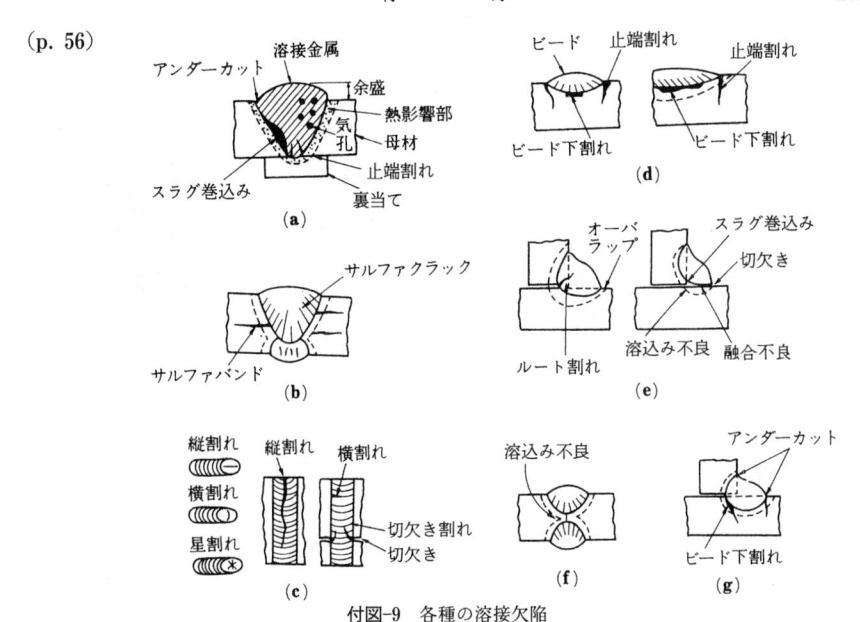

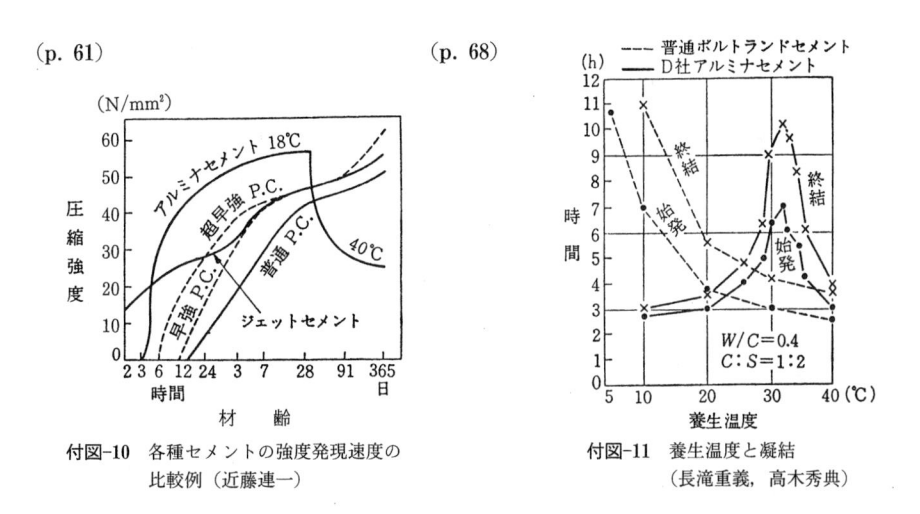

(p. 56)

付図-9　各種の溶接欠陥

(p. 61)

付図-10　各種セメントの強度発現速度の比較例（近藤連一）

(p. 68)

付図-11　養生温度と凝結
（長滝重義，高木秀典）

(p. 68)

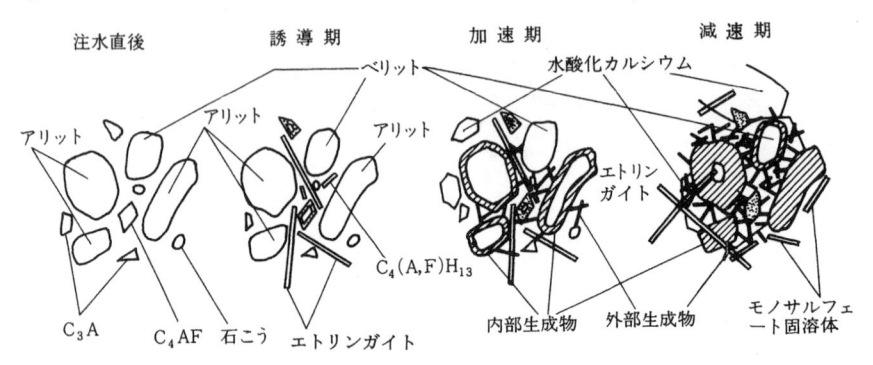

付図-12 セメントの水和の模式図（植田俊朗）
（わかりやすいセメントコンクリートの知識，鹿島出版会）

次の3反応が起っている．

① トポ化学的反応，C_3S の内部に向って反応が進み，inner C-S-H（トベルモライト）を形成．
② 液相反応，C_3S の外部に向って反応が進み，outer C-S-H を形成．
③ 液体部分に $Ca(OH)_2$ を形成．

後の2者が強度発現に貢献する．

(p. 68)

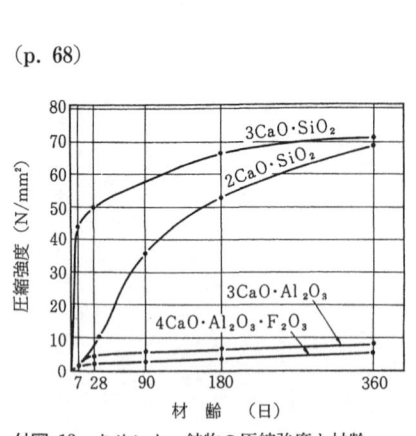

付図-13 クリンカー鉱物の圧縮強度と材齢
　　　　（Bogue, Lerch）

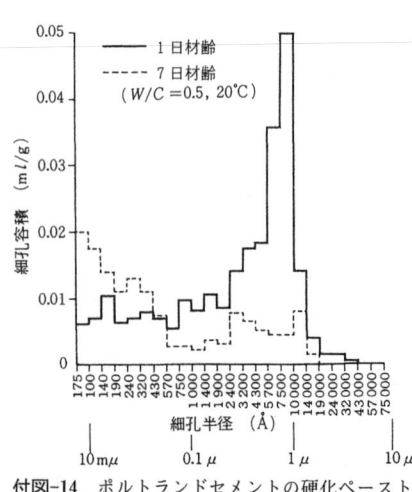

(p. 68)

付図-14 ポルトランドセメントの硬化ペーストの細孔径分布（植田俊朗）

材齢の経過とともに水隙がセメントゲルで埋められ，径が小さくなってゆく．

(**p. 68**) 水素結合 (hydrogen bond)：電気陰性度 (原子が化学結合をつくる時に電子をひきつける能力) の大きい窒素，酸素等の原子が，それに結合している水素原子の介在によって，同一分子内あるいはほかの分子の電気陰性度の大きい原子に接近し，系が安定化するとき，水素結合をつくるという．

化学結合 (chemical bond)：原子またはイオンを結びつけて分子または結晶を形成させる原子間の結合，共有結合，イオン結合，金属結合，配位結合等．　広義には……分子間静電引力，分散力，水素結合，電荷移動その他による分子間または分子内の弱い結合を含む．

(**p. 69**) ゲル水は，結合水よりルーズな結合しかセメントとしておらず，セメントと水和

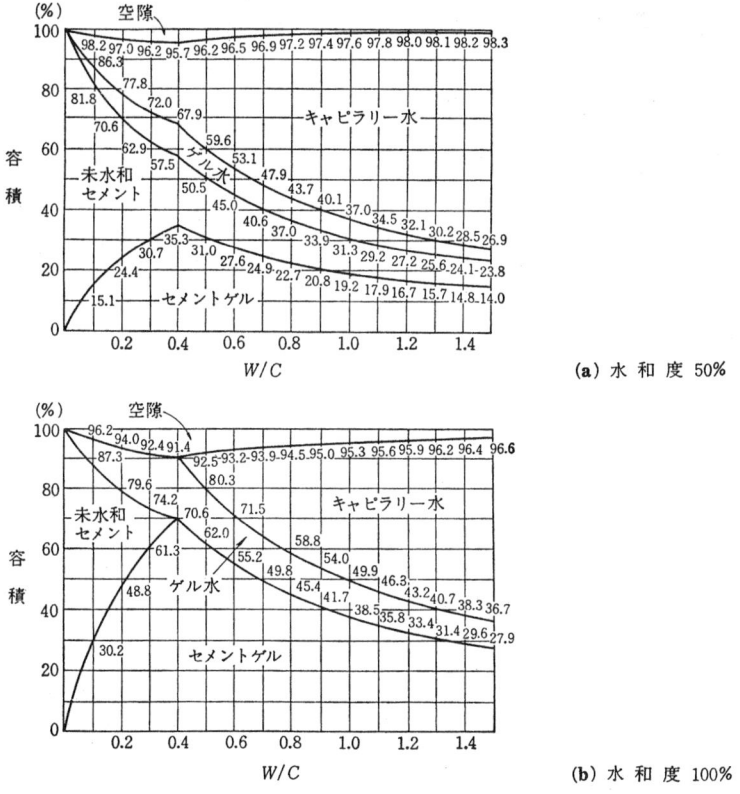

付図-15 種々の W/C におけるセメント硬化体中の個々の成分の容積百分率 (H. Rüsch)
(W. チェルニン著，徳根吉郎訳：セメントコンクリート化学)

反応はしないとされており，非常に乾燥した空気中あるいは105℃の乾燥器中では蒸発する．

W/C が 0.4 以下なら，10 年水中養生しても水和しないとセメントが残り，この未水和セメントは強度に貢献しない．しかし W/C を 0.4 以下としても，コンクリートの強度が上昇しないということを意味してはいない．このことは高圧力を加えて成形した $W/C=0.08$ のセメントペーストの強度が $300\text{N}/\text{mm}^2$ の高強度を示したという実験結果が端的に示しており，この高強度はゲルがより繊密になることにより得られている．

セメントゲルの比表面積は $(2\sim3)\times10^6\text{cm}^2/\text{g}$ にも高められており，このことがゲル強度発現の一因となっている．

(**p. 71**)　シリカヒュームは，JIS A 6207「コンクリート用シリカフューム」として規格化された．また，土木学会規準として，「コンクリート用流動化剤品質規格（JSCE-D 101）」，「コンクリート用水中不分離性混和剤品質規格（案）（JSCE-D104）」，「吹付けコンクリート用急結剤品質規格（案）（JSCE-D102）」がそれぞれ制定され，これに適合する混和材料を用いることが，土木学会「コンクリート標準示方書」で規定された．そして，これらの用語も統一された．さらに，近年における新種の混和材料についても，それらの特徴と使用上の注意事項などが同「コンクリート標準示方書解説」に加えられた．以下，本文に述べていない混和材料の特徴を簡単に述べる．

① シリカフューム〔silica fume〕は，二酸化けい素（SiO_2）を主成分とし，比表面積が $20\text{m}^2/\text{g}$ 程度，平均粒径が $0.1\mu\text{m}$ 程度の超微粒子であり，コンクリート中でポゾラン反応をする．これを混和することにより，著しい強度増加，水密性，化学抵抗性の向上のほか，材料分離・ブリーディングの低減を期待できる．しかし，単に添加するだけでは，単位水量が増加し乾燥収縮が増大するため，一般に，高性能 AE 減水剤と併用して用いる．シリカフュームは，フェロシリコンおよび金属シリコン等を製造する際に発生する煙より集じん採取されたものであり，我が国ではほとんど産出しない．そのため，産地，形態，輸入に伴なう運搬・在庫期間により品質が変動する．主に超高強度コンクリートに用いられる．

② けい酸質微粉末：石英などを主成分とする微粉末である．オートクレーブ養生を行うコンクリートに用いると，高強度を付与することができる．

③ 高強度用混和材：無水石こう等を主成分とするもので，高性能減水剤との併用により，蒸気養生のみで $100\text{N}/\text{mm}^2$ 程度の高強度が得られる．シリケート相の水和の促進，エトリンガイトの生成による遊離水の減少，間隙をエトリンガイトが充填することによる密実化等により，高強度が得られるとされている．

④ 石灰石微粉末:石灰石粉を比表面積で3 000〜7 000 cm²/g程度に粉砕調整したものであり,材料分離やブリーディングを防止するために用いられる.セメントと反応するが強度との関係が明確でないため,結合材としてはみなさない.高流動コンクリート用に用いられることもある.

⑤ 高性能減水剤:高度な減水作用と低凝結遅延性,低空気連行性を特徴とする.したがって,化学成分的には流動化剤と同様に,ナフタリンスルホン酸塩縮合物系およびメラミン樹脂スルホン酸塩縮合物系その他に分類される.高強度コンクリートに用いる場合には,土木学会「高強度コンクリート設計施工指針(案)」がある.

⑥ 高性能AE減水剤:ナフタリン系,ポリカルボン酸系,メラミン系,アミノスルホン酸系などがある.高性能AE減水剤を用いたコンクリートのスランプの最大値は,18 cmまで許されるが,単位水量は175 kg/m³以下としなければならない.単位セメント量が小さくなると,逆にワーカビリティーが悪くスランプの経時低下が大きくなる傾向にあるため,単位セメント量は270 kg/m³以上とするのがよい.

⑦ 防せい剤:海砂中の塩分等による鉄筋の腐食を抑制するため,コンクリートに添加される混和剤であり,JIS A 6205に規格化されている.市販品の主成分は,亜硝酸塩(亜硝酸カルシウムに若干の有機物を混合したもの等)であり,金属表面を酸化させ,不動態被膜を形成し,腐食を抑制するとされている.しかし,外部から塩化物イオンが多量に侵入してくる場合には,逆に鋼材の局部的な腐食を促進することもある点に注意する必要がある.

⑧ 増粘剤〔admixture increasing viscosity〕は,コンクリートの粘性または凝集性を高め,材料分離に対する抵抗性を高めるために用いられる.高流動コンクリートと呼ばれる超軟練りのコンクリートに用いられる.セルロース系・アクリル系・グリコール系水溶性高分子,バイオポリマー,吸収ポリマーと無機粉体を組み合わせたもの等が用いられるが,組み合わせて使用する高性能AE減水剤の種類が限定されることがある.ポンプ圧送助剤に用いられることもある.セルロース系・アクリル系は水中不分離性混和剤としても用いられるが,その分子量は10^4オーダ以上(10^6オーダが中心)であり,増粘剤よりも一般に大きい.

⑨ 乾燥収縮低減剤:水の表面張力を低下することにより,乾燥時にキャピラリー空隙に発生する毛細管張力を緩和することができ,乾燥収縮を低減できるアルコール系その他の有機系の混和剤などがある.

⑩ 安定剤:アジテータ車ドラム内に付着したモルタルまたは戻りコンクリートの水和を一時的に停止させ,次の出荷時に再び水和反応を開始させ有効利用するために用いられる混和剤であり,遅延剤の一種であるオキシカルボン酸塩が用いられている.

⑪ 保水剤：セメントペーストに粘着力等を与えることにより，コンクリートの保水性を高め，ブリーディングの減少やポンプ圧送性の改善等の効果を有するものである．一般には，水溶性の高分子が用いられている．

⑫ 粉じん防止剤；吹付けコンクリート工法において，発生する粉じんを低減するための混和剤である．主として，水溶性の高分子が用いられている．

⑬ 超遅延剤：従来の遅延剤に比べて広範囲に凝結時間を調節することができる．コンクリートの運搬時間を長くする場合や打込み高さの高い時にコールドジョイントを防止する場合等に用いられる．

⑭ 起泡剤：界面活性作用により泡をつくり，コンクリート中に気泡を導入することにより，軽量化したり，充填性を改善したりするために用いる．気泡の導入には，発泡剤を用いることもある．

⑮ 水和熱抑制剤：コンクリートの水和に伴う温度上昇速度と温度上昇量を低減させる混和剤である．通常の遅延剤等とは異なり，徐々に溶解する特殊なグルコースの高分子等がある．

⑯ 防凍剤（耐寒剤）：初期凍害を防止し，氷点下においても水和反応を進行させ，所要の強度発現と耐久性を確保するための混和剤で，高性能減水剤と含窒素無機塩を組み合わせたものが用いられている．

⑰ セメント混和用ポリマーディスパージョン：ポリマーセメントコンクリートに用いる混和剤であり，JIS A 6203 に規格化されている．ゴムラテックスには，合成ゴム系，天然ゴム系，ゴムアスファルト系等が，樹脂エマルジョンには，酢酸ビニル系，アクリル酸エステル系，樹脂アスファルト系等がある．

⑱ 防水剤：空隙を充填することや疎水性を付与することにより，コンクリートの防水性を高めるもので，前者の例としては水ガラス系のもの，後者の例としては脂肪酸塩系やシリコーン系のもの，両者の作用を併せもつ樹脂系やゴム系のエマルジョン等がある．

⑲ その他：適当な発泡性，膨張性，高性能減水剤による流動性，材料分離低減性，遅延性を与える混和剤で，プレパックドコンクリートの注入モルタルや逆打ちコンクリート等用混和剤も市販されている．超硬練りコンクリート用として，粘稠剤，湿潤剤，空気連行剤等を組み合わせたブロック用混和剤，RCD や RCCP 用の低セメント量用の減水剤も市販されている．一方，混和剤ではないが，硬化コンクリートの表面処理剤として，フッ素系等で耐久性向上の目的で使われるもの，発水剤等で表面につくよごれを抑制するもの等も市販されている．

付　録

(p. 72)　天然ポゾランには，けい酸白土，火山灰，けい藻土等がある.

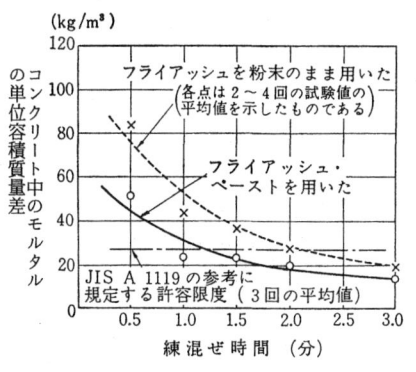

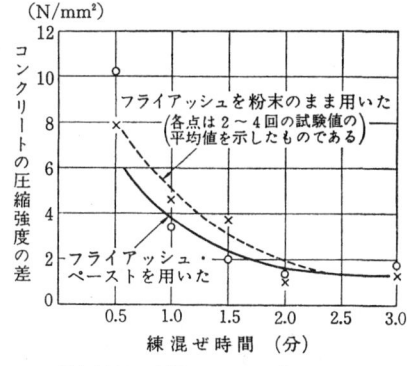

付図-16　フライアッシュをペーストとして用いることによるばらつきの減少
(国分正胤，三村通精，上野 勇，細谷浩正)（国分正胤博士論文選集 p.138）

(a) 練混ぜ時間とモルタルの単位容積質量差との関係

(b) 練混ぜ時間が，ミキサ中におけるコンクリートの強度の差に及ぼす影響

(p. 74)

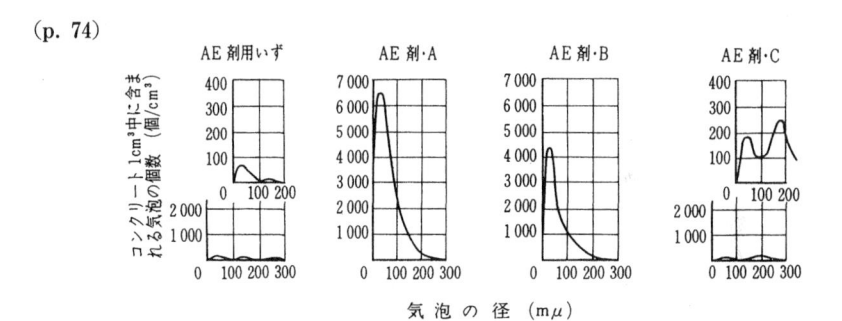

付図-17　各種 AE 剤を用いたコンクリートの気泡の粒径分布状態

(p. 74)　付表-6　各種 AE 剤を用いたコンクリートの気泡の粒径分布
(小林正几)（セメント技術年報, XXI, '67, p.406）

AE 剤			空気量 (%)	気泡の比表面積 (cm^2/cm^3)	気泡の間隔係数 (μm)	コンクリート 1 cm^3 中に含まれる気泡の数(個/cm^3)	練上がりコンクリートの空気量 (%)
種　類	名称						
用いない			1.1	143	659	2 840	1.8
レジン系	A		4.2	207	239	28 040	4.3
アルキルベンゾール系	B		4.0	254	200	15 220	3.7
非イオン系	C		4.6	122	413	6 430	4.1

(p. 74, 114) ケミカルプレストレスを与えるためには，膨張量を大きくする必要があり，セメント量が小さいとコンクリートの強度・耐久性が損なわれる．そのため，単位セメント量の最小値は 260 kg/m³ としている．

(p. 74)　　　付表-7　各種 AE 剤を用いたコンクリートの凍結融解試験結果
　　　　　　　　　　　　　　　（小林正几）（セメント技術年報，XXI，'67, p. 405）

AE 剤の種類	単位水量 (kg)	スランプ (cm)	空気量 (%)	凍結融解試験 動弾性係数百分率						
				0	15	30	60	90	120	サイクル150
用いない	168 (100)	5.8	1.7	100	12	8	—	—	—	—
A	150 (91)	5.5	4.4	100	95	92	91	91	91	92
B	152 (91)	5.3	4.1	100	94	94	92	92	93	91
C	151 (91)	6.9	4.2	100	24	18	—	—	—	—

(注)　気泡間隔係数は一般に 250 μm 以下とするのが，凍結融解に対する抵抗性を増大するのに有効であるとされている．

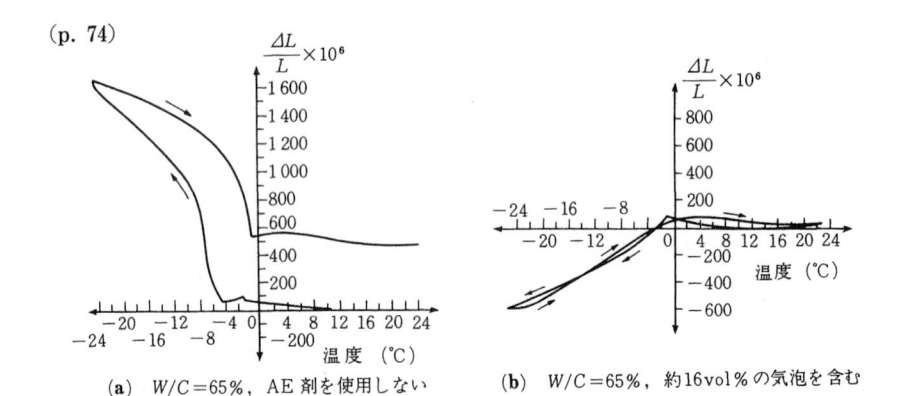

(p. 74)

(a) $W/C=65\%$，AE 剤を使用しない　　(b) $W/C=65\%$，約 16 vol% の気泡を含む

付図-18　凍結融解繰返しを受けた時のセメント硬化体の長さ変化（T. C. Powers）
　　　　（AE 剤を使用すると残留変形を生じない）

(p. 74)　JIS A 6204 では，AE 剤，減水剤，AE 減水剤および高性能 AE 減水剤の減水率は，それぞれ 6% 以上〔一般 6〜10%〕，4% 以上，10% 以上（促進形のみ 8% 以上）〔一般 10〜14%〕および 18% 以上〔一般 18〜20%〕と分類されている．

付録　　　　　　　　　　　　　　　　　179

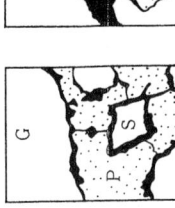

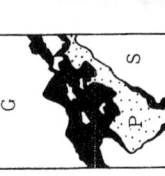

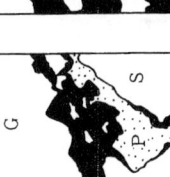

(p. 74)

付表-8　急硬性セメントグラウトの配合例と諸性質（樋口芳朗，原田豊，杉山道行）

グラウト別	セメント別		配合（質量比）					沈下時間 (sec)	可使時間 (min)	圧縮強度 (N/mm²)								曲げ強度 (N/mm²)							
		$C:F:S$	$\dfrac{W}{C+F}$ (%)	急結剤	遅延剤	ジェットセッター	アルミニウム粉末	(Jロ斗)		1hr	3hr	1d	3d	7d	28d		1hr	3hr	1d	3d	7d	28d			
				(C+F)×%																					
ペースト	ジェット	S社	1:0:0	53	—	0.2	0.03	8.5	15	7.5	15.2	17.4	27.4	30.6	41.0		2.0	3.6	3.8	5.0	6.9	7.4			
		O社	1:0:0	53	—	0.3	—	7.3	14	4.4	10.2	21.3	32.5	44.3	51.0		0.8	2.5	4.0	5.4	7.7	8.9			
	タスコン	D社	1:0:0	50	—	—	—	6.8	20	5.9	17.8	33.7	—	—	44.1		2.0	3.6	4.8	—	—	8.7			
	早強	A社	0.9:0.1:0	50	3	0.3	0.03	7.5	32	0.6	0.9	13.7	28.1	34.3	44.6		0.4	0.6	3.5	5.8	7.8	9.0			
	普通	〃		43			—	10	30	0.4	0.9	9.8	19.1	23.5	30.6		0.2	0.4	2.8	3.7	4.6	5.7			
モルタル	ジェット	S社	1:0:1	60	—	0.2	0.03	7.4	36	4.4	9.9	14.3	20.8	27.8	36.0		0.6	2.7	3.5	4.1	5.7	6.7			
		O社	1:0:1	60	—	0.3	—	6.7	36	2.2	7.8	21.2	27.1	33.2	45.3		0.4	2.4	3.6	4.2	5.5	6.8			
		S社	1:0:2	80	—	0.1	—	11	30	0.9	5.4	11.4	—	14.7	22.6		0.4	1.8	2.4	—	4.2	5.2			
		O社	1:0:2	80	—	0.2	—	6.6	30	1.0	3.5	11.8	—	20.2	31.9		0.5	1.7	2.3	—	4.4	6.4			
	早強	A社	1:0.9:1	60	3	—	0.03	7.8	8	0.4	0.8	12.5	21.9	29.6	35.8		0.3	0.4	3.3	5.4	6.0	6.7			
	普通	〃		50			—	10	30	0.5	0.6	5.4	14.3	20.0	26.6		0.2	0.3	1.7	2.9	4.0	4.9			

（注）1.　急結剤：QP-500（吹付用 N社），　2.　遅延剤：ポゾリス100R（N社），　3.　砂：2.5mm以下，川砂 FM=1.87，
5.　可使時間：ASTM型ミキサの140rpmで連続練混ぜし，フローが15秒になるまでの経分，　5.　供試体：4×4×16cm，
6.　養生：20±2℃，75±3％ RH室内

(p. 84)

付図-19　粗骨材粒下部の検鏡結果（小林正几）（セメントコンクリート，No. 319, '73, p. 25）

$W/C=35\%$　　$W/C=45\%$　　$W/C=55\%$　　$W/C=80\%$

G：粗骨材　　S：細骨材
P：セメントペースト　　黒い部分：光の透過しやすい部分

(p. 80)

付表-9 ひび割れ発生の主な原因

大分類	原因
材料的性質に関係するもの	セメントの異常凝結，水和熱，異常膨張 骨材に含まれている泥分，低品質な骨材，反応性骨材 コンクリート中の塩化物 コンクリートの沈下・ブリーディング コンクリートの乾燥収縮，自己収縮
施工に関係するもの	混和材料の不均一な分散，長時間の練混ぜ ポンプ圧送時の配合の変更 不適当な打込み順序，急速な打込み速度，不十分な締固め 不適切な打重ね（コールドジョイント） 配筋の乱れ，かぶり（厚さ）の不足 打継ぎ処理の不適 型枠のはらみ 漏水（型枠からの，路盤への） 支保工の沈み 型枠の早期除去 硬化前の振動や載荷 初期養生中の急激な乾燥 初期凍害
使用環境条件に関係するもの	環境温度・湿度の変化 部材両面の温・湿度の差 凍結融解の繰返し 内部鉄筋の錆 火災・表面過熱 酸・塩類の化学作用
構造・外力等に関係するもの	荷重（設計荷重以内のもの） 荷重（設計荷重をこえるもの） 荷重（主として地震によるもの） 断面・鉄筋量不足 凍上 構造物の不同沈下
その他	その他

（注）1. コンクリートのひび割れ調査・補修指針（日本コンクリート工学協会），ひび割れの勉強をするさい，最も参考になる指針である．

付　録

(p. 82)

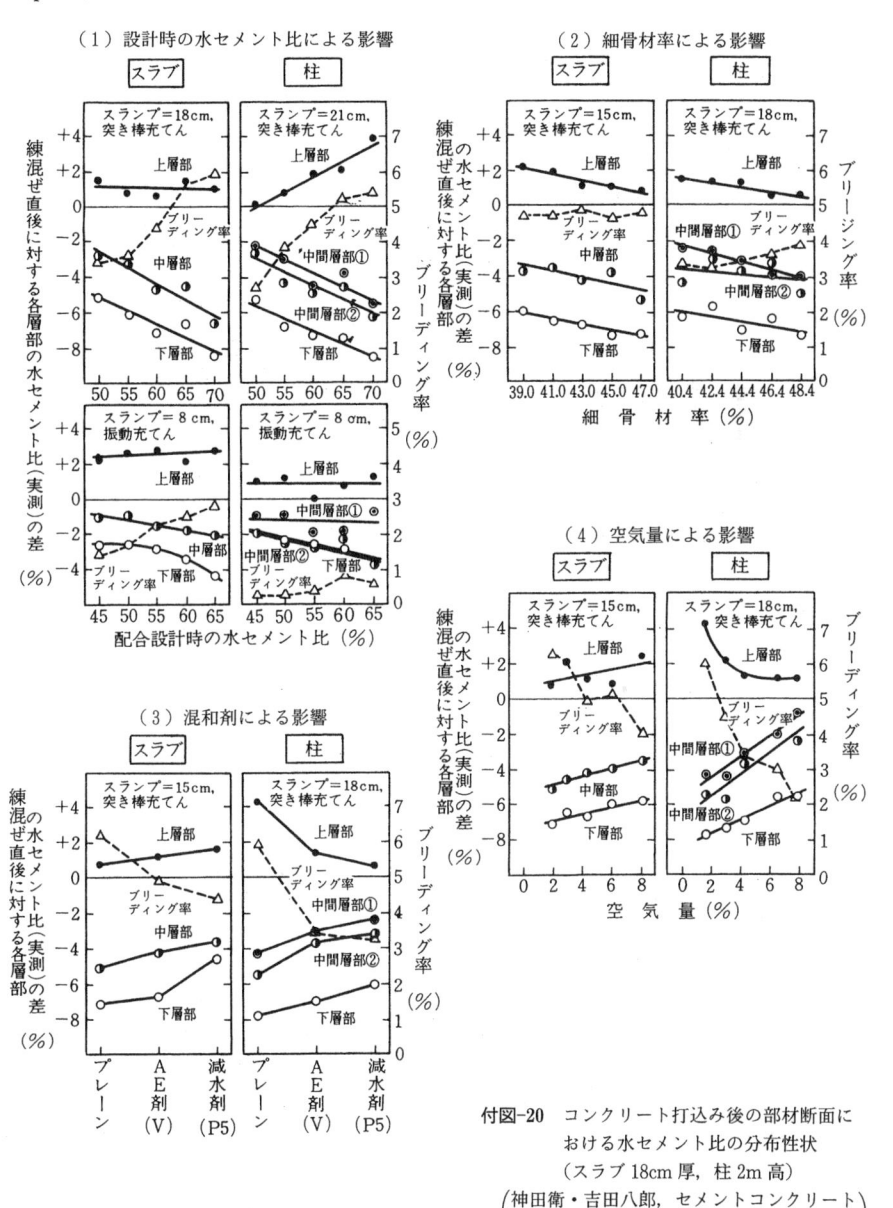

付図-20　コンクリート打込み後の部材断面における水セメント比の分布性状
（スラブ18cm厚，柱2m高）
（神田衛・吉田八郎，セメントコンクリート No.357, '76.11）

付録

(p. 81, 85)

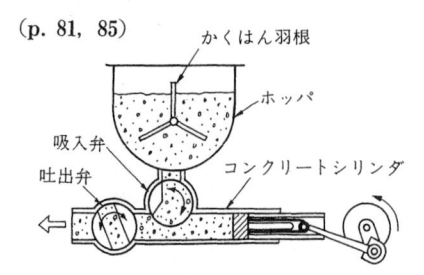

付図-21 ピストン式コンクリートポンプの機構の例

(p. 83)

付図-24 特殊漏斗

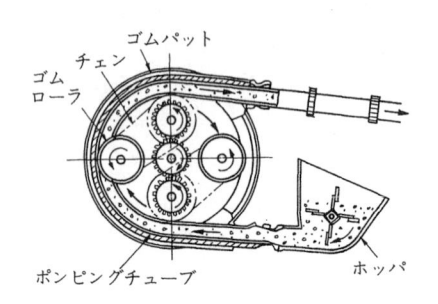

付図-22 スクイズ式コンクリートポンプの機構の例

(p. 83)

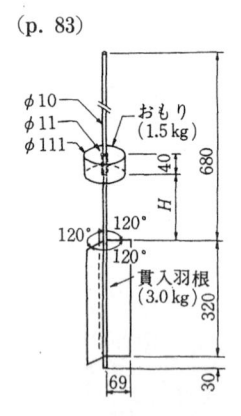

付図-23 RS貫入装置

(p. 83)

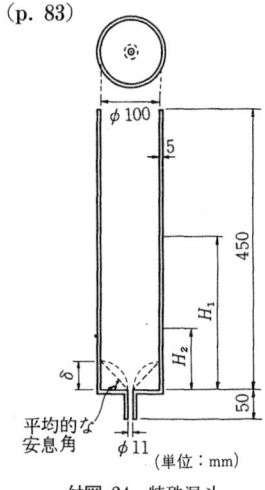

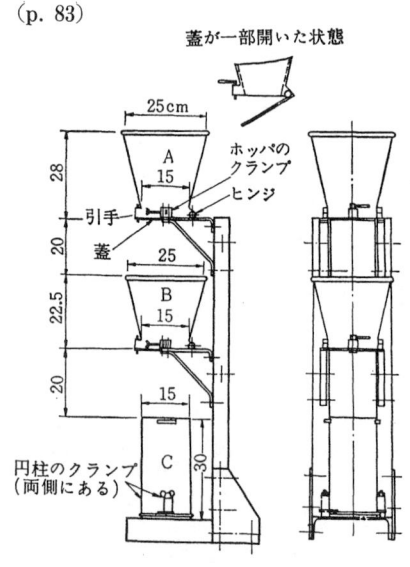

付図-25 締固め係数測定器具（単位：cm）

付　録

(p. 83)

付図-26　貫入テスト試験器
（単位：cm）

(p. 83)

付図-27　レモルディング試験機（単位：mm）

(p. 83)

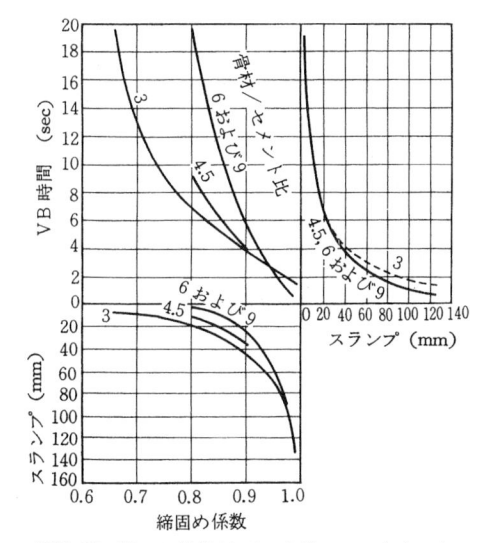

付図-28　種々の骨材/セメント比のコンクリートの
　　　　ワーカビリティー試験の間の一般的傾向
　　　　　　　　　　　　　(J. D. Dewer)

(p. 85)　型枠および支保工

　型枠および支保工に作用する荷重には，コンクリート，鉄筋，型枠および支保工の自重，動荷重としての作業員，施工機械器具，仮設備等の自重や衝撃力の鉛直方向の荷重の他に，作業時の振動，衝撃，施工誤差，風圧，流水圧，地震等による横方向荷重がある．支保工の倒壊事故は，横方向荷重に起因するものが多く，特に注意する必要がある．

　型枠は，当然完成した構造物の位置，形状，寸法を確保するようにしなければならないが，施工時および完成後のコンクリートの自重による変形（構造物のクリープ変形等も含む）を見込んで，上げ

越しをする必要がある．また，型枠からモルタルが漏れないようにすること，コンクリートのかどに面取りができるようにすること，型枠・支保工の組立・取外し・検査が容易にできること等に注意することも重要である．

特殊型枠には，連続して滑動させる型枠，スリップフォーム等が，特殊支保工には，可動支保工，移動吊支保工，張出し架設の移動作業車，移動架設桁等がある．

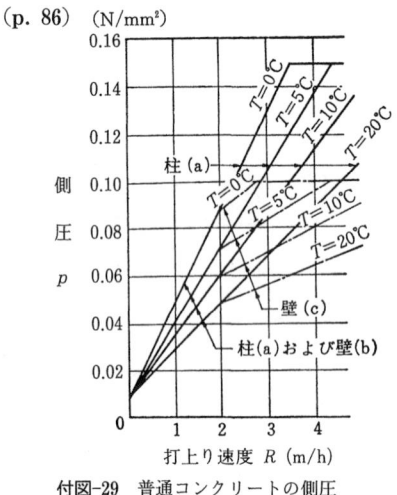

(p. 86)

柱の場合
$p_{max} = 0.15(\text{N/mm}^2)$ または $2.4 \times 10^{-2} H(\text{N/mm}^2)$

壁の場合
$p_{max} = 0.10(\text{N/mm}^2)$ または $2.4 \times 10^{-2} H(\text{N/mm}^2)$

(a) 柱の場合
$$p = 7.8 \times 10^{-3} + \frac{0.78R}{T+20} \leq 0.15(\text{N/mm}^2)$$
または $2.4 \times 10^{-2} H(\text{N/mm}^2)$

(b) 壁の場合で $R \leq 2\,\text{m/h}$ のとき
$$p = 7.8 \times 10^{-3} + \frac{0.78R}{T+20} \leq 0.1(\text{N/mm}^2)$$
または $2.4 \times 10^{-2} H(\text{N/mm}^2)$

(c) 壁の場合で $R > 2\,\text{m/h}$ のとき
$$p = 7.8 \times 10^{-3} + \frac{1.18 + 0.245R}{T+20} \leq 0.1(\text{N/mm}^2)$$
または $2.4 \times 10^{-2} H(\text{N/mm}^2)$

付図-29　普通コンクリートの側圧
（コンクリート標準示方書解説）

ここに，p：側圧(N/mm²)，R：打上り速度(m/h)，T：型枠内コンクリート温度(℃)，H：考えている点より上のフレッシュコンクリートの高さ(h)

(注) 軟練りのコンクリート，凝結の遅れるコンクリート，再振動，型枠振動機を用いる場合は，側圧を割り増す．

(p. 88) 標準養生とは，20±3℃ の静水中または飽和湿気中において行うコンクリート供試体の養生をいう．

(p. 85)

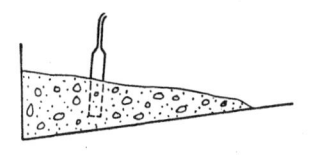

(正) 斜面では下方から打ち始める．振動締固め中新しく打ち込んだコンクリートの質量のため有利に締め固められる．

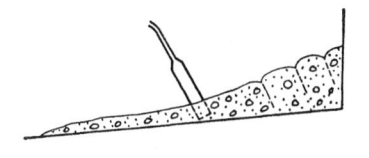

(誤) 斜面の上部から打ち始めると上方のコンクリートを引っ張る傾向がある．特に下方で振動をかけると，そのために流動し始め上方のコンクリートの支持がなくなる．

(a) 斜面にコンクリートを打ち込まなければならないとき

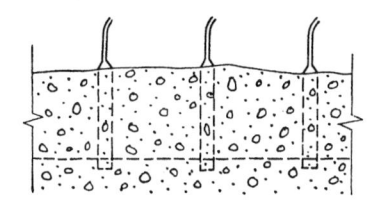

(正) 振動機は鉛直に挿入し，前層のコンクリートに10 cm前後貫入する程度(まだ固まらぬ内)とし，その間隔を規則正しく一定にして，よく締め固める．

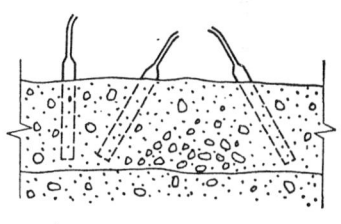

(誤) 振動機の角度と間隔が不定で貫入が不充分のときは前層と一体にならない．

(b) 各層の振動を規則正しく

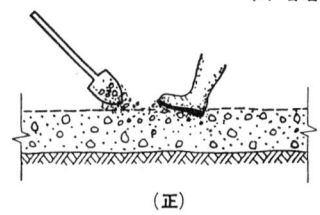

(正) 粗骨材の多い所をすくって軟い砂の多い所へ入れ，充分踏み付けたり振動をかけたりする．

(誤) 粗骨材の多い所の上へモルタルと軟いコンクリートを入れて豆板を直そうと試みること．

(c) コンクリート打込み中における粗骨材の多い部分の処理

付図-30 コンクリートの振動と取扱いの正しい方法と誤った方法．適切な方法を用いると，コンクリートが完全に締め固められる．(コンクリートマニュアル)

(p. 91)

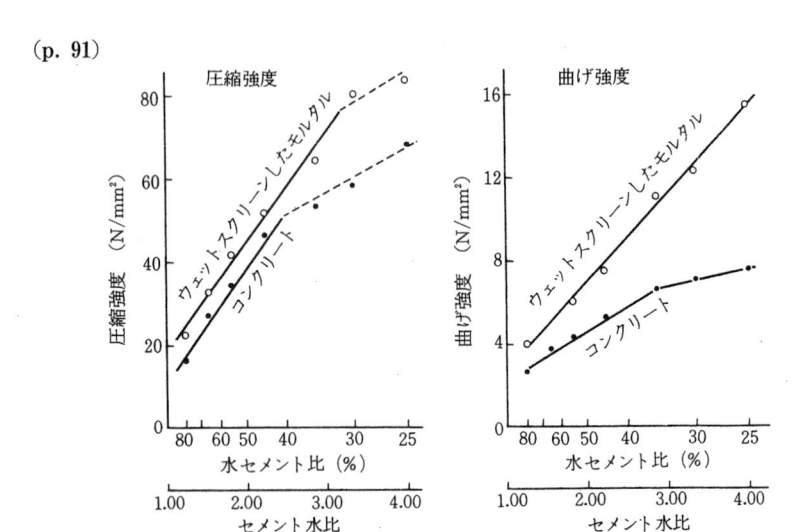

付図-31 コンクリートとウェットスクリーンしたモルタルの圧縮強度（界面の弱点のためコンクリートの強度は小さい）（小林正几）（セメントコンクリート，No.319, '73.9, p.23）

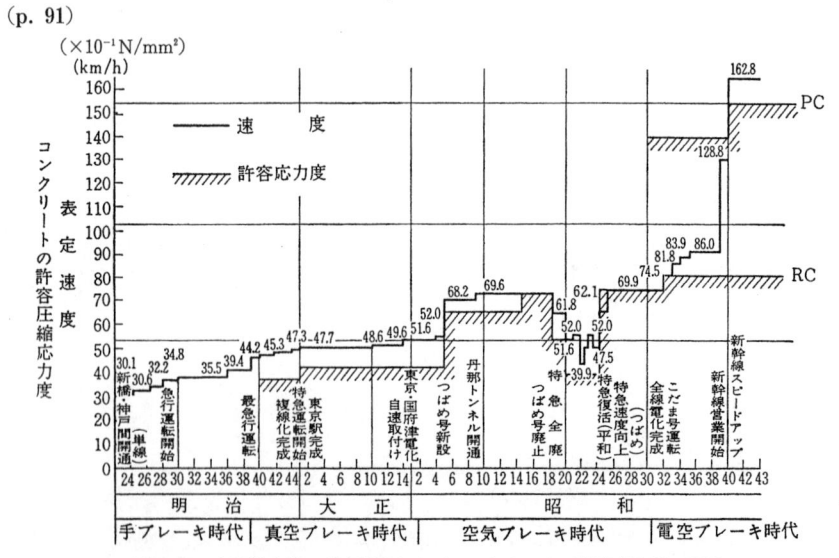

(p. 91)

付図-32 東海道本線の列車速度およびコンクリートの許容応力度の変遷
（樋口芳朗，深谷俊明）（セメントコンクリートNo.339, '75.5, p.62）

(p. 91)

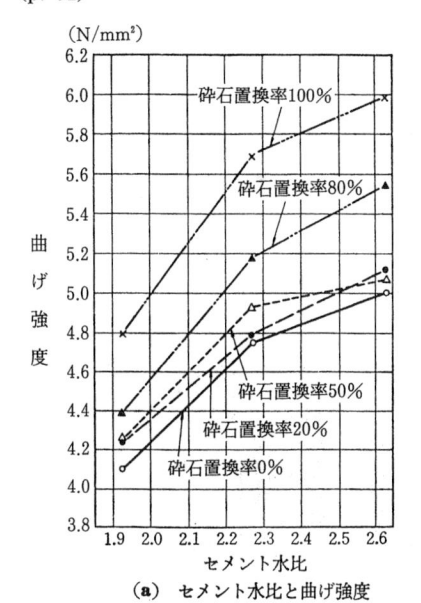

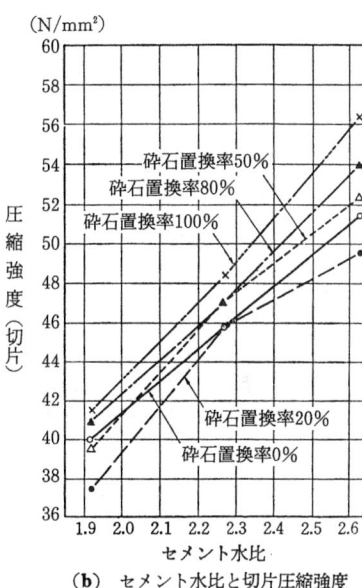

(a) セメント水比と曲げ強度

(b) セメント水比と切片圧縮強度

付図-33 砕石置換率がコンクリート強度に及ぼす影響（伊東茂富）

(p. 97)

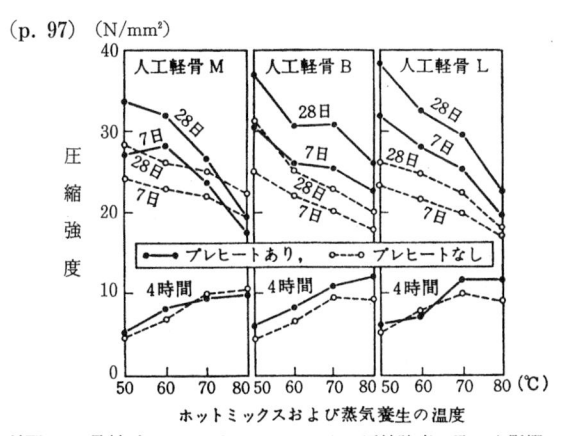

付図-34 骨材プレヒートがコンクリートの圧縮強度に及ぼす影響
　　　（神田　衛・稲原　博・吉田八郎）（セメントコンクリート, No.321, '73.11）

加熱時骨材中から空気・水が出てきて付着を害することが強度減少の原因であったので，骨材プレヒートにより解決した．$10N/mm^2$ 程度の強度であればコンクリート強度が骨材とセメントペーストの付着強度に左右されないので，プレヒートの効果はない．

(p. 98) 付表-10 円柱，立方体，柱体各強度の関係（H. F. Gonnerman）
（φ15×30cm，28日強度を1.00としたときの値）

材　齢	円柱供試体(cm)			立方体(cm)		柱体(cm)	
	φ15×15	φ15×30	φ20×40	15	20	15×30	20×40
7日	0.67	0.51	0.48	0.72	0.66	0.48	0.48
28日	1.12	1.00	0.95	1.16	1.15	0.93	0.92
3月	1.47	1.49	1.27	1.55	1.42	1.27	1.27
1年	1.95	1.70	1.78	1.90	1.74	1.68	1.60

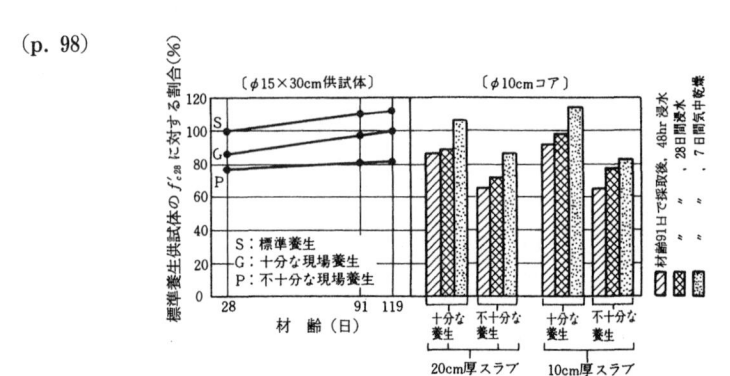

(p. 98)

付図-35　スラブにおけるコア強度と標準供試体強度
（Delmar L. Bloem, 大田実紹介）

(p. 98) 付表-11　欠円柱供試体と標準供試体とのコンクリートの圧縮強度の比較
（樋口芳朗，小林正几）（セメントコンクリート，No.342, '75.8）

水セメント比（％）	25			35	55		65
材　齢（日）	7	7	7	25	9	27	25
圧縮強度 (N/mm²)　欠円柱形	71.2	65.7	67.7	55.9	28.0	39.3	31.6
標準形	69.2	64.6	68.4	55.2	28.3	39.1	30.2
比	1.03	1.02	0.99	1.01	0.99	1.01	1.05
引張強度 (N/mm²)　欠円柱形	—	4.10	4.15	—	—	3.20	2.82
標準形	—	4.52	4.28	—	—	3.47	2.90
比	—	0.91	097	—	—	0.92	0.97

1. コンクリートのスランプは6〜8cm，また供試体の養生は21℃の水中で行った．
2. 欠円柱供試体に類する横打ち供試体用モールドは，現在六角断面および円形断面のものが市販されており，日本コンクリート工学協会の規準に採用されている．キャッピング不要であるため，早期強度試験用あるいは高強度試験用として適している．
　　（引張強度試験用としてはブリーディングの悪影響を受けるし，キャッピングの有無など問題にならないので取り上げる意義はない.）

(p. 99)　付表-12　コンクリート温度・気温・相対湿度・風速の変動がコンクリートの乾燥速度に及ぼす影響（W. Lerch）

	コンクリート温度 (°C)	気温 (°C)	相対湿度 (%)	露点 (°C)	風速 (m/sec)	蒸発速度 $\times 10^{-6}$ (cm/sec)
風速の増加	21	21	70	15	0	2
	21	21	70	15	4.4	8
	21	21	70	15	8.9	15
	21	21	70	15	11.1	18
相対湿度の低下	21	21	90	19.5	4.4	3
	21	21	50	10	4.4	14
	21	21	10	-10.5	4.4	24
コンクリートおよび大気の温度上昇	10	10	70	5	4.4	4
	21	21	70	15	4.4	8
	32	32	70	26	4.4	15
	38	38	70	31	4.4	24
気温の降下	21	26.5	70	21	4.4	0
	21	15.5	70	5	4.4	17
	21	-1.1	70	-6	4.4	22
コンクリートの温度上昇	15.5	4.5	100	4.5	4.4	10
	21	4.5	100	4.5	4.4	18
	26.5	4.5	100	4.5	4.4	28

(p. 99)　コンクリートの引張強度，曲げ強度，付着強度は一般に圧縮強度の 2/3 乗（簡単化する場合は 1/2 乗）に比例することが見い出されている．

(p. 99)

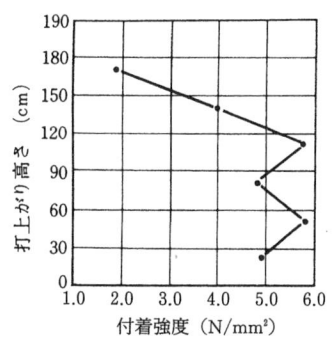

付図-36　コンクリートの打上がり高さによる付着強度の変化 (赤塚雄三)
　　　　　f'_c : 30～40 N/mm², スランプ：2～11 cm
　　　径約 16 mm の異形丸鋼 6 本を 15×15×180 cm の各高さに埋め込んだ．

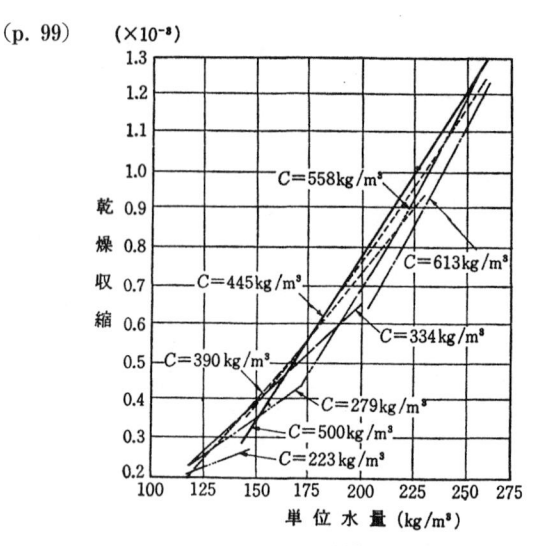

(p. 99) 付図-37 単位水量および単位セメント量とコンクリートの乾燥収縮との関係（コンクリートマニュアル）

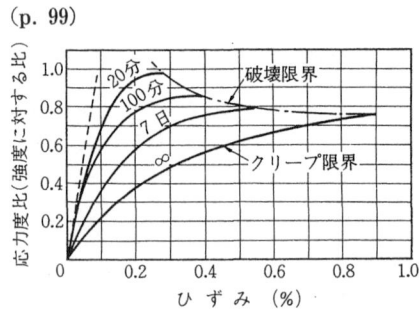

(p. 99) 付図-38 破壊するまでの時間（図中に示す）を変えた場合の応力ひずみ線図（$f'_{c56}=35$ N/mm²）(H. Rüsch)

載荷速度が小さくなるほど強度は下がり，ひずみは大きくなる．

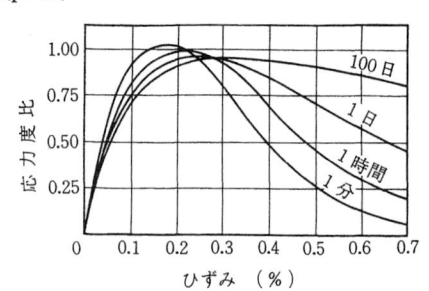

(p. 99) 付図-39 0.001のひずみを与える時間（図中に示す）を変えた場合のコンクリートの応力ひずみ線図（$f'_{c56}=21$N/mm²）(H. Rüsch)

(p. 99) 付表-13 コンクリートの収縮ひずみの設計用値（×10⁻⁶）（標準示方書）

乾燥開始材齢	3日以内	4〜7日	28日	3ヶ月	1年
屋 外	400	350	230	200	120
屋 内	730	620	380	260	130

(p. 99)

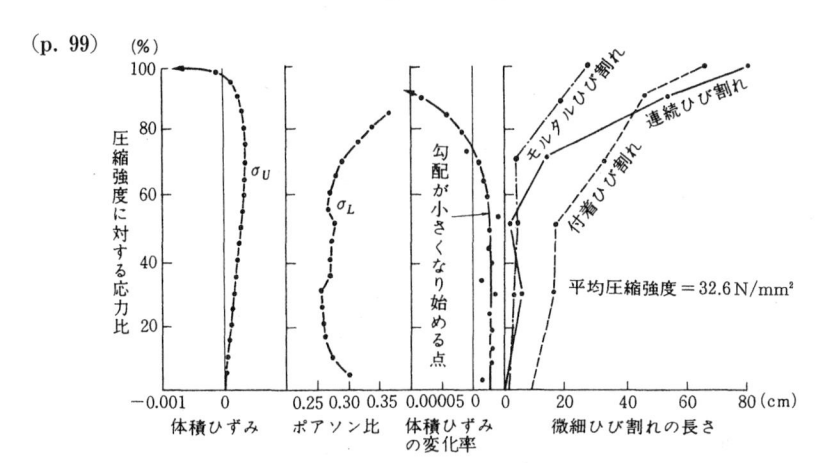

付図-40 体積変化, ポアソン比および微細ひび割れの関係
(S. P. Shah, J. Chandra) (Jour. ACI, Vol.65, No.9, '68.9)

σ_U：ここから体積が増えはじめる．内部組織が破壊しはじめたことを示す．圧縮強度の80〜95％．

σ_L：ポアソン比が大きくなりはじめ，体積ひずみが勾配を変える．付着ひび割れが急に増えはじめたことを示す．塑性状態の開始点ともいえる．圧縮強度の50〜70％．

骨材をシリコンラバーで被覆すると σ_U, σ_L は顕著に小さくなる．

(p. 99)

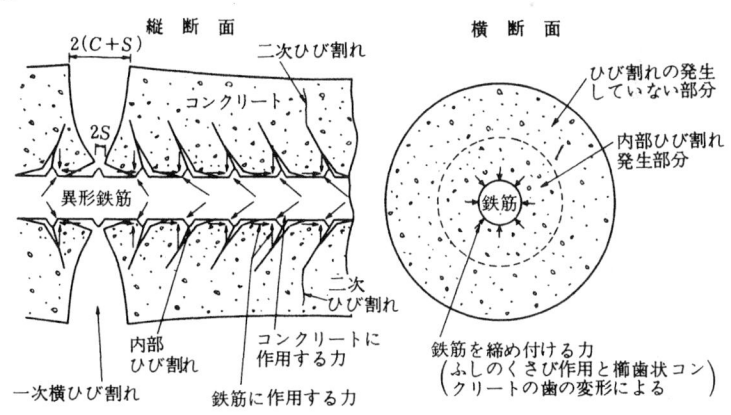

付図-41 異形鉄筋が引張力を受ける際コンクリートに生じるひび割れ（後藤幸正）

櫛歯状ひび割れと鉄筋との角度は約 60° である．かぶりを十分にとるか，らせん鉄筋その他で割裂破壊を起さないよう補強する必要がある．

(p. 99)

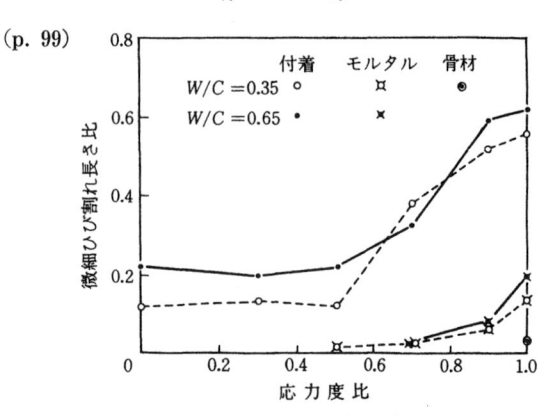

付図-42 応力度比と微細ひび割れ（小阪義夫，谷川恭雄）（ひび割れは，付着ひび割れ，モルタルひび割れ，骨材ひび割れの順で現われる）（日本建築学会論文集，第231号，昭50.5, p. 5.）

(p. 99)

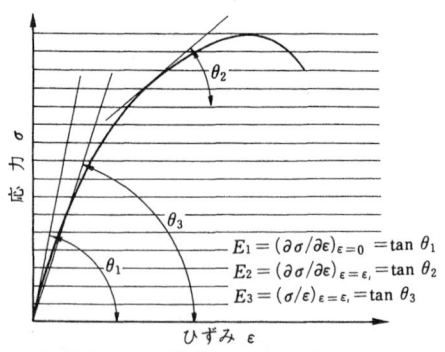

$E_1 = (\partial\sigma/\partial\varepsilon)_{\varepsilon=0} = \tan\theta_1$
$E_2 = (\partial\sigma/\partial\varepsilon)_{\varepsilon=\varepsilon_i} = \tan\theta_2$
$E_3 = (\sigma/\varepsilon)_{\varepsilon=\varepsilon_i} = \tan\theta_3$

E_1：初期接線ヤング係数 (Initial Tangent Young's Modulus).
E_2：接線ヤング係数 (Tangent Young's Modulus).
E_3：割線ヤング係数 (Secant Young's Modulus)
なお，応力が小さい範囲では，E_1 と E_3 の差は実用上ほとんどない．

付図-43 コンクリートのヤング係数の種類

(p. 99)　付表-14 コンクリートのヤング係数の設計用値（標準示方書）

	f'_{ck} (N/mm²)	18	24	30	40	50	60	70	80
E_c (kN/mm²)	普通コンクリート	22	25	28	31	33	35	37	38
	軽量骨材コンクリート*	13	15	16	19	—	—	—	—

* 骨材の全部を軽量骨材とした場合

(p. 99)

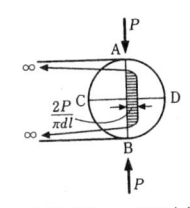

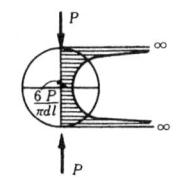

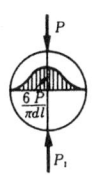

付図-44 点荷重を受けた場合の弾性円板内の応力分布

(1) ABに沿ったABに直角方向の応力 (2) ABに沿ったAB方向の応力 (3) CDに沿ったCDに直角方向の応力

(p. 100) 付表-15 種々の濃度をもつ硫酸塩を含む土壌および水がコンクリートに及ぼす作用（ASCE）

硫酸塩作用の程度	土壌試料中可溶性硫酸塩（SO_4として）(%)	水溶液中硫酸塩（SO_4として）(ppm)
無視することができる	0.00〜0.10	0〜 150
わずかにある	0.10〜0.20	150〜1 000
相当にある	0.20〜0.50	1 000〜2 000
非常にはなはだしい	0.50 以上	2 000 以上

(p. 100, 105) 海洋コンクリートは，一般のコンクリートより厳しい条件下で使用されるため，空気量の標準値は付表-16のように若干大きくなっている．

なお，海洋コンクリートの最小単位セメント量は，海水中の各種塩類による化学的侵食，鋼材の腐食等に対する抵抗性を考慮して，均等質で，密実なコンクリートとなるよう，付表-17のように定められている．

付表-16 海洋コンクリートの空気量の標準値（%）（示方書）

環境条件およびその区分	粗骨材の最大寸法（mm）	
	25	40
凍結融解作用を受けるおそれのある場合 (a) 海上大気中	5.0	4.5
(b) 飛沫帯	6.0	5.5
凍結融解を受けるおそれのない場合	4.0	4.0

付表-17 海洋コンクリートの耐久性から定まる最小単位セメント量（kg/m³）（示方書解説）

環境区分	粗骨材の最大寸法（mm）	
	25	40
飛沫帯および海上大気中	330	300
海　　　中	300	280

(p. 100)

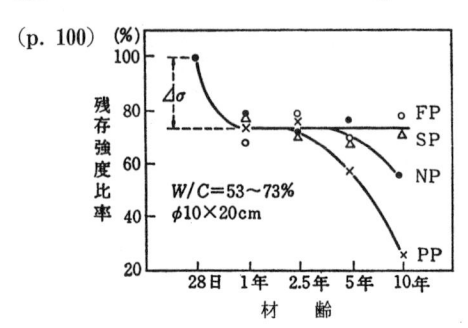

付図-45 耐海水性試験における残存強度比率の推移（木村恵雄，鈴木 昇，野崎貞澄，葛城浩三，住吉 宏）（セメントコンクリート，No. 289, '71.3）

NP：普通ポルトランドセメント
SP：高炉セメント（B種）
FP：フライアッシュセメント（B種）
PP：シリカセメント（A種）

W/C=53〜73%
φ10×20cm

(p. 100) 鉄筋の表面では $4Fe + 3O_2 \rightarrow 2Fe_2O_3$ という反応が起り，安定した不動態被膜となっている．コンクリートのpHは一般に11〜12と高く，コンクリート中の鉄筋を保護している．しかし，中性化，ひび割れ，Cl^- イオンによる解膠作用（鉄筋がさびないように保護している皮膜の破壊）等が起ると，さびはじめることになる．塩分濃度の差があり，水分と酸素が供給される状態にあると，鉄筋に陽極（塩分大）と陰極（塩分小）が形成され，鋼材中では電子が陽極から陰極に流れ，コンクリート中では陰極から陽極へイオンとして電流が流れる．鉄筋の陽極部と陰極部に生じる化学反応は次にあげるとおりであり，陽極部は欠陥側となって腐食してゆくことになる．

陽極部に起る反応：$Fe = Fe^{2+} + 2e^-$, $Fe^{2+} + 1/2O_2 + H_2O = Fe^{2+}2(OH)^- = Fe(OH)_2$（腐食の進行を抑制するが安定なものではない．特に Cl^- による解膠作用を受けやすい．水酸化第一鉄，正式名 水酸化鉄Ⅱ）$\longrightarrow Fe(OH)_2 + 1/4O_2 + 1/2H_2O = Fe(OH)_3$（赤錆，水酸化第二鉄，正式名 水酸化鉄Ⅲ），$Fe_2O_3 \cdot nH_2O$

陰極部に起る反応：$2H^{2+} + 2e^- = 2H$, $2e^- + H_2O + 1/2O_2 = 2(OH)^-$

なお，コンクリート中の Cl^- のうち C_3A と反応してフリーデル塩となる部分は有害な作用を及ぼさない．

(p. 100)

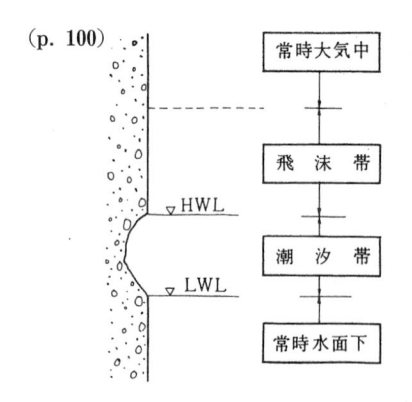

付図-46 海水による侵食

HWL
LWL

常時大気中
飛沫帯
潮汐帯
常時水面下

硫酸塩による化学作用，砂れきや波によるすりへり作用，乾湿の繰返しによる塩分蓄積と結晶化，凍結融解作用，鉄筋腐食と膨張作用等の組み合せによって海水による侵食が各地で目立っている．特に潮汐帯で著しい．

また，飛沫帯で著しいところもある．

(p. 101) アルカリシリカ反応抑制対策として，JIS A 5308 では，次の(1)～(3)のいずれかを講じることにしている．

(1) コンクリート中のアルカリ総量 (R_t) が $3.0\,\mathrm{kg/m^3}$ 以下

R_t ＝単位セメント量×セメント中の Na_2O_{eq} (％)/100
　　＋単位混和材量×混和材中の Na_2O_{eq} (％)/100
　　＋単位骨材量×0.53×骨材中の NaCl の量 (％)/100
　　＋単位混和剤量×混和剤中の Na_2O_{eq} (％)/100
　　＋単位流動化剤量×流動化剤中の Na_2O_{eq} (％)/100

式中の 0.53 は，NaCl 2mol が Na_2O 1mol に相当することによる分子量の比 $[(22.9898\times2+15.9994)/2\times(22.9898+35.4527)]$ である．

Na_2O_{eq} ：全アルカリ量 (％)
$Na_2O_{eq}(\%) = Na_2O(\%) + 0.658K_2O(\%)$

式中の 0.658 は，Na_2O と K_2O の分子量の比 $[(22.9898\times2+15.9994)/(39.0983\times2+15.9994)]$ である．

(2) 混合セメント（高炉スラグの分量が質量で 40％ 以上の高炉セメント B 種，高炉セメント C 種，フライアッシュの分量が質量で 15％ 以上のフライアッシュセメント B 種，フライアッシュセメント C 種）の使用あるいはアルカリシリカ反応抑制効果が確認された単位量での高炉スラグ微粉末またはフライアッシュの混和材としての使用．

(3) JIS A 1145（化学法）または JIS A 1146（モルタルバー法）で無害と判定された骨材の使用．

(p. 101) アルカリシリカ反応を起こす可能性のある鉱物としては，オパール，カルセドニー，玉髄，結晶格子のゆがんだ石英，隠微晶質石英，微晶質石英，クリストバライト，トリディマイト，火山性ガラス等があり，安山岩，石英安山岩，流紋岩およびこれらの凝灰岩，玄武岩，頁岩，砂岩，チャート，泥岩等，きわめて多くの岩石がこうした鉱物を含んでいる．

反応性骨材の量が増すとコンクリートの膨張量が増すといったものではなく，膨張量が最大となる反応性骨材と非反応性骨材の混合比率が存在する．また，同じく膨張量が最大となる水セメント比も存在する．これをペシマム現象と呼ぶ．そのため，反応性の可能性のある骨材を使用する場合は，実際に使用する条件で試験を行う必要がある．

(p. 103)

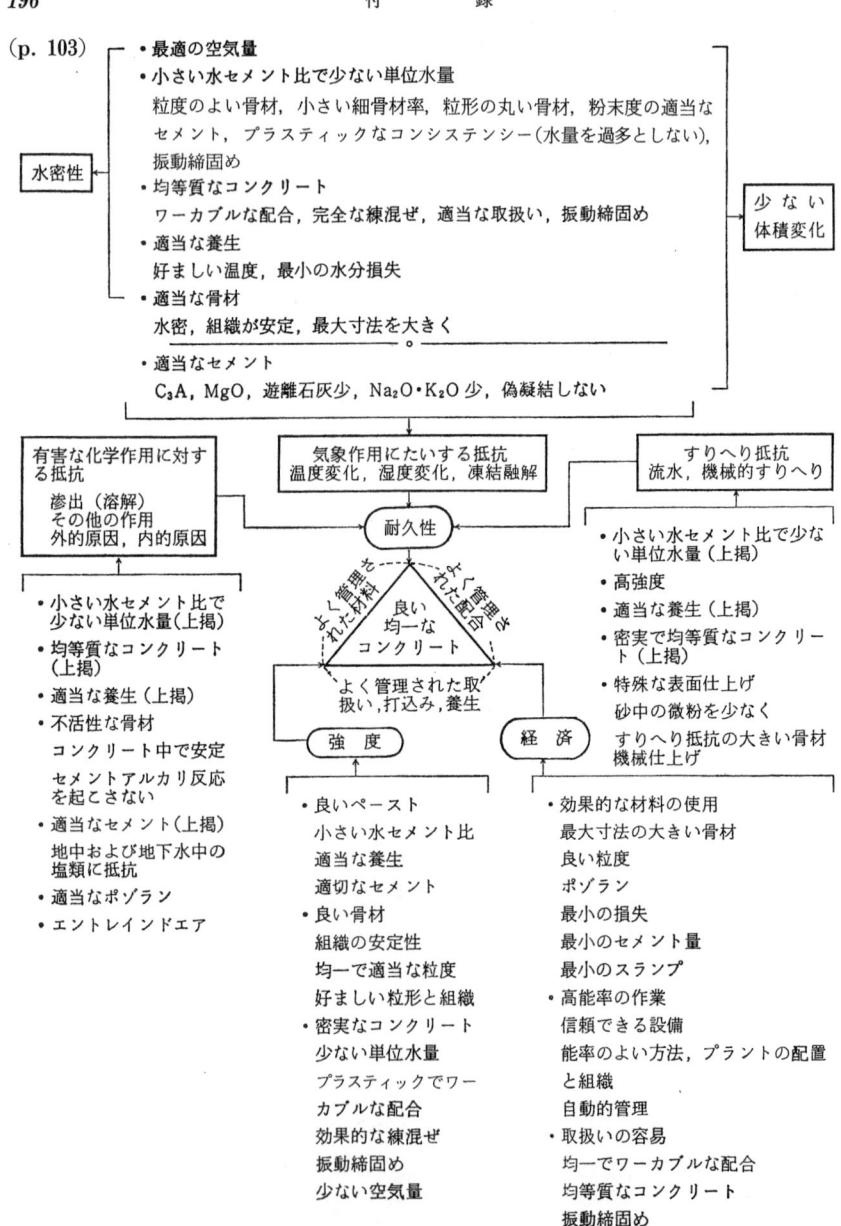

水密性
- **最適の空気量**
- 小さい水セメント比で少ない単位水量
  粒度のよい骨材，小さい細骨材率，粒形の丸い骨材，粉末度の適当なセメント，プラスティックなコンシステンシー（水量を過多としない），振動締固め
- 均等質なコンクリート
  ワーカブルな配合，完全な練混ぜ，適当な取扱い，振動締固め
- 適当な養生
  好ましい温度，最小の水分損失
- 適当な骨材
  水密，組織が安定，最大寸法を大きく
- 適当なセメント
  C_3A, MgO, 遊離石灰少, $Na_2O \cdot K_2O$ 少, 偽凝結しない

少ない体積変化

有害な化学作用に対する抵抗
滲出（溶解）
その他の作用
外的原因，内的原因

気象作用にたいする抵抗
温度変化，湿度変化，凍結融解

すりへり抵抗
流水，機械的すりへり

耐久性

- 小さい水セメント比で少ない単位水量（上掲）
- 均等質なコンクリート（上掲）
- 適当な養生（上掲）
- 不活性な骨材
  コンクリート中で安定
  セメントアルカリ反応を起こさない
- 適当なセメント（上掲）
  地中および地下水中の塩類に抵抗
- 適当なポゾラン
- エントレインドエア

良い均一なコンクリート
よく管理された材料
よく管理された配合
よく管理された取扱い，打込み，養生

強度

- 良いペースト
  小さい水セメント比
  適当な養生
  適切なセメント
- 良い骨材
  組織の安定性
  均一で適当な粒度
  好ましい粒形と組織
- 密実なコンクリート
  少ない単位水量
  プラスティックでワーカブルな配合
  効果的な練混ぜ
  振動締固め
  少ない空気量

経済

- 効果的な材料の使用
  最大寸法の大きい骨材
  良い粒度
  ポゾラン
  最小の損失
  最小のセメント量
  最小のスランプ
- 高能率の作業
  信頼できる設備
  能率のよい方法，プラントの配置と組織
  自動的管理
- 取扱いの容易
  均一でワーカブルな配合
  均等質なコンクリート
  振動締固め
  エントレインドエア

- すりへり抵抗の大きい骨材
  機械仕上げ

- 小さい水セメント比で少ない単位水量（上掲）
- 高強度
- 適当な養生（上掲）
- 密実で均等質なコンクリート（上掲）
- 特殊な表面仕上げ
  砂中の微粉を少なく

付図-47 良いコンクリート（コンクリートマニュアル）

(p. 101) 物理的安定性：粘土鉱物であるスメクタイト類（ノントロナイト，サポナイト，モンモリロナイト等）は，フレッシュコンクリートの特性を著しく変化させるほか，セメントと反応してカルシウムアルミネート水和物を形成するおそれがある．含鉄ブルーサイトは，空気の浸透とともに変質し，体積膨張によってポップアウトを生じる．黄鉄鉱は，空気や雨水の浸透とともに酸化分解し，表面に錆汁を出して美観を損なうこともある．

(p. 103) 配合設計例 1

条件 ・設計基準強度 (f'_{ck})：30N/mm² (材齢 28 日)・強度の変動係数：8.4%・スランプ：12 cm・空気量：4.5%・粗骨材：最大寸法 25 mm（表-9.8 より），密度 2.65 g/cm³，砕石使用・細骨材：粗粒率 2.60，密度 2.63 g/cm³，川砂使用・セメント：密度 3.16 g/cm³・良質の AE 剤を用いる

・混和剤を用いない場合のコンクリートの材齢28日強度とセメント水比の関係

$$\begin{cases} W/C \text{ が } 50\sim70\% \text{ の範囲 } f'_{c28} = -19.5 + 30.0\, C/W \\ \quad\quad\quad 40\sim50\% \quad\quad\quad f'_{c28} = 13.1 + 13.6\, C/W \end{cases} \quad\cdots\cdots\cdots\cdots(1)$$

空気量が1%増加すると f'_{c28} は 5% 低下すると仮定する．

・気象作用：一般の場合　・水密コンクリート

解答例

(1) 示方配合の求め方

割増し係数 (α) = 1.16（図-9.27 参照，変動係数 8.4% より）

配合強度 (f'_{cr}) = $\alpha \times f'_{ck}$ = 1.16×30.0 = 34.8 (N/mm²)

今回のコンクリートの空気量は 4.5% で，混和剤を用いない場合の空気量 1.5%（仮定する）に比べると，3.0% 大きい．そのため，式(1)の f'_{c28} は，15% 低下することとなり，$0.85 f'_{c28}$ は，f'_{cr} となる．よって，式(1)の f'_{c28} には 34.8/0.85 を代入する．

強度より求まる水セメント比すなわち，式(1)より求まる水セメント比は，49% である．この値は，気象作用および水密性より求まる制限値（表-9.11 および p.105 参照）よりも小さい．よって，水セメント比 (W/C) は，49% となる．

細骨材率 (s/a) および単位水量 (W) は，表-9.10 における値を，付表-18 のように補正することにより求まる．

$s/a = 42 - 1 - 1.2 + 0.4 \fallingdotseq 40$ (%)

$W = 170 \times (1 + 4.8/100 + 1.5/100) \fallingdotseq 181$ (kg)

ここで，W，W/C，s/a，全容積が $1\,000\,l$ という 4 つの条件から未知数である W，C，S，G を求める．

付表-18

s/a	W	表-9.10 による補正	
42	170		表-9.10 より（粗骨材の最大寸法 25mm，AE 剤の使用）
-1			砂の粗粒率が 2.80 に比べ，0.2 小さいために，$0.5\times(0.2/0.1)$ だけ s/a を小さくする．
-1.2			W/C が，0.55 に比べ，0.06 小さいために，$1\times(0.06/0.05)$ だけ s/a を小さくする．
		$+4.8\%$	スランプが 8cm に比べ，4cm 大きいために，$1.2\times4\%$ だけ W を大きくする．
$+0.4$ (中間値)		$+1.5\%$	空気量が 5% に比べ，0.5% だけ小さいために，$(0.5\sim1)\times(0.5/1)$ だけ s/a を大きく，$3\times(0.5/1)$ だけ W を大きくする．

$W=181$ (kg)

$C=W\div W/C=181\div 0.49=369$ (kg)

a は全骨材の絶対容積であるため次式で表わされる．（ρ：密度）

$a=1\,000-W/\rho_w-C/\rho_c-1\,000\times$空気量$/100$
$=1\,000-181-369/3.16-1\,000\times 4.5/100=657.2$ (l)

$S=(a\times(s/a)\times 100)\times\rho_s=657.2\times 40/100\times 2.63\fallingdotseq 691$ (kg)

$G=a[1-(s/a)/100]\rho_g=657.2\times(1-40/100)\times 2.65\fallingdotseq 1045$ (kg)

付表-19 設計した示方配合

粗骨材の最大寸法 (mm)	スランプ (cm)	W/C (%)	空気量 (%)	s/a (%)	単　位　量 (kg/m³)				単位AE剤量 (g/m³)
					水	セメント	細骨材	粗骨材	
25	12	49	4.5	40	181	369	691	1 045	160

AE 剤量は，骨材粒度，温度等を考慮して，経験により定めた．

検算　・$181+369/3.16+691/2.63+1\,045/2.65+1\,000\times 4.5/100=999.85\fallingdotseq 1\,000$ (l)

　　　・$W/C=181\div 369\times 100=49.05\fallingdotseq 49$ (%)

　　　・$s/a=\{(691/2.63)/[(691/2.63)+(1\,045/2.65)]\}100=39.99\fallingdotseq 40$ (%)

(2) 現場配合への補正

砂 $\begin{cases} 5\text{mm ふるいに残留するもの } 7\% \\ 5\text{mm ふるいを通過するもの } 93\% \\ \text{表面水率 } 3.8\% \end{cases}$

砕石 $\begin{cases} 5\text{mm ふるいに残留するもの } 88\% \\ 5\text{mm ふるいを通過するもの } 12\% \\ \text{表面水率 } 0.5\% \end{cases}$

現場の砂および砕石が前記のようであったとする．用いるべき表面乾燥飽水状態の砂および砕石の質量を，それぞれ x および y kg/m³ とする．

$$\begin{cases} 示方配合の細骨材の質量：691 = 0.93\,x + 0.12\,y \\ 示方配合の粗骨材の質量：1\,045 = 0.07\,x + 0.88\,y \end{cases}$$

この連立方程式を解くと，$x = 596$ kg/m³，$y = 1\,140$ kg/m³ となる．

（この計算をクリーンセパレーション補正というが，一般には，この計算を行わず，次の表面水率による補正のみで現場配合とする場合が多い．）

      現場の骨材の質量（kg/m³） 現場の骨材の表面水量（kg/m³）

現 場 の 砂 $\begin{cases} x\times[1+(表面水率)/100] & x\times[(表面水率)/100] \\ = 596\times(1+3.8/100) = 619 & = 596\times(3.8/100) = 23 \end{cases}$

現場の砕石 $\begin{cases} y\times[1+(表面水率)/100] & y\times[(表面水率)/100] \\ = 1\,140\times(1+0.5/100) = 1\,146 & = 1\,140\times(0.5/100) = 6 \end{cases}$

現場配合の単位水量 ＝（示方配合の単位水量）－（骨材の表面水量）
          $= 181 - 23 - 6 = 152$ （kg/m³）

試し練りを行う1バッチの量を50 l とすると，1バッチに必要な質量は，1m³ のコンクリートをつくるのに必要な質量の 50/1 000 となる．

  水 ＝ $152\times50/1\,000 = 7.60$ kg 砕　石 ＝ $1\,146\times50/1\,000 = 57.30$ kg
  セメント ＝ $369\times50/1\,000 = 18.45$ kg ＡＥ剤量 ＝ $160\times50/1\,000 = 8.00$ g
  砂 ＝ $619\times50/1\,000 = 30.95$ kg

検算 ・[（示方配合の総質量）$\times50/1\,000$] と（1バッチの総質量）が等しいか検算する．
  $(181 + 369 + 691 + 1\,045)\times50/1\,000 = 114.3$ kg
  $7.60 + 18.45 + 30.95 + 57.30 = 114.3$ kg

(3) 第1バッチ目の試し練りの結果，スランプ15cm，空気量5.2％ であったとする．スランプを3cm減らし，空気量を0.7％ 減らすこととする．また，練上ったコンクリートが著しくプラスティックに感じられたので，経験により s/a を1.5％ 減らすこととする．

空気量が目標値と異なったため，(1) の示方配合における単位量が異なる．(1) の単位量で練上ったコンクリートの体積を x とすると，次式が成立する．

  $x\times(1-5.2/100) = 1\,000\times(1-4.5/100)$ $x = 1\,007.4$ （l）
    [液体と固体の合計の体積が等しいことによる]

よって，第1バッチ目の示方配合は，(1)における値の 1 000/1 007.4 となり，付表-20 となる．

  $s/a = 40 + 0.5 - 1.5 = 39$ （％）
  $W = 180\times(1 - 3.6/100 + 2.1/100) - 2.3 \fallingdotseq 175$ （kg）

付表-20(a) 第1バッチ目の示方配合

粗骨材の最大寸法 (mm)	スランプ (cm)	W/C (%)	空気量 (%)	s/a (%)	単位量 (kg/m³)				単位AE剤量 (g/m³)
					水	セメント	細骨材	粗骨材	
25	15	49	5.2	40	180	366	686	1 037	159

s/a	W	表-9.10 による補正
40	180	付表-20 より
	−3.6%	スランプを3cm小さくするため,1.2×3(%)だけ W を小さくする.
+0.5 (中間値)	+2.1%	空気量を0.7%小さくするため,(0.5〜1)×0.7だけ s/a を大きくし,3×0.7%だけ W を大きくする.
−1.5	−2.3	s/a を1.5%減らすため,1.5×1.5だけ W を小さくする.

$C = W \div W/C = 175 \div (49/100) \fallingdotseq 357$ (kg)

$a = 1\,000 - 175 - 357/3.16 - 1\,000 \times 4.5/100 \fallingdotseq 667.0$ (l)

$S = 667.0 \times (39/100) \times 2.63 \fallingdotseq 684$ (kg)

$G = 667.0 \times (1 - 39/100) \times 2.65 \fallingdotseq 1078$ (kg)

付表-20(b) 第2バッチ目の設計した示方配合

粗骨材の最大寸法 (mm)	スランプ (cm)	W/C (%)	空気量 (%)	s/a (%)	単位量 (kg/m³)				単位AE剤量 (g/m³)
					水	セメント	細骨材	粗骨材	
25	12	49	4.5	39	175	357	684	1 078	140

AE剤量は,AE剤の技術資料および経験により変化させた.

検算
- $175 + 357/3.16 + 684/2.63 + 1\,078/2.65 + 1\,000 \times 4.5/100 = 999.84 \fallingdotseq 1\,000$ (l)
- $W/C = 175 \div 357 \times 100 = 49$ (%)
- $s/a = \{(684/2.63)/[(684/2.63) + (1\,078/2.65)]\} \times 100 = 39.00 \fallingdotseq 39$ (%)

この後,(2)と同じ方法で現場配合への補正を行い,試し練りを行い,練上ったコンクリートが配合条件を満足するまで,(2)(3)の作業を繰り返す.

(p. 103) 配合設計例2(舗装コンクリート)

条件 ・沈下度:40秒 ・空気量:4.5% ・水セメント比:47% ・セメント:密度3.15g/cm³ ・粗骨材:最大寸法25mm, 密度2.65g/cm³, 単位容積質量1 580kg/m³, 砕石使用 ・細骨材:粗粒率2.70, 密度2.63g/cm³, 川砂使用

配合設計方法は,付表-21 による.

付表-21(a) (コンクリート標準示方書舗装編)

粗骨材の最大寸法 (mm)	砂利コンクリート		砕石コンクリート	
	単位粗骨材容積	単位水量(kg)	単位粗骨材容積	単位水量(kg)
40	0.76	115	0.73	130
30		120		135
25		125		140
20		125		140

この表の値は,粗粒率 FM=2.80 の細骨材を用いた沈下度30秒(スランプ約2.5cm)の AE コンクリートで,ミキサから排出直後のものに適用する.

$$単位粗骨材容積 = \frac{単位粗骨材量}{JIS\ A\ 1104\ に示す方法で求めた粗骨材の単位容積質量}$$

付表-21(b) 上記と条件の異なる場合の補正

条件の変化	単位粗骨材容積	単位水量
細骨材の FM の増減に対して	単位粗骨材容積=(上記単位粗骨材容積)×(1.37−0.133 FM)	補正しない
沈下度10秒の増減に対して	補正しない	∓2.5 kg
空気量1%の増減に対して		∓2.5 %

(1) 砂利に砕石が混入している場合の単位水量および単位粗骨材容積は,上記表の値が直線的に変化するものとして求める.
(2) 単位水量と沈下度との関係は (log 沈下度)〜単位水量が直線的関係にあって,沈下度10秒の変化に相当する単位水量の変化は,沈下度30秒程度の場合は2.5kg,沈下度50秒程度の場合は1.5kg,沈下度80秒程度の場合は1 kgである.
(3) スランプ6.5cmの場合の単位水量は上記表の値より8 kg増加する.
(4) 単位水量とスランプとの関係は,スランプ1 cmに相当する単位水量の変化は,スランプ8 cm程度の場合は1.5kg,スランプ5 cm程度の場合は2 kg,スランプ2.5cm程度の場合は4 kg,スランプ1 cm程度の場合は7 kgである.
(5) 細骨材のFM増減に伴う単位粗骨材容積の補正は,細骨材のFMが2.2〜3.3の範囲にある場合に適用される式を示した.
(6) 高炉スラグ粗骨材コンクリートの場合は表に示されている砕石コンクリートと同じとしてよい.

解答例 単位粗骨材容積 $(\alpha)=0.73\times(1.37-0.133\times 2.70)=0.74$

単 位 水 量 $(W)=140-2.5 \fallingdotseq 138$ (kg/m^3)

単位セメント量 $(C)=W\div W/C=138\div 0.47=294$ (kg/m^3)

単 位 粗 骨 材 量 $(G)=$ 単位容積質量 $\times \alpha=1\,580\times 0.74=1\,169$ (kg/m^3)

単 位 細 骨 材 量 $(S)=$ 細骨材の容積 × 密度

$$=[1\,000-1\,000\times(空気量/100)-W/1-C/p_c-G/p_g]\times p_s$$
$$=(1\,000-45-138-294/3.15-1\,169/2.65)\times2.63$$
$$=743\ (kg/m^3)$$

付表-22 設計した示方配合

粗骨材の最大寸法 (mm)	沈下度 (秒)	空気量 (%)	W/C (%)	単位粗骨材容量	単位量 (kg/m³)				単位AE剤量 (g/m³)
					水	セメント	細骨材	粗骨材	
25	40	4.5	47	0.74	138	294	743	1 169	120

AE剤量は,経験により定めた.

検算は,総容積が1 000 l となること,水セメントにより行う.この後は,付録配合設計例1と同様に,現場配合への補正を行って試し練りを行い,その結果に基づき,付表-21(b)を用いて補正を行い,練上ったコンクリートが,所定の配合条件を満足するまで,試し練りを行う.

(p. 105)

付表-23 流動化コンクリートのスランプの標準範囲
(コンクリートの打込み位置におけるスランプ)

構造物の種類			スランプ (cm)
マッシブなコンクリート(たとえば,大きい橋脚,大きい基礎など)			8〜12
比較的マッシブなコンクリート(たとえば,橋脚,厚い壁,基礎,大きいアーチ等)			10〜15
厚い版			8〜12
一般の鉄筋コンクリート			12〜18
断面の大きい鉄筋コンクリート			8〜15
プレストレストコンクリートはり			10〜15
水密コンクリート			8〜15
トンネル覆工コンクリート			15〜18
軽量骨材コンクリート	鉄筋コンクリート	スラブ	12〜18
		はり	12〜18
		壁および柱	10〜15
	プレストレストコンクリートはり		10〜15

(p. 104) 付表-24 水中不分離性コンクリートのスランプフローの標準範囲
(水中不分離性コンクリート設計施工指針(案)解説)

施　工　条　件	スランプフローの範囲 (cm)
急斜面の張石 (1:1.5～1:2) の固結, 斜面の薄いスラブ (1:8程度まで) の施工等で, 流動性を小さく抑えたい場合	35～40
単純な形状の部分に打ち込む場合	40～50
一般の場合. 標準的な RC 構造物に打ち込む場合	45～55
複雑な形状の部分に打ち込む場合 特別に良好な流動性が求められる場合	55～60

(p. 105)

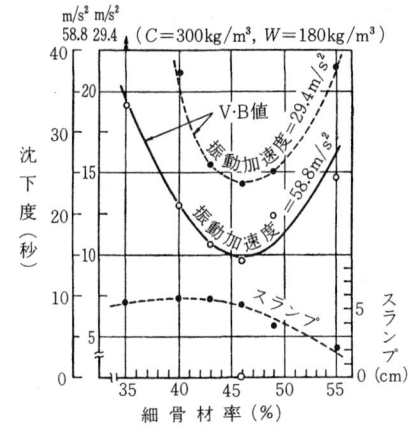

付図-48 細骨材率と沈下度との関係
(山本泰彦)

(p. 106) 割増し係数

(1) コンクリートの品質がある程度変動することは，避けられないため，配合強度 (f'_{cr}) を，設計基準強度 (f'_{ck}) よりも大きくする必要がある．したがって，f'_{cr} の f'_{ck} に対する比，すなわち割増し係数 (α) を求める必要がある．α は，一般の場合，試験値 f'_{ck} を下回る確率が 5% 以下となるように定められる．なお，ダムコンクリートでは，α は一般に次の (a)(b) の条件により定められる．

(a) 試験値は，f'_{ck} の 80% を p_a 以上の確率で下がってはならない．

(b) 試験値は，f'_{ck} を p_b 以上の確率で下がってはならない．

通常，f'_{ck} は，圧縮強度で表わされ，p_a および p_b は，それぞれ 1/20 および 1/4 としている．道路舗装コンクリートの場合には，f'_{ck} は，一般に曲げ強度で表わされ，設計曲げ基準強度を下回る確率が 5% 以下となるようにする．一方，レディーミクストコンクリートでは，一回の試験結果は，購入者が指定した呼び強度の強度値の 85% 以上で，かつ，3 回の試験結果の平均値は，購入者が指定した呼び強度の強度値以上でなければならないとなっている．

(2) 一般の場合

コンクリート強度が，正規分布すると仮定する．（付図-49 参照）

付　　録

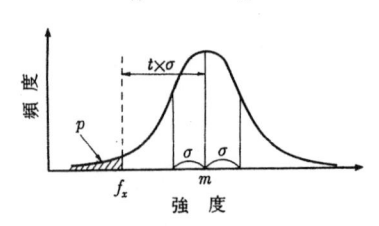

m：平均値 (mean value)
σ：標準偏差 (standard deviation)
p：強度が f_x を下回る確率

付図-49

付表-25　t と p の関係

t	0	0.5	0.674	0.842	1.0	1.282	1.5	1.645	1.834	2.0	2.054	2.327	3.0
p	0.500	0.308	1/4	1/5	1/6	1/10	0.067	1/20	1/30	0.023	1/50	1/100	0.0013

＊t は，実用的には，小数点以下2位程度とすべきである．

$$f_x = m - t\sigma$$
$$f_x/m = 1 - tV$$

V：変動係数 (σ/m)，一般に単位は百分率．

一般の場合には，f_x および m はそれぞれ f'_{ck} および f'_{cr} となる．よって次式が得られる．

$$\alpha = f'_{cr}/f'_{ck} = 1/(1-tV) \cdots\cdots\cdots (1)$$

試験値が f_x すなわち $(m-t\sigma)$ を下回る確率 (p) と t の関係は，付表-25に示すとおりである．

一般の場合には，p を5% すなわち 1/20 とするため，t は 1.65 となる．この値を式(1)に代入すると式(2)が得られる．

$$\alpha = 1/(1-1.645V) \cdots\cdots\cdots (2)$$

例えば，強度の変動係数が 8.4% の場合，割増し係数 (α) は，1.16 となる．

(3) ダムコンクリートの場合

(1)の(a)の条件の場合，f_x および m は，それぞれ $0.8f'_{ck}$ および f'_{cr} となる．よって次式が得られる．

条件(a)の場合

$$\alpha = f'_{cr}/f'_{ck} = 0.8/(1-tV) \cdots\cdots\cdots (1)$$

(1)の(b)の条件の場合，f_x および m は，それぞれ f'_{ck} および f'_{cr} となる．よって次式が得られる．

条件(b)の場合
$$\alpha = f'_{cr}/f'_{ck} = 1/(1-tV) \cdots\cdots\cdots (2)$$

ここで，p_a および p_b を，それぞれ 1/20 および 1/4 とすると，付表-25 より，t は，それぞれ 1.65 および 0.67 となる．求めた t を，式(1)および式(2)に代入すると，式(3)および式(4)が得られる．

$$\alpha = 0.8/(1-1.65V) \cdots\cdots\cdots (3)$$
$$\alpha = 1/(1-0.67V) \cdots\cdots\cdots (4)$$

割増し係数 α は，式(3)および式(4)より求めた値のうち大きい方の値をとる．例えば，強度の変動係数 (V) が 8.4% で，p_a および p_b がそれぞれ 1/20 および 1/4 の場合，式(3)より得られる α は，0.93 であり，式(4)より得られる α は，1.06 となり，最終的な割増し係数は，1.06 となる．

(4) 生コンクリートの場合

JIS A 5308 では，強度について次の(a)(b)の条件を規定している．

(a) 1 回の試験結果は，呼び強度の強度値の 85% 以上でなければならない．

(b) 3 回の試験結果の平均値は，呼び強度の強度値以上でなければならない．

この 2 つの条件を満足するための割増し係数は，以下のように求められる．現実に 1 回も下回らないようにすることは不可能であるが，t を 3 とすると下回る確率が 1.3/1 000 ときわめて小さくなる．

(a)の条件を満足するには，t を 3 とし，0.85×(呼び強度値) を f_x と，m を配合強度 (f'_{cr}) とすればよい．

$$f'_{cr} = 0.85 \times (呼び強度値) + 3\sigma$$
$$\alpha = 0.85/(1-3V) \cdots\cdots\cdots (1)$$

(b)の条件を満足するには，t を 3 とし，呼び強度値を f_x と，m を配合強度 (f'_{cr}) とすることになるが，3 回の試験結果の平均値の標準偏差は 1 回の試験結果の標準偏差の $1/\sqrt{3}$ となる（n 個の平均の標準偏差は，$1/\sqrt{n}$ となる）．

$$f'_{cr} = 呼び強度値 + 3(\sigma/\sqrt{3})$$
$$\alpha = 1/(1-\sqrt{3}V) \cdots\cdots\cdots (2)$$

強度の変動係数が 8.4% の場合，式(1)より得られる α は 1.14，式(2)より得られる α は 1.17 となり，割増し係数は 1.17 となる．

(p. 107)

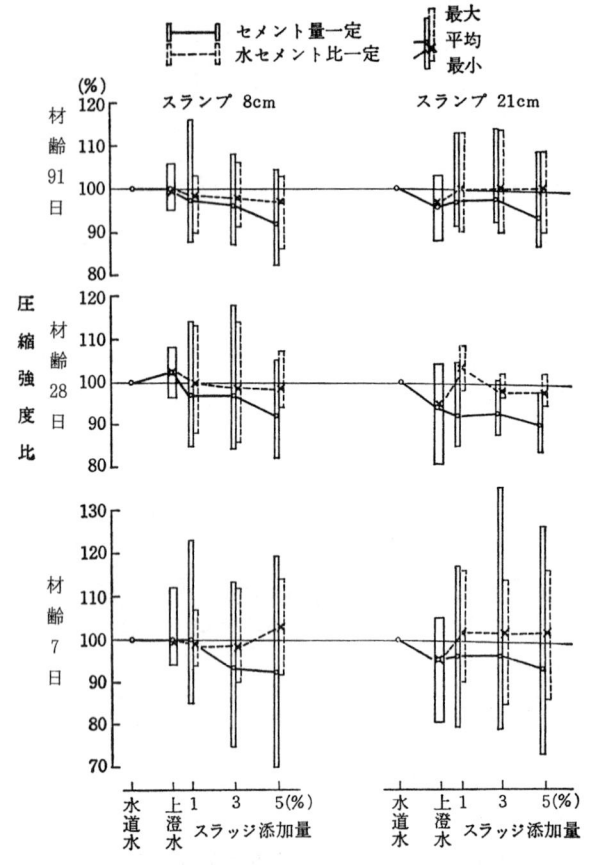

付図-50 スラッジ添加量と圧縮強度比との関係（9試験所）
（セメント協会）（セメントコンクリート，No.336, '75.2）

(p. 107) 日本コンクリート会議（現日本コンクリート工学協会）の回収水研究委員会報告書1975では，次のように結論している．

洗い排水を上澄水とスラッジ水に分け，上水を用いたコンクリートと同一品質と見なしうるコンクリートをつくるための条件をあげると，以下のようである．

1. 上澄水は，コンクリート用練混ぜ水として上水と全く同様に使用できる．
2. スラッジ水をコンクリート用として使用するためには，次の条件が成立するようにすればよい．
    ⅰ) スラッジ固形分のセメント質量に対する添加率は3％以下とすること．この値は

付録　　　　　　　　　　　　　　　　　　　207

スラッジ水の濃度に換算すると，単位セメント量300kg/m³として，軟練りコンクリートで約4.5%程度となり，硬練りコンクリートでは約5.5%程度まで許容できる．

ⅱ）　水セメント比およびコンシステンシーを上水を用いたコンクリートと等しくすること．そのためには，単位水量ならびに単位セメント量を，スラッジ固形分添加率1%につき1～1.5%増とすること．

ⅲ）　細骨材率をスラッジ固形分のセメントに対する添加率1%につき，約0.5%減とする．

ⅳ）　空気量を上水を用いたコンクリートと等しくするため，必要に応じ，AE剤の添加量をふやす．減水剤についても同様の傾向がみられるので，必要に応じ空気量調整剤の添加量をふやす．

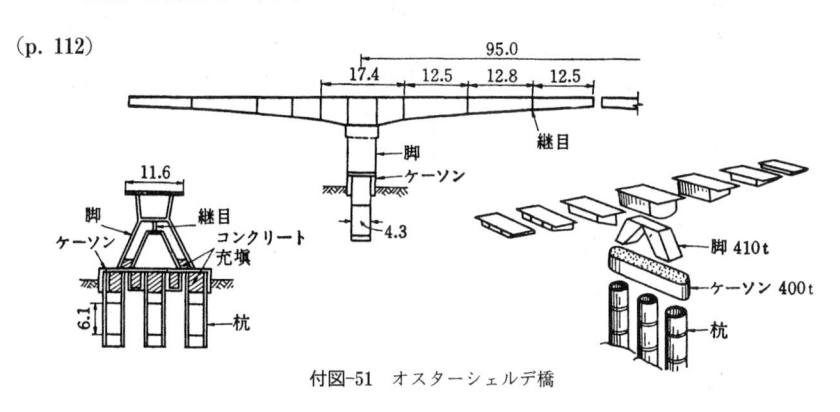

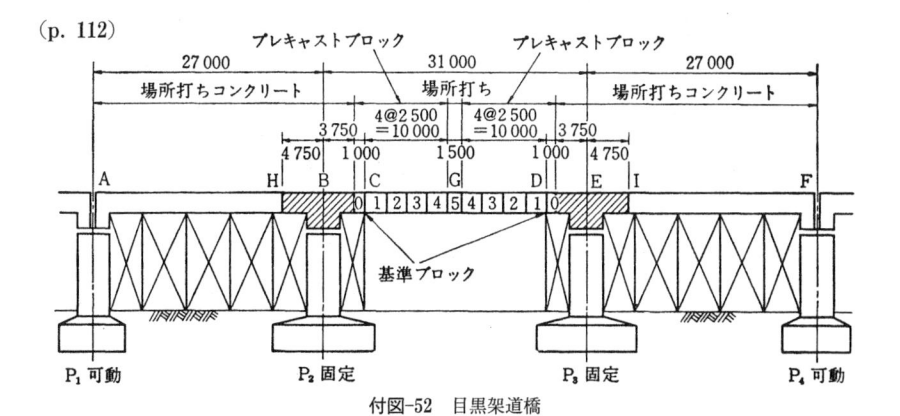

(p. 112)

付図-51　オスターシェルデ橋

(p. 112)

付図-52　目黒架道橋

(p. 115) 炭素繊維やアラミド繊維その他の連続繊維を PC 緊張材として用いる研究も進み，鋼材の腐食が問題となる箇所等で実用化している．また，そうした連続繊維またはそのシートを橋脚に巻き付けて耐震補強を行うことも行われている．

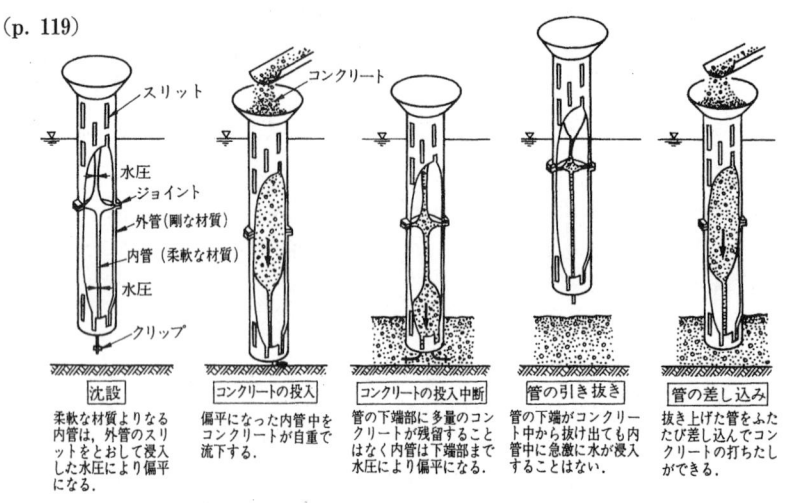

(p. 119)

沈設	コンクリートの投入	コンクリートの投入中断	管の引き抜き	管の差し込み
柔軟な材質よりなる内管は，外管のスリットをとおして浸入した水圧により偏平になる．	偏平になった内管中をコンクリートが自重で流下する．	管の下端部に多量のコンクリートが残留することはなく内管は下端部まで水圧により偏平になる．	管の下端がコンクリート中から抜け出ても内管中に急激に水が浸入することはない．	抜き上げた管をふたたび差し込んでコンクリートの打ちたしができる．

付図-53　KDT トレミーによる水中コンクリートの施工要領
　　　　（赤塚雄三・関　博：水中コンクリートの施工法，鹿島出版会）

(p. 122)

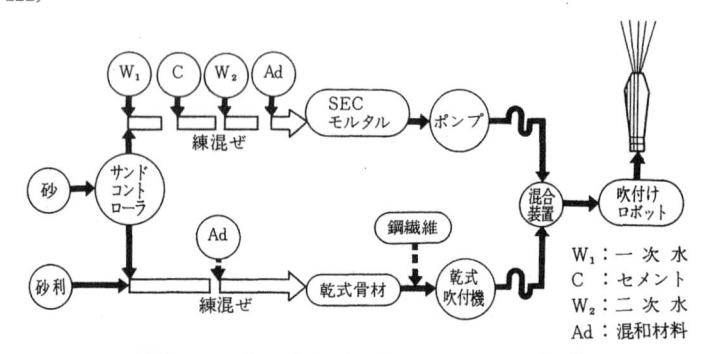

付図-54　ロボットを用いた SEC ショットクリート工法

SEC (Sand Enveloped with Cement) 工法：砂粒やセメント粒の周囲には，自由水ほど自由でない，ある程度拘束された表面水の存在することが明らかにされつつあり，砂粒とセメント粒周辺の半自由半拘束水が共有される場合，砂とセメントの結合がより密接になること，および適切な分割練混ぜが有効であることを利用して，材料分離の少ない高品質のモルタルやコンクリートをつくる工法．

付録

付表-26 トレミーおよびコンクリートポンプで施工した水中コンクリートの圧縮強度
(赤塚雄三：コンクリートアックス港湾構造物，コンクリートアックス，No.14，セメント協会)

種別	施設名	粗骨材の最大寸法 (mm)	スランプ (cm)	配合示方 W/C (%)	s/a (%)	W	C	S	G	混和剤	施工水深 (m)	標準供試体 σ_{28} (kgf/cm²)	コア試料 試供形状 (cm)	材齢 (日)	σ (kgf/cm²)	強度比[1] コア試料/標準供試体 (%)
トレミー	吉里浜港護岸	40	14〜16	48	37	176	370	718	1174		−2.0〜−0.5	310	φ10×20	89	378	103
	名洗港防波堤	40〜60	12〜18	55〜57	37〜39	193〜200	350[3]	740〜670	1150〜1160[3]	ダイレックス 0.20〜0.18 Po. No. 5	−3.0〜+1.6	264〜274	約 φ17×33	122〜162	265〜327	89〜192
	銚子港第2ふ頭岸壁	40	13〜18	43	41	159	370	772	1115	Po. No. 5 LA 0.25	−6.5〜−0.6	380	φ10×9.5	28	191	50
	西宮木材港水門	40	16〜20	41	33	152	374	579	1220	Po. No. 5 L 4.2	−4.0〜−2.0	378	φ10×20	190	238	50
	ケーソン底版コンクリート	25	12〜18	49	43	183	370	751	1006[3]	Po. No. 8 0.93	−26	345	φ15×30	149	384	91
コンクリートポンプ	厚田港防波堤	50	15〜18	75	33	262	350[3]	520[3]	1040[3]			98〜179	—	28	82〜121[7]	68〜76
	厚田港物揚場	50	15〜18	75	33	262	350[3]	520[3]	1040[3]			100〜132	—	28	53〜88[7]	49〜67
	函館港	25	19	52	46	180	346	840	990			170	—	28	92[7]	54
コンポジットスラリー	宇部港 −9.0m 岸壁	30	18〜20	55	43	150〜178	272〜323[5]	815〜787	1062〜1020	ダイレックス 0.20	−11〜+2	—	—	—	198〜262	—
	三菱金属直島製錬所岸壁	—	—	—	—	—	—	—	—		−10.0〜+1.5	—	φ12.5	28	242〜300	—

注：1) コアボーリング時点における圧縮強度の比（コア試料強度／標準供試体強度），コア試料試験時の標準供試体の強度は推定値
2) 砕石使用
3) 早強ポルトランドセメント使用
4) 早強ポルトランドセメント50%混合
5) 容積配合(1:3:6) からの推定値
6) フライアッシュを17〜48%混入
7) コンクリート打込み中に型枠を海底に据えてコンクリートが流下して充填した後に型枠を引き揚げて現場養生を行なった試体

(p. 136) 加熱アスファルト混合物の骨材の配分比は，付表-27の粒度範囲に入り，適切な粒度曲線が得られるようにする．

付表-27 アスファルト混合物の種類と粒度範囲（舗装施工便覧）

混合物の種類	① 粗粒度アスファルト混合物	② 密粒度アスファルト混合物	③ 細粒度アスファルト混合物	④ 密粒度ギャップアスファルト混合物	⑤ 密粒度アスファルト混合物		⑥ 細粒度ギャップアスファルト混合物	⑦ 細粒度アスファルト混合物	⑧ 密粒度ギャップアスファルト混合物	⑨ 開粒度アスファルト混合物
	(20)	(20)	(13)	(13)	(20F)	(13F)	(13F)	(13F)	(13F)	(13)
仕上り厚 (cm)	4～6	4～6	3～5	3～5	4～6	3～5	4～6	3～4	3～5	3～4
最大粒径 (mm)	20	20	13	13	20	13	13	13	13	13
通過質量百分率 (%) 26.5mm	100	100			100					
19.0mm	95～100	95～100	100	100	95～100	100	100	100	100	100
13.2mm	70～90	75～90	95～100	95～100	75～95	95～100	95～100	95～100	95～100	95～100
4.75mm	35～55	45～65	55～70	65～80	35～55	52～72	60～80	75～90	65～80	45～65	23～45
2.36mm	20～35	35～50	50～65	30～45	40～60	45～65	65～80	30～45	15～30
600μm	11～23	18～30	25～40	20～40	25～45	40～60	40～65	25～40	8～20
300μm	5～16	10～21	12～27	15～30	16～33	20～45	20～45	20～40	4～15
150μm	4～12	6～16	8～20	5～15	8～21	10～25	15～30	10～25	4～10
75μm	2～7	4～8	4～10	4～10	6～11	8～13	8～15	8～12	2～7
アスファルト量 (%)	4.5～6	5～7	6～8	4.5～6.5	6～8	6～8	7.5～9.5	5.5～7.5	3.5～5.5

(p. 131) アスファルト乳剤に対しては，用途に応じて本文中のもののほか，アスファルトの粗粒子や塊を調べるふるい残留分，骨材に対するアスファルト被膜の付着の良否を調べる付着度・骨材被膜度，骨材・水との混合時の均一性を調べる粗粒度骨材混合性・密度骨材混合性，土（セメント）の混じった骨材との混合の均一性を調べる土混じり骨材混合性，骨材・セメントとの混合の均一性を調べるセメント混合性のほか，貯蔵安定度，凍結安定度や蒸発残留分やその残留分の三塩化エタン可溶分の試験がある．

(p. 144)　付表-28　硬質塩化ビニル管の寸法（JIS K 6741）（種類 VM は省略）（単位：mm）

種類 呼び径	区分	VP						VU					
		外径	外径の許容差		厚さ		概略内径(参考)	1m当たりの質量(kg)(参考)	外径	外径の許容差	厚さ		概略内径(参考)	1m当たりの質量(kg)(参考)
			最大最小	平均	最小	許容差				平均	最小	許容差		
13		18	±0.2	±0.2	2.2	+0.6	13	0.174	—	—	—	—	—	—
16		22	±0.2	±0.2	2.7	+0.6	16	0.256	—	—	—	—	—	—
20		26	±0.2	±0.2	2.7	+0.6	20	0.310	—	—	—	—	—	—
25		32	±0.2	±0.2	3.1	+0.8	25	0.448	—	—	—	—	—	—
30		38	±0.3	±0.2	3.1	+0.8	31	0.542	—	—	—	—	—	—
40		48	±0.3	±0.2	3.6	+0.8	40	0.791	48	±0.2	1.8	+0.4	44	0.413
50		60	±0.4	±0.2	4.1	+0.8	51	1.122	60	±0.2	1.8	+0.4	56	0.521
65		76	±0.5	±0.3	4.1	+0.8	67	1.445	76	±0.3	2.2	+0.6	71	0.825
75		89	±0.5	±0.3	5.5	+0.8	77	2.202	89	±0.3	2.7	+0.6	83	1.159
100		114	±0.6	±0.4	6.6	+1.0	100	3.409	114	±0.4	3.1	+0.8	107	1.737
125		140	±0.8	±0.5	7.0	+1.0	125	4.464	140	±0.5	4.1	+0.8	131	2.739
150		165	±1.0	±0.5	8.9	+1.4	146	6.701	165	±0.5	5.1	+0.8	154	3.941
200		216	±1.3	±0.7	10.3	+1.4	194	10.129	216	±0.7	6.5	+1.0	202	6.572
250		267	±1.6	±0.9	12.7	+1.8	240	15.481	267	±0.9	7.8	+1.2	250	9.758
300		318	±1.9	±1.0	15.1	+2.2	286	21.962	318	±1.0	9.2	+1.4	298	13.701
350		—	—	—	—	—	—	—	370	±1.2	10.5	+1.4	348	18.051
400		—	—	—	—	—	—	—	420	±1.3	11.8	+1.6	395	23.059
450		—	—	—	—	—	—	—	470	±1.5	13.2	+1.8	442	28.875
500		—	—	—	—	—	—	—	520	±1.6	14.6	+2.0	489	35.346
600		—	—	—	—	—	—	—	630	±3.2	17.8	+2.8	592	52.679
700		—	—	—	—	—	—	—	732	±3.7	21.0	+3.2	687	72.018

備考　1．最大・最小外径の許容差とは，任意断面における外径の測定値の最大値および最小値（最大・最小外径）と，基準寸法との差をいう．
　　　2．平均外径の許容差とは，任意断面における相互に等間隔な 2 方向以上の外径測定値の平均値（平均外径）と基準寸法との差をいう．
　　　3．表中 1m 当たりの質量は，密度 $1.43\,\mathrm{g/cm^3}$ で計算したものである．
　　　4．許容差は，最大・最小外径の許容差および平均外径の許容差がともに合格すること．

(p. 137〜152)
　電子レンジの圧力釜に用いられているガラス繊維補強ポリフェニレンサルファイド樹脂（PPS 樹脂）のような，高温下でも強度低下の小さい材料も実用化している．このように，

プラスチック工業およびゴム工業の著しい発展により，それぞれ JIS K 6900 および JIS K 6200 で標準化されている基本用語だけでも 515 および 383 にのぼっている．建設用材料として鉄筋や PC 鋼材の代りに適用しようと近年盛んに検討されている連続繊維補強の主なものは，炭素繊維，アラミド繊維，ガラス繊維，ビニロン繊維等をエポキシ樹脂あるいはビニルエステル樹脂などで成形したものである．なお，JIS K 5101～7386 には，本文で述べることのできなかった塗料，ゴム，プラスチック，接着剤の品質規格や試験方法が定められている．

索　引

【あ】

アースフィルダム [earth fill dam]　29
RC [reinforced concrete]　79, 114
RC [rapid curing]　128
ISO [International Organization for Standardization]　12, 163
アクリルアミド [acrylamide]　148
アクリルニトリルブタジエンゴム [acrylonitrile butadiene rubber]　139, 146
アジテータ [agitator]　108
アジテート [agitation]　85
アスファルテン [asphaltene]　127
アスファルト [asphalt]　126
アスファルト安定処理混合物 [asphalt mixture for stabilization]　133
アスファルトコンクリート [asphalt concrete]　133
アスファルト混合物 [asphalt (paving) mixture]　133, 210
アスファルト混合物用骨材 [asphalt (paving) aggregate]　40
アスファルトコンパウンド [asphalt compound]　126
アスファルト乳剤 [emulsified asphalt, asphalt emulsion]　126, 211
アスペクト比 [aspect ratio]　115
アスベスト [asbestos, asbestus]　115
厚(鋼)板 [steel plate]　48
圧延 [rolling]　46
圧延鋼材 [rolled steel]　46, 47
圧縮強度 [compressive strength]　5, 27, 38, 87～102, 142, 186

孔型 [kaliber, pass]　47
アニオン [anion, anionic]　128
洗い分析試験 [washing analysis]　83
アリット [alite]　65, 172
アルカリ骨材反応 [alkali-aggregate reaction]　101
アルカリシリカ反応 [alkali-silica reaction]　101, 168, 195
α鉄 [α iron]　52, 169
アルミナセメント [(high) alumina cement]　63
アルミニウム粉末 [aluminium powder]　76, 121
アルミン酸三カルシウム [tri-calcium aluminate]　65
安全率 [safety factor]　5
アンダーカット [undercut]　56, 171
安定剤 [stabilizer]　175
安定性 [stability, soundness of aggregate]　134, 168

【い】

EPS工法 [expanded poly-styrol construction method]　148
鋳型 [mold, mould]　46, 50
異形鉄筋 [deformed (reinforcing) bar]　191
異形棒鋼 [deformed steel bar]　53
石 [stone]　29
石粉 [stone dust]　33, 40
石目 [rift]　30
板目 [flat grain]　23
一様伸び [uniform elongation]　51
引火点 [flash point]　130

インゴット [ingot]　45

【う】

薄(鋼)板 [steel sheet]　48
内側限界 [watch line/limit]　109
打込み [placing]　85, 117
打込み温度 [placing-temperature]　95
打継目 [construction joint]　102, 147
海砂 [sea sand]　38

【え】

永久ひずみ [permanent strain]　8
AE減水剤 [air-entraining and water-reducing agent]　178
AE剤 [air-entraining agent]　74, 85, 177, 178
ALC [autoclaved light-weight concrete]　115
SR割れ [stress relief crack]　56
SI単位 [international system of units (仏 Systemé International d'Unites)]　163
SEC [sand enveloped with cement]　122, 208
S〜N線図 [S-N curve]　6
SFRC [steel-fiber reinforced concrete]　115
SC [slow curing]　128
エトリンガイト [ettringite]　68, 70, 172
エポキシ樹脂 [epoxy resin]　138, 140, 145
エポキシ注入 [injection of epoxy resin]　146
エポキシレジンコンクリート [epoxy resin concrete]　149
エマルジョン [emulsion]　79
MC [medium curing]　128
塩化カルシウム [calcium chloride]
塩化ビニル [vinyl chloride]　137
塩化物 [chloride]　72, 110
エングラー度試験 [Engler specific viscosity]　131
遠心力締固め [spinning]　112
延性 [ductility]　46
エントラップトエア [entrapped air]　74, 85

エントレインドエア [entrained air]　74, 84

【お】

オイル [oil]　127
応力 [stress]　4, 165
応力〜ひずみ図 [stress-strain diagram]　5, 190
応力腐食 [stress corrosion]　75
オーステナイト [austenite]　52
オートクレーブ [autoclave]　68, 88, 96, 112
オーバーラップ [overlap]　56
音の強さ [intensity level of sound]　11

【か】

海砂 [sea sand]　38
界面活性剤 [surface active agent]　74
海洋コンクリート [marine concrete, concrete exposed to sea water]　120, 193
化学的安定性 (骨材の) [chemical soundness of aggregate]　101
架橋 (分子間の) [cross linking]　139
火災の作用を受けるコンクリート [fire-proofness of concrete]　120
可使時間（接着剤の）[pot life]　142
ガス発生剤 [gas-forming agent]　76
火成岩 [igneous rock]　29
可塑剤 [plasticizer]　140
形鋼 [shape steel, section]　47
硬さ (硬度) [hardness]　11, 167
硬練り [dry/stiff consistency]　83
型枠 [formwork, shuttering]　80, 85, 117, 167, 183
可鍛鋳鉄 [malleable cast iron, malleable iron casting]　50
カチオン [cation, cationic]　128
カットバックアスファルト [cut-back asphalt]　125, 126
かぶり [cover]　119, 120
ガラス繊維 [glass-fiber]　115

索引　　　　　　　　　　　215

加硫 [vulcanization]　139
川砂 [river sand]　30
管 [pipe]　144
感温性 [temperature susceptibility]　126, 130
乾式 (セメント製造) [dry process]　64
含水率 [water/moisture content]　10
岩石 [stones and rocks]　29
乾燥収縮 [drying shrinkage]　175, 190
乾燥法 [seasoning]　23
寒中コンクリート [cold-weather/winter concrete]　116
γ鉄 [γ iron]　52, 169
管理限界 [control limit]　109
管理図 [control chart]　109

【き】

規格 [standard]　12
気乾含水率 [moisture/water content in air-dry condition]　26
(空)気(中)乾(燥)状態 [air-dry condition]　34
偽凝結 [false set, pre-mature stiffening rapid stiffening]　69
気硬性 [non-hydraulic, air-setting]　61
軌道 [track]　148
気泡コンクリート [aerated/cellular/pore/porous concrete]　115
起泡剤 [forming agent]　176
吸音率 [sound absorbing coefficient]　11
急結剤 [set accelerating agent]　75
急硬剤 [accelerator]　74
球状黒鉛鋳鉄 [nodular graphic cast iron, spheroidal graphite iron casting]　50
吸水率 [(water) absorption]　10, 35, 168
凝結 [set, setting]　63, 171
凝結遅延剤 [retarder]　75
強度 (強さ) [strength]　4, 26, 51, 94, 151, 171, 196
強熱減量 [ignition loss]　67, 69
許容圧縮応力度 [allowable compressive stress]　186
橋梁 [bridge]　60
極限強さ [ultimate strength]　5
局部伸び [local elongation]　52
許容応力度 [allowable stress]　4
切欠き [notch]　52, 54, 171
キルン [kiln]　64

【く】

杭 [pile]　60, 114, 119
空気量 [air content]　86, 105, 181
グースアスファルト [mastic asphalt]　133
釘の保持力 [nail-hold capacity]　27
グラウト [grout]　42, 121
クリープ強度 [creep strength]　6
クリープ限 [creep limit]　6
クリープひずみ [creep strain]　8, 167
クリンカー [clinker]　65, 172
クレーター [crater]　56
グレーチング [grating]　60
クロム鋼 [chromium steel]　43

【け】

珪酸 [silicic acid]　29
珪酸三カルシウム (alite) [tricalcium silicate]　65
珪酸ナトリウム [sodium-silicate]　154
珪酸二カルシウム (belite) [dicalcium silicate]　65
軽量形鋼 [light gauge section]　49
軽量骨材 [light-weight aggregate]　38
軽量骨材コンクリート [light weight aggregate concrete]　115
下降伏点 [lower yield point]　5
欠陥 [defect]　56, 84, 171
結合水 [combined water]　68, 173
ケミカルプレストレス [chemical prestress]　74, 178
ゲル [gel]　68, 174

減水剤 [water-reducing agent]　74, 78, 178
現場配合 [field/job mix]　106, 198

【こ】

コア [core]　98
硬化 [hardening]　68
鋼塊 [steel ingot]　45
硬化コンクリート [hardened concrete]　79, 87
硬化剤 [hardener, curing agent]　139, 142
硬化促進剤 [accelerator]　71, 74, 75, 117
鋼管 [steel pipe/tube]　47
高強度用混和材 [admixture for high strength]　174
工業用接着剤 [industrial adhesive]　145
合金鋼 [alloy steel]　43
工具鋼 [tool steel]　49
硬鋼 [high carbon steel]　44, 50
硬材 [hard wood]　21
鋼材 [steel product]　46
高サイクル疲労 [high cycle fatigue]　7
公称応力 [nominal stress]　6
剛性 [rigidity, stiffness]　9
合成高分子 [synthetic high polymer]　137
合成ゴム (SR) [synthetic rubber]　137, 139, 142
合成樹脂 [synthetic fiber]　137, 141
合成繊維 [synthetic resin]　137
高性能減水剤 [high water-reducing agent]　78, 175
合成有機高分子材料 [synthetic organic polymer]　137
剛性率 [modulus of rigidity]　8
鋼繊維 [steel fiber]　115
構造用鋼材 [steel for structural use]　51
鋼帯 [steel strip]　47
高炭素鋼 [high carbon steel]　43
高張力鋼 [high tensile steel]　43, 58
勾配垂下がり [slope flow]　134
鋼板 [steel plate, steel sheet]　47

合板 [plywood]　24
降伏強度 [yield strength]　6
降伏点 [yield point]　5, 6
鉱物 [mineral]　195
高分子材料 [organic polymer]　137
鋼片 [semi-finished product]　45, 47
鋼矢板 [steel sheet pile]　47
広葉樹 [broad-leaved tree]　21
高力ボルト [high (tension) strength bolt]　55
高炉 [blast furnace]　44
高炉スラグ [blast-furnace slag]　44
高炉スラグ骨材 [(blast-furnace) slag aggregate]　36, 168
高炉スラグ細骨材 [granulated blast-furnace slag fine aggregate]　38, 168
高炉スラグ粗骨材 [air-cooled iron-blast-furnace slag aggregate]　40, 168
高炉スラグ微粉末 [ground granulated blast-furnace slag]　73
高炉セメント [portland blast-furnace slag cement]　62, 66
コールドジョイント [cold joint]　75
木口 [end grain, header]　23
骨材 [aggregate]　30
骨材の安定性 [soundness (stability) of aggregate]　102
ゴム入りアスファルト [rubberized asphalt]　131
ゴム弾性 [rubber elasticity]　139
コロイド [colloid]　30, 127
コロイドセメント [colloid cement]　63
コンクリート [concrete]　79
コンクリート工場製品 [concrete product]　111
コンクリートプレーサ [concrete placer]　85
コンクリートポンプ [concrete pump]　85, 119, 182, 209
混合（ポルトランド）セメント [blended portland cement]　62

索　引

コンシステンシー [consistency]　　81, 128
混和材(料) [admixture]　　71
混和剤 [chemical admixture, additive]　　71, 181

【さ】

細骨材 [fine aggregate]　　31, 40
細骨材率 [sand percentage]　　105, 181
砕砂 [manufactured/crushed sand]　　36, 168
砕石 [crushed stone]　　36, 168
砕石粉 [stone dust]　　33
材料分離 [segregation]　　81
材齢 [age]　　88
作業性 [workability, practicability]　　4
酢酸ビニル樹脂 (PVA) [poly vinyl acetate]　　145
サスペンションプレヒーター (SP) [suspension pre-heater]　　64
錆 [rust]　　55, 101, 194
酸化防止剤 [antioxidant]　　140
残留応力 [residual stress]　　54, 57
残留ひずみ [residual strain]　　6, 7, 9

【し】

支圧強度 [bearing strength]　　5
CFRC [carbon-fiber reinforced concrete]　　115
GFRC [glass-fiber reinforced concrete]　　115
ジェットセメント [special super high early strength cement]　　63
軸受鋼 [bearing steel]　　49
時効性 [ageing]　　59
支承 [support]　　148
自消性 [self-extinguishing]　　139
JIS [Japanese Industrial Standards]　　12
湿式 (セメント製造) [wet process]　　64
湿潤状態 [damp/wet condition]　　35
湿潤養生 [wet-curing]　　102
実積率 [solid volume percentage]　　35

質量 [mass]　　9, 167
死石 [soft stone, weak particle]　　30
始発 [initial setting]　　66
示方書 [specification]　　12
示方配合 [specified mix]　　106, 197
支保工 [supporting/falsework]　　183
絞り [reduction of area]　　6
締固め (コンクリートの) [compaction]　　94, 185
締固め係数 [compacting factor]　　182
遮音率 [sound insulating coefficient]　　11
JAS [Japanese Agricultural Standard]　　21
シャルピー衝撃試験 [Charpy impact test]　　6, 53
ジャンカ [honeycomb]　　84
終結 [final setting]　　66
重合反応 [polymerization]　　137
重縮合 [polycondensation]　　126
収縮ひび割れ [shrinkage crack]　　87
集成木 [laminated timber]　　24
充填材 [filler]　　140
シュート [chute]　　85
重量 [weight]　　167
重量骨材 [heavy-weight aggregate]　　39, 120
重量コンクリート [high density/heavy-weight concrete]　　121
蒸気養生 [steam curing]　　96
衝撃強度 [impact strength]　　6
衝撃値 [impact value]　　6
条鋼 [bar steel]　　47
上降伏点 [upper yield point]　　5
仕様書 [specification]　　12
床版 [slab]　　60
蒸留法 [distillation]　　126
触媒アスファルト [catalytic asphalt]　　132
暑中コンクリート [hot-weather concrete]　　116
シリカセメント [portland pozzolan/silica cement]　　62, 66

シリカフューム [silica fume]　*174*
シルト [silt]　*30*
真応力 [true stress]　*6*
真空 (処理) コンクリート [vacuum (-processed) concrete]　*122*
人工骨材 [artificial aggregate]　*30*
新焼成方式 (NSP) [new suspension pre-heater]　*64*
親水性 [hydrophilicity]　*10*
靭性 [toughness, ductility]　*6*
浸炭 [carburizing]　*55*
伸度 [ductility]　*130*
振動締固め [compaction by vibration]　*94*
振動台 [vibrating table]　*83*
振動台式コンシステンシー試験 [vibrating table-consistency test]　*83*
針入度 [penetration]　*128, 129*
針入度指数 [penetration index]　*129*
真破壊応力 [true rupture stress]　*5*
真密度 [true/absolute specific density]　*10*
針葉樹 [needle-leaved tree]　*21*
浸硫 [sulphurizing]　*55*

【す】

水硬性 [hydraulic]　*61*
水酸化カルシウム [calcium hydroxide]　*172*
水素結合 [hydrogen bond]　*173*
水素脆性 [hydrogen embrittlement]　*57*
水中コンクリート [under-water concreting, concreting in water]　*118, 208, 209*
水中不分離性コンクリート [anti-washout concrete]　*119, 203*
水中不分離性混和剤 [anti-washout agent]　*78*
水中油滴型 [oil in water]　*127*
水密 (的な) コンクリート [water tight concrete]　*120*
水密性 [water-tightness]　*102, 134, 196*
水和 [hydration (reaction)]　*68*
水和熱 [heat of hydration]　*69, 118*

水和熱抑制剤 [agent for controlling heat of hydration]　*176*
スクリーニングス [screenings]　*41*
スチレンブタジエンゴム [styrene-butadiene rubber]　*139, 147*
ステンレス鋼 [stainless steel]　*43*
ストレートアスファルト [straight asphalt]　*125*
砂のふくらみ [bulking]　*36*
すべり抵抗性 [skid resistance]　*134*
スラグ骨材 [slag aggregate]　*36*
スラグ巻込み [slag inclusion]　*56, 171*
スラッジ [sludge]　*206*
スラブ [slab]　*45, 47, 85*
スランプ [slump]　*93, 104, 109, 201, 203*
スランプ試験 [slump test]　*83*
スランプフロー [slump flow]　*83*
すりへり (骨材の) [abrasion]　*168*
すりへり減量 [percentage of wear]　*36*
すりへり抵抗 [abrasion resistance]　*134, 196*
すりへり抵抗性 [abrasion resistance]　*9, 134*
寸法効果 [size effect]　*58*

【せ】

製材 [lumbering, sawing]　*22*
脆性 [brittleness]　*6*
静弾性係数 [static modulus of elasticity]　*99*
静的強度 [static strength]　*6*
脆度係数 [coefficient of brittleness]　*99*
青熱脆性 [blue shortness/brittleness]　*54*
セイボルトフロール秒試験 [Saybolt Furol viscosity]　*130*
せき板 [baffle plate]　*85*
積算温度 [maturity]　*94*
赤熱脆性 [red shortness]　*55*
石油アスファルト [oil-asphalt]　*125*
石理 [texture]　*30*
石灰石 [limestone]　*64*
石灰石微粉末 [limestone fine powder]　*174*

索　　　引

絶(対)乾(燥)状態 [absolute dry condition, oven dry condition]　34
絶乾密度(骨材)[density in over-dry condition (aggregate)]　35
設計基準強度 [design strength]　197, 203
石こう [gypsum]　64, 65, 172
接着 [adhesion]　142
接着剤 [adhesive]　145
節理 [joint]　30
セミブローイング [semi blowing]　126
セメンタイト [cementite]　52, 170
セメント [cement]　61
セメントアスファルトグラウト [cement-asphalt grout]　157
セメント空隙比 [cement void ratio]　92
セメントクリンカー [cement clinker]　64
セメント混和用ポリマーデイスパージョン [polymer dispersion for cement use]　176
セメント分散剤 [dispersing agent]　74
セメントペースト [cement paste]　79
セメント水ガラスグラウト [cement-waterglass grout]　154
セメント水比 [cement-water ratio]　91
セメント薬液(ケミカル)同時注入用グラウト [grout for simultaneous cement-chemical grouting]　154
セリット [celite]　65
遷移温度 [transition temperature]　54
繊維(補強・混入)コンクリート [fiber (reinforced) concrete]　115
繊維板 [fiber board]　24
繊維飽和点 [fiber saturation point]　26
線材 [wire rod]　49
せん断応力 [shear stress]　5
せん断係数 [shear modulus]　8
銑鉄 [pig iron]　44, 50

【そ】

早強ポルトランドセメント [high-early-strength portland cement]　61, 65
増粘剤 [admixture increasing viscosity]　175
促進剤 [accelerator]　74
促進養生 [accelerated curing]　88
粗骨材 [coarse aggregate]　31, 40
粗骨材の最大寸法 [maximum size of coarse aggregate]　31
塑性ひずみ [plastic strain]　8
外側限界 [control line/limit]　109
粗粒率 [fineness modulus]　32
ゾル [sol]　127
ゾルゲル [sol-gel]　127

【た】

タール [tar]　125
耐火性(コンクリートの)[fire-proofness]　120
耐久性 [durability]　9, 34, 100, 196
耐候性 [weather-proofness/resistance]　9, 134
耐候性鋼 [atmospheric corrosion resistant steel]　55
耐衝撃性 [impact/shock/chip resistance]　50, 126, 141
耐食性 [corrosion-proofness, rust-proofness]　9
耐震性 [aseismicity, earthquake proofing]　80
耐すりへり性 [abrasion resistance]　9
堆積岩 [sedimentary rock]　29
体積変化(コンクリートの)[volume change]　99, 191, 196
耐凍害性(コンクリートの)[freeze-thaw resistance]　74, 100
耐熱鋼 [heat resisting steel]　49
耐熱性 [heat resistance]　49, 59, 62, 142, 146, 150
耐摩耗性 [abrasion resistance]　55, 134
耐(化学)薬品(抵抗)性 [chemicals-resistance, chemicals-proofness]　9, 134

耐油性 [oil resistance]　125, 142, 146
耐硫酸塩ポルトランドセメント [sulfate resisting portland cement]　62, 65
耐力 [proof stress]　6
ダクタイル鋳鉄 [ductile iron]　50
脱水素 [dehydrogenation]　126
縦弾性係数 [longitudinal modulus of elasticity]　8
縦割れ [longitudinal crack]　56, 171
ダムコンクリート [dam concrete]　88, 123, 203
たわみ性 (アスファルトの) [flexibility]　134
単位 (容積) 質量 [unit weight]　10, 36
単位水量 [unit water content, weight of water per unit volume of concrete]　104
単位セメント量 [unit cement content]　93, 103
単位粗骨材容積 [bulk volume of dry-rodded coarse aggregate per unit volume of concrete]　104, 201
単位量 [quantity (of material) per unit volume]　106
鍛鋼 [forged steel, steel forging]　51
炭酸カルシウム [calcium carbonate]　140, 149
弾性係数 [modulus of elasticity]　8
弾性限 [elastic limit]　5
弾性余効 [elastic after effect]　8
鍛造 [forging]　46
炭素鋼 [carbon steel]　43
炭素鋼鋳鉄 [carbon steel casting]　50
炭素繊維 [carbon fiber]　115
炭素当量 [carbon equivalent]　57

【ち】

(凝結) 遅延剤 [retarder]　75
チクソトロピー [thixotropy]　42
窒化 [nitriding]　55
鋳鋼 [cast steel]　50

中性化 [neutralization/carbonation]　194
鋳造 [casting]　46
鋳鉄 [cast iron]　50
中庸熱ポルトランドセメント [moderate heat portland cement]　62, 65
調質 [thermal/heat refining]　58
超早強ポルトランドセメント [ultra/super high-early-strength portland cement]　61, 65
超速硬セメント [special super high early strength cement]　63
超遅延剤 [super-retarder]　176
(垂) 直応力 [normal stress]　5
沈下 (硬化前のコンクリートの) [settling, settlement]　87

【つ】

疲れ [fatigue]　6
疲れ限度 [fatigue/endurance limit]　27
継手 [joint]　56
土 [soil]　29
強さ (強度) [strength]　5

【て】

低合金鋼 [low alloy steel]　43
低サイクル疲労 [low cycle fatigue]　7
泥水 [mud water]　42, 119
デシベル (dB) [decibel]　11
鉄アルミン酸四カルシウム (celite) [tetracalcium alminoferrite]　65
鉄筋 [reinforcement]　114
鉄筋コンクリート (RC) [reinforced concrete]　79, 114
鉄筋コンクリート用再生棒鋼 [rerolled steel bar for concrete reinforcement]　53, 170
鉄筋コンクリート用棒鋼 [reinforcing bar, steel bar for concrete reinforcement]　53
鉄鋼 [iron and steel, ferrous metal]　43
鉄道 [railway, railroad]　60
鉄網モルタル [ferro-cement]　115

転圧コンクリート舗装 (RCCP) [roller
　　compacted concrete pavement]　123
添加剤 (合成高分子材料の) [additive]　140
電気炉 [electric furnace]　44
電食 (コンクリートの) [electrolytic corrosion,
　　electric erosion]　100
展性 [malleability]　46
天然骨材 [natural aggregate]　30
転炉 [converter]　44, 45

【と】

透過率 [transmission factor, transmittance]　11
凍結 [freeze]　70, 95
凍結融解 [freezing and thawing]　74, 116, 178
透水係数 (セメントペーストの) [coefficient of permeability]　102
透水性 [permeability]　10, 69, 76, 121
動弾性係数 [dynamic modulus of elasticity]　8, 99
トウ割れ [toe crack]　56
特殊鋼 [special steel]　43, 49
特殊セメント [special cement]　63
溶込み不足 [lack of penetration, incomplete penetration]　56
トバモライト [tobermorite]　68, 97, 172
塗料 [paint, coating]　146
トレミー [tremie]　119, 209

【な】

斜めシュート [inclined chute]　85
軟化点 [softening pint]　129
軟鋼 [mild steel, low carbon steel]　44
軟鋼線 [low carbon steel wire rod]　112
軟材 [soft wood]　21
軟練り [wet consistency]　82

【に】

ニッケルクロム鋼 [nickel chromium steel]　43
日本工業規格 (JIS) [Japanese Industrial Standards]　12
日本農林規格 (JAS) [Japanese Agricultural Standard]　21
入熱量 [heat input]　57

【ね】

ねずみ鋳鉄 [gray pig iron/gray iron casting]　50
熱安定剤 [heat stabilizer]　140
熱影響部 [heat-effected zone]　56, 171
熱可塑性樹脂 [thermoplastic resin]　138, 146
熱間圧延 [hot rolling]　46
熱間押出し [hot extrusion]　48
熱硬化性樹脂 [thermosetting resin]　138, 146
熱処理 [heat treatment]　51
熱伝導率 [thermal conductivity]　10
熱膨張係数 [coefficient of thermal expansion]　10, 114
練直し [remixing]　85
練混ぜ [mixing]　94
練混ぜ時間 [mixing time]　94, 177
粘土 [clay]　30
粘土塊 [clay lump]　33

【の】

ノジュラ鋳鉄 [nodular graphic cast iron]　50
ノニオン [nonionic]　128
伸び [elongation]　51, 52, 58, 141
伸び性 [extensibility]　9
伸び能力 [extensibility]　9
伸び率 (鋼の) [elongation percentage]　51

【は】

パーティクルボード [particle board]　24

ハードフェイシング [hard facing]　55
パーライト [pearite]　52, 170
配合 [proportion, mix]　103, 134
配合強度 [proportioning strength]　197
配合設計 [selection of proportion, design of mix]　103, 134, 197, 200
破壊 [fracture, failure]　5, 6, 9, 165
白色ポルトランドセメント [white portland cement]　62, 65
蜂の巣 [honeycomb]　84
発火点 (木材の) [ignition point]　28
発泡剤 [gas-forming agent]　76
発泡スチロール [expanded poly-styrol]　148
バネ鋼 [spring steel]　49
バフルプレート [baffle plate]　85
ばらつき [dispersion]　109
反射率 [reflection factor, reflectance]　11

【ひ】

PC [prestressed concrete]　114
PC鋼線 [uncoated stress-relieved steel wire for prestressed concrete]　50
PC鋼より線 [uncoated stress-relieved steel strand for prestressed concrete]　50
ビード [bead]　56, 171
ビード下割れ [under bead crack]　56, 171
ビームブランク (粗形鋼片) [shaped bloom]　47
光安定剤 [light stabilizer]　140
微細ひび割れ [micro crack]　188, 191
ひずみ [strain]　7
非調質 [heat unrefined]　58
ビッカーズ硬さ [Vickers hardness]　167
引張強度 (強さ) [tensile strength]　5, 99, 167, 189
比熱 [specific heat]　10
比表面積 [specific surface (area)]　66
ひび割れ (コンクリートの) [crack]　99, 180, 191
ヒューム管 [Hume pipe]　74

表 (面) 乾 (燥飽水) 状態 [saturated and surface-dried condition]　34
表乾密度 (骨材) [density in saturated surface-dry condition (aggregate)]　35
標準供試体 [standard specimen]　98, 188
標準養生 [standard curing]　88, 184
表面硬化 [surface hardening]　55
表面処理 [surface treatment]　49
表面水率 [surface moisture]　35
微粒分量試験 [test for amount of material passing sieve 75 μm in aggregate]　33
微粒分量 (骨材) [content of materials finer than 75 μm sieve (aggregate)]　33
比例限 [proportional limit]　5
ビレット [billet]　45, 47
疲労 (疲れ) 強度 [fatigue strength]　6
疲労 (疲れ) 限 (度) [fatigue limit, endurance limit]　6, 54
品質管理 (コンクリートの) [quality control]　80, 107, 108
貧配合 [lean mix]　94

【ふ】

ファイバーボード [fiber board]　25
フイニッシャビリティー [finishability]　81
フィラー [filler]　40, 149
フィルロック [fill-rock]　42
風化 (セメントの) [aeration]　69
フェノール樹脂 [phenol resin]　145
フェライト [ferrite]　52
フェロセメント [ferro-cement]　115
フェロニッケルスラグ骨材 [ferronickel slag aggregate]　168
吹付けコンクリート [shotcrete, pneumatically applied concrete]　122
複合グラウト [composite grout]　154
複合材料 [composite material]　2
ふくらみ (砂の) [bulking]　36
腐食 [corrosion]　55

付着強度 [bond strength]　40, 189
普通ポルトランドセメント [ordinary portland cement]　61, 65
物理的安定性 (骨材の) [physical soundness of aggregate]　101, 197
富配合 [rich mix]　112
不飽和ポリエステル樹脂 [unsaturated polyester resin]　145
フライアッシュ [fly ash]　72, 177
フライアッシュセメント [portland fly-ash cement]　62, 66
プラスチックス [plastics]　138, 212
プラスティシティー [plasticity]　81
プラスティック [plastic]　81
プラスティック(ス)コンクリート [plastics concrete]　79
プラスティック収縮ひび割れ [plastic-shrinkage crack]　87
フラン樹脂 [furan resin]　145
ブリーディング [bleeding]　81, 130
ブリーディング試験 [bleeding test]　83
ブリネル硬さ [Brinell hardness]　167
プレキャストコンクリート [precast concrete]　80, 111
ふるい [sieve]　167
ふるい分け試験 (骨材の) [sieve analysis test]　32
ブルーム [bloom]　47
プレストレス [prestress]　114
プレストレストコンクリート (PC) [prestressed concrete]　79, 114
フレッシュコンクリート [fresh concrete]　79, 80, 95
プレパックドコンクリート [prepacked concrete]　121
プレヒート [preheating]　187
ブレンド法 [blending]　126
ブローイング [blowing]　126
ブローホール [blowhole]　56

フローリング [flooring]　24
ブローンアスファルト [blown asphalt]　125, 126
プロクター貫入抵抗試験 [proctor penetrometer test]　86
分解 [decomposition]　138
分塊圧延 [blooming]　47
分散剤 [dispersing agent]　74
粉じん防止剤 [dust-reducing agent]　176
粉末度 [fineness]　69, 81, 196

【へ】

ベニヤ [veneer]　24
ベリット [belit]　172
ペレット [pellet]　138
変形 [deformation]　4, 9
片状黒鉛 [graphite flake, flake graphite]　50
変成岩 [metamorphic rock]　29
変態 (鋼の) [transformation]　51
変態点 [transformation temperature]　46, 169
ベントナイト [bentonite]　42

【ほ】

ポアソン数 [Poisson's number]　8
ポアソン比 [Poisson's ratioi]　8, 191
棒鋼 [steel bar]　53
放射線遮蔽コンクリート [radiation shielding concrete]　120
防水剤 [water-proof agent]　76, 176
防せい剤 [corrosion inhibitor]　175
膨張材 [expansive additive, expansion producing admixture]　73
膨張セメント [expansive cement]　63
防凍剤 [nonfreezing agent]　176
防腐法 [preservative treatment]　24, 167
法律 [law]　12
飽和 [inundation]　36
ポーラスコンクリート [porous concrete]　121

224　索　引

ポール [pole]　112
補強材 [reinforcement]　140
母材 [base metal, parent metal]　56, 171
母集団 [population]　109
保証応力 [proof stress]　6
保水剤 [water retention agent]　175
舗装 [pavement]　123
舗装コンクリート [concrete (for) pavement]　36, 99, 108, 123, 203
ポゾラン [pozzolan]　72, 176
ポゾラン反応 [pozzolanic reaction]　72
ホットコンクリート [hot concrete]　96
ホッパ [hopper]　85
ポップアウト [pop out]　101, 197
ポリウレタン [polyurethane]　145
ポリエステルレジンコンクリート [polyester resin concrete]　151
ポリエチレン [polyethylene]　138, 140
ポリビニルアルコール [poly vinyl alcohol]　145
ポリマー [polymer]　137
ポリマー含浸コンクリート (PIC) [polymer impregnated concrete]　122
ポリマーセメントコンクリート [polymer-cement concrete]　79, 176
ポルトランドセメント [portland cement]　61, 66
ポンパビリティー [pumpability]　81

【ま】

マーシャル安定度試験 [Marshall stability test]　135
マイクロセメント [micro-cement]　63
膜養生 [membrane curing]　148
まくらぎ [sleeper, tie]　25, 60, 80, 112
曲げ (引張) 強度 (コンクリートの) [flexural strength]　99, 189
まさ目 [edge grain]　23
マスコンクリート [mass concrete]　72, 87

マスチックアスファルト [mastics asphalt]　133
豆板 [honeycomb]　84
丸鋼 [round bar]　53
マルテンサイト [martensite]　52, 170

【み】

見掛け密度 [apparent specific density]　10, 35
ミキサ [mixer]　94, 97
水ガラス [water-glass]　154
水セメント比 [water cement ratio]　105, 174, 181
ミセル [micelle]　127
密度 [density]　10, 35, 168

【む, め, も】

無筋コンクリート [plain concrete, nonreinforced/unreinforced concrete]　79

目地 [joint]　147

木材 [timber, wood, lumber]　21
モノマー [monomer]　137
モルタル [mortar]　79
モンモリロナイト [montmorillonite]　42, 197

【や】

矢板 [sheet pile]　60, 114
焼入れ [quench hardening]　52
焼なまし (焼鈍) [annealing]　52
焼ならし (焼準) [normalizing]　52
焼戻し [tempering]　52
山砂 [pit sand]　133
軟らかい石片 [soft particle]　33
ヤング係数 [Young's modulus]　8, 99, 192

【ゆ】

有害物 (骨材の) [deleterious material]　33
有機高分子 [organic polymer]　137
有機不純物 (骨材の) [organic impurities]　33
有効吸水率 [effective water absorption]　35
融合不良 [lack of fusion, incomplete fusion]　56
融点 [melting point]　125, 127, 129
油井セメント [oil-well cement]　63
油中水滴型 [water in oil]　127
ユリア樹脂 [urea resin]　145

【よ】

養生 [curing]　88, 95, 97, 112, 117, 196
養生温度 [curing temperature]　96, 171
容積増加 (砂の) [bulking]　36
溶接 [welding]　6, 17, 54, 56, 57, 171
溶接金属 [weld metal]　56, 171
溶接構造用高張力鋼 [high (tensile) strength steel for welded structure]　58
溶接性 [weldability]　56
溶接継手 [welded joint, weld joint]　56
溶接入熱量 [injection heat for welding]　57
溶接割れ [crack, weld cracking]　56
熔銑炉 [cupola]　50
横弾性係数 [lateral/transverse modulus of elasticity]　8
横割れ [transversal crack]　56, 171
余盛 [reinforcement of weld]　171

【ら】

ライニング [lining]　132
ラテックス [latex]　79
ラメラティア [lamellar tear]　56

【り】

粒形 (骨材の) [shape of particle]　35
粒度 (骨材の) [grading]　31, 41, 42
流動化コンクリート [super-plasticized concrete]　104, 202
流動化剤 [super-plasticizer]　78
粒度曲線 (骨材の) [grading curve/chart]　31
リラクセーション [relaxation]　8

【れ】

冷間圧延 [cold rolling]　46
レイタンス [laitance]　84
レール [rail]　47, 60
歴青 [bitumen]　125
regulated set cement　63
レジン [resin]　127
レジンコンクリート [resin concrete]　147, 149
レディーミクストコンクリート [ready mixed concrete]　80, 107, 203
レモルディング試験 [remolding test of fresh concrete]　183
連行空気 [entrained air]　74
連続圧延機 [continuous mill]　48
連続圧延方式 [continuous rolling]　48
連続鋳造 [continuous casting]　45

【ろ】

漏水 [leak]　75, 102, 121, 134
ロサンゼルス試験機 [Los Angeles machine]　36
ロックフィルダム [rock fill dam]　42

【わ】

ワーカビリティー [workability]　35, 81
ワーカブル [workable]　81
割増し係数 [ratio of proportioning strength to design strength]　106, 197, 203
割れ [weld crack]　56
割れ感受性指数 [cracking parameter]　57
one hour cement　63

【著　者　略　歴】

樋口芳朗（ひぐちよしろう）
1922 年　生
1944 年　東京大学工学部土木工学科卒
1946 年　同　大学院修了
1946 年　日本国有鉄道　鉄道技術研究所
～1974 年
1952 年　イリノイ大学工学部修士課程卒（MS）
1974 年　東京大学工学部教授
1983 年　東京理科大学理工学部教授
1961 年　工学博士
1953 年　土木学会賞（奨励賞）受賞
1964 年　土木学会賞（吉田賞）受賞
1971 年　土木学会賞（論文賞）受賞
1971 年　科学技術庁長官賞受賞
1976 年　セメント協会論文賞受賞
1976 年　紫綬褒章受章
1988 年　藍綬褒章受章
1993 年　勲三等旭日中綬章受章

辻　幸和（つじゆきかず）
1945 年　生
1969 年　名古屋工業大学土木工学科卒
1974 年　東京大学大学院修了
　　　　　工学博士
1974 年　足利工業大学助教授
1981 年　群馬大学工学部助教授
1987 年　同　教授
　　　　　現在に至る

1983 年　日本コンクリート工学協会賞受賞
1991 年　土木学会賞（吉田賞）受賞
1995 年　プレストレストコンクリート技術協会賞
　　　　　（論文賞）受賞

辻　正哲（つじまさのり）
1952 年　生
1975 年　名古屋工業大学土木工学科卒
1980 年　東京大学大学院修了
　　　　　工学博士
1980 年　東京理科大学理工学部助手
1981 年　同　講師
1987 年　同　助教授
2003 年　同　教授
　　　　　現在に至る

建設材料学（第六版）

1976 年　9 月 20 日	1 版 1 刷	発行	
2005 年　3 月 30 日	6 版 1 刷	発行	
2012 年 10 月 20 日	6 版 4 刷	発行	
2017 年　4 月 25 日	6 版 5 刷	発行	

定価はカバーに表示してあります

ISBN 978-4-7655-1677-8 C3051

著　者　　樋　口　芳　朗
　　　　　辻　　　幸　和
　　　　　辻　　　正　哲

発行者　　長　　　滋　彦

発行所　　技報堂出版株式会社

〒101-0051　東京都千代田区神田神保町1-2-5
　　　　　　　　（和栗ハトヤビル）
電　話　営　業　(03)(5217)0885
　　　　編　集　(03)(5217)0881
　　　　F A X　(03)(5217)0886
振替口座　00140-4-10
http://gihodobooks.jp

日本書籍出版協会会員
自然科学書協会会員
工 学 書 協 会 会 員
土木・建築書協会会員
Printed in Japan

Ⓒ Yoshiro Higuchi, Yukikazu Tsuji and Masanori Tsuji, 2005

印刷・製本　朋栄ロジスティック

落丁・乱丁はお取替えいたします．
本書の無断複写は，著作権法上での例外を除き，禁じられています．